国家自然科学基金面上项目（51674132、52174117）资助
国家自然科学基金青年科学基金项目（52004117）资助
国家重点研发计划项目（2016YFC0801407）资助
中国博士后科学基金特别资助项目（2021T140290）资助
中国博士后科学基金面上项目（2020M680975）资助

煤与瓦斯突出
地质动力系统灾变机理

范超军　李胜　梁冰　刘厅◎著

中国矿业大学出版社
·徐州·

内容简介

本书综合运用理论分析、试验测试、数值模拟、工程验证等方法研究了煤与瓦斯突出地质动力系统灾变机理，为煤与瓦斯突出灾害的预测与防治提供理论依据。本书主要内容包括：绪论、煤与瓦斯突出的统计规律分析、突出煤的物理力学性质与瓦斯渗流规律、煤与瓦斯突出的地质动力系统灾变机理、突出煤层多尺度应力-损伤-渗流耦合模型、突出地质动力系统孕育及演化数值模拟、基于地质动力系统的消突机制与工程应用、结论与展望等。

本书可供采矿工程、安全工程、地质工程等领域的研究人员、工程技术人员使用，也可供高等院校相关专业师生参考使用。

图书在版编目(CIP)数据

煤与瓦斯突出地质动力系统灾变机理/范超军等著
.—徐州：中国矿业大学出版社，2023.5
ISBN 978-7-5646-5148-0

Ⅰ.①煤… Ⅱ.①范… Ⅲ.①煤突出—灾害防治②瓦斯突出—灾害防治 Ⅳ.①TD713

中国版本图书馆 CIP 数据核字(2021)第 202476 号

书　　名　煤与瓦斯突出地质动力系统灾变机理
著　　者　范超军　李　胜　梁　冰　刘　厅
责任编辑　满建康
出版发行　中国矿业大学出版社有限责任公司
（江苏省徐州市解放南路　邮编 221008）
营销热线　(0516)83885370　83884103
出版服务　(0516)83995789　83884920
网　　址　http://www.cumtp.com　**E-mail**：cumtpvip@cumtp.com
印　　刷　江苏淮阴新华印务有限公司
开　　本　787 mm×1092 mm　1/16　**印张** 12.75　**字数** 249 千字
版次印次　2023 年 5 月第 1 版　2023 年 5 月第 1 次印刷
定　　价　50.00 元

前　言

煤与瓦斯突出是煤矿井下生产中遇到的一种机理极其复杂的矿井瓦斯动力灾害，表现为：在极短的时间内，大量煤岩、瓦斯和水等介质突然从煤壁涌入巷道或采场空间。喷出的含瓦斯煤介质常常伴有冲击波的性质，能逆风流前进充满几十米至上千米长的巷道，可能击中或掩埋井下人员、摧毁井下设施；涌出的瓦斯可能致使井下人员窒息死亡，若遇上火源，有可能造成瓦斯爆炸，给煤矿安全生产带来威胁。相对于其他的矿井动力灾害，煤与瓦斯突出的危害更大，发生概率更高，防治更困难。随着煤矿开采向深部延伸，煤与瓦斯突出发生的危险性和突出强度还在继续增加。

世界上发生过煤与瓦斯突出的国家达20多个，包括中国、俄罗斯、乌克兰、日本、波兰、德国、法国、英国、澳大利亚等国家，许多国家煤炭产业呈逐渐退化的趋势，甚至一些国家如日本、英国、德国等不得不关闭所有煤矿。我国是煤与瓦斯突出灾害发生最为严重的国家之一。我国的突出矿井主要分布在全国20多个省、自治区和直辖市，尤其以湖南、贵州、重庆、河南、辽宁、山西、黑龙江、江西、四川、吉林、安徽、河北等最为严重。截至2021年年底，全国仍有高瓦斯矿井757处、煤与瓦斯突出矿井713处。

煤与瓦斯突出防治技术研究中的一个重要环节是对煤与瓦斯突出机理的研究。即通过总结突出发生规律，对突出现象进行解释，讨论煤与瓦斯突出发生的原因、条件、能量来源及其发展过程，借以对突出预测预报提供理论依据，并对制定突出防治措施提供方向和原则。弄清煤与瓦斯突出发生机理，进而对其进行精准的预测与防治，是减少煤与瓦斯突出事故发生的根本途径。尽管国内外学者进行了大量的研究，对于煤与瓦斯突出机理的认识目前仍然以假说为主，其中综合作用假说最受业内人士公认，即认为煤与瓦斯突出是在应力、瓦斯和煤体综合作用下发生的，但它们之间的相互作用关系、发生煤与瓦斯突出的临界条件、失稳准则至今还没有完全研究清楚。本书是在已有研究成果的基础上，通过新的方法和手段，利用新的思维模式，对该课题进行新的探索。

煤与瓦斯突出灾害是在一定地质环境下，受采掘扰动的作用，含瓦斯煤介质在应力、渗流、损伤、温度等多物理场耦合作用下失稳产生的。含瓦斯煤体、地质动力环境和采掘扰动共同构成了煤与瓦斯突出的地质动力系统。在地质动力系统中，突出三要素相互作用，含瓦斯煤体是突出的物质基础，地质动力环境为突出营造了高构造应力、低强度煤岩体、高瓦斯赋存环境，而采掘扰动为突出提供了的激发动力和空间条件。地质构造(断层、褶曲、岩浆岩侵入)、构造运动、煤层厚度和倾角变化、埋深等地质动力环境对含瓦斯煤体的结构与力学特性具有改造作用。

全书共 7 章。第 1 章主要介绍了煤与瓦斯突出的发生机理和防治技术研究现状；第 2 章阐述了煤与瓦斯突出的统计特征，总结了煤与瓦斯突出与地应力、地质构造、煤体物理力学性质、瓦斯参数等的关系；第 3 章分析了突出煤的物理力学性质与瓦斯渗流特征，测试了突出煤的孔隙结构特征、瓦斯吸附/解吸规律，研究了突出煤的冲击动力破坏特征，构建了试验尺度煤样与工程尺度煤体的力学强度关系，获得了破裂煤层中瓦斯渗流规律；第 4 章提出了煤与瓦斯突出地质动力系统灾变机理，分析了煤与瓦斯突出的地质动力系统孕育与演化规律，给出了突出地质动力系统的形成判据、力学失稳判据和能量失稳判据；第 5 章构建了突出煤层多尺度应力-损伤-渗流耦合模型，分析了煤与瓦斯突出多物理场耦合过程，推导出了突出煤层应力场、渗流场、损伤场的控制方程，并进行了耦合模型求解；第 6 章开展了煤与瓦斯突出的地质动力系统灾变过程数值模拟，分析了地质动力系统瓦斯运移、应力与能量的传递、转化和耗散规律，圈定了地质动力系统和突出地质体的尺度范围；第 7 章揭示了基于地质动力系统的煤与瓦斯突出“卸荷＋降压”消突机制，针对现场实际给出了水力冲孔与普通钻孔结合的底板巷穿层钻孔瓦斯抽采消突方案，并开展了现场工程应用。

研究工作得到了辽宁工程技术大学地质动力区划研究所张宏伟教授、韩军教授、宋卫华教授、霍丙杰教授、陈学华教授、兰天伟教授、陈蓥副教授、朱志洁副教授、荣海副教授、付兴讲师、杨振华讲师和梁晗讲师的指导和帮助，在此致以崇高的敬意和衷心感谢！博士研究生文海欧和徐令金协助进行了部分资料的整理和分析，硕士研究生杨雷、贾策、孙浩、赖鑫峰、张鑫鹏、王磊、蒋晓峰等绘制了部分图件。

特别感谢潞安化工集团技术中心罗明坤博士，中国矿业大学宋昱副教授，太原理工大学赵博讲师，中国矿业大学（北京）马念杰教授、郭晓菲副教授，北京科技大学李仲学教授，辽宁工程技术大学富向教授、李刚教授、张勋副教授等，他们认真审阅了本书初稿，并提出了宝贵的意见和建议。

最后，感谢国家自然科学基金面上项目（51674132、52174117）、国家自然科学基金青年科学基金项目（52004117）、国家重点研发计划项目（2016YFC0801407）、中国博士后科学基金特别资助项目（2021T140290）、中国博士后科学基金面上项目（2020M680975）的资助。

由于作者水平所限，书中难免存在不妥之处，欢迎读者批评指正。

作　者
2023 年 1 月

目　录

1 绪　论

1.1 研究背景及意义

煤炭是我国的基础能源，在一次能源构成中占有重要地位，煤炭在相当长的一段时期内仍将是我国居支配地位的主要能源[1]。我国原煤产量由 2002 年的 14 亿 t 增加到 2022 年的 45 亿吨，居世界第一位。与此同时，煤矿事故死亡人数和煤炭百万吨死亡率分别由 2002 年的 6 930 人和 4.95 下降至 2022 年的 245 人和 0.054，分别下降了 96.5% 和 98.9%，煤矿安全形势逐渐向好(图 1-1)[2]。然而，由于浅部煤炭资源的枯竭，全国煤矿以每年约 10～20 m 的平均速度向深部延伸，煤层出现“高地应力、高瓦斯压力和低透气性”的特征。随着煤矿开采强度、深度的增加，煤与瓦斯突出、瓦斯爆炸等矿井瓦斯灾害危险性日趋严重，突出事故死亡人数占煤矿总死亡人数的比例呈波动上升趋势，严重威胁着煤矿安全生产[3]。近年来，国家矿山安全监察局下发了《关于有效防范和遏制煤与瓦斯突出事故的通知》(煤安监技装〔2018〕13 号)、《关于加强煤与瓦斯突出防治工作的通知》(矿安〔2022〕68 号)、《关于召开全国煤矿瓦斯和冲击地压重大灾害防治现场会的通知》(矿安综函〔2022〕190 号)等文件，要求加强煤与瓦斯突出防治工作。

煤与瓦斯突出是一种矿井瓦斯动力现象，突出发生时，快速喷出的煤和瓦斯具有极大的破坏力，推倒矿车、破坏支架、摧毁巷道，造成大量的人员伤亡[4]。自 1834 年法国鲁阿雷煤田伊萨克矿井发生了世界上第一次有记载的煤与瓦斯突出开始，目前已有 20 多个国家发生过煤与瓦斯突出，包括中国、苏联、澳大利亚、法国、英国、波兰、加拿大、日本、比利时、德国等国家，突出次数超过 3 万余次，如图 1-2 所示[5-7]。苏联顿巴斯煤田加加林煤矿发生了世界上规模最大的一次煤与瓦斯突出，突出煤 1.4×10^4 t，涌出瓦斯 1.5×10^5 m^3。法国、波兰和日本等国家煤与瓦斯突出灾害也较严重[8]。

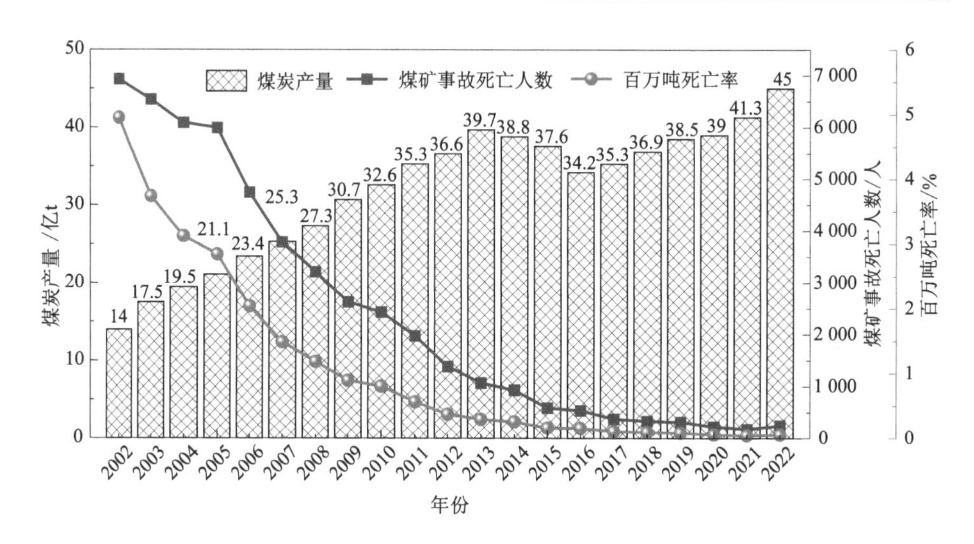

图 1-1　2002～2022 年中国煤炭产量、煤矿事故死亡人数和百万吨死亡率

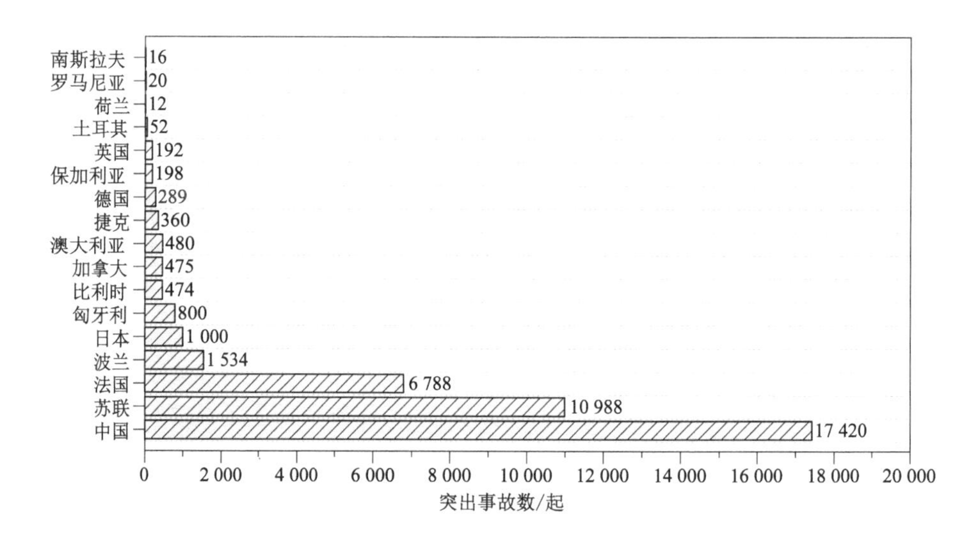

图 1-2　世界上不同国家发生煤与瓦斯突出事分布情况

中国是世界上煤与瓦斯突出灾害最严重的国家之一，在全国 20 多个省市都发生过煤与瓦斯突出[9]。1950 年 3 月 12 日，辽源矿务局富国矿西二矿井发生了我国有资料记载的最早一次煤与瓦斯突出[10]。1975 年 8 月 8 日，重庆市天府矿务局三汇一矿＋280 m 水平的主平硐揭煤时发生了我国突出煤量最多的一次煤与瓦斯突出，突出煤 12 780 t，涌出瓦斯 1.4×10^6 m^3[10]。2004 年 10 月 20 日，河南省郑州煤业集团公司大平煤矿发生了我国突出事故中造成伤亡

人数最多的一次煤与瓦斯突出，突出引发了特别重大瓦斯爆炸事故，造成了148人死亡，32人受伤[11]。根据应急管理部、国家矿山安全监察局、煤矿安全网等公布的数据，2001—2022年全国共发生煤与瓦斯突出事故495起，死亡人数3 214人，其中死亡人数超过30人的特别重大突出事故10起，死亡429人，如图1-3所示[2]。煤与瓦斯突出事故极易引发瓦斯爆炸等次生灾害，造成群死群伤恶性后果[12]。

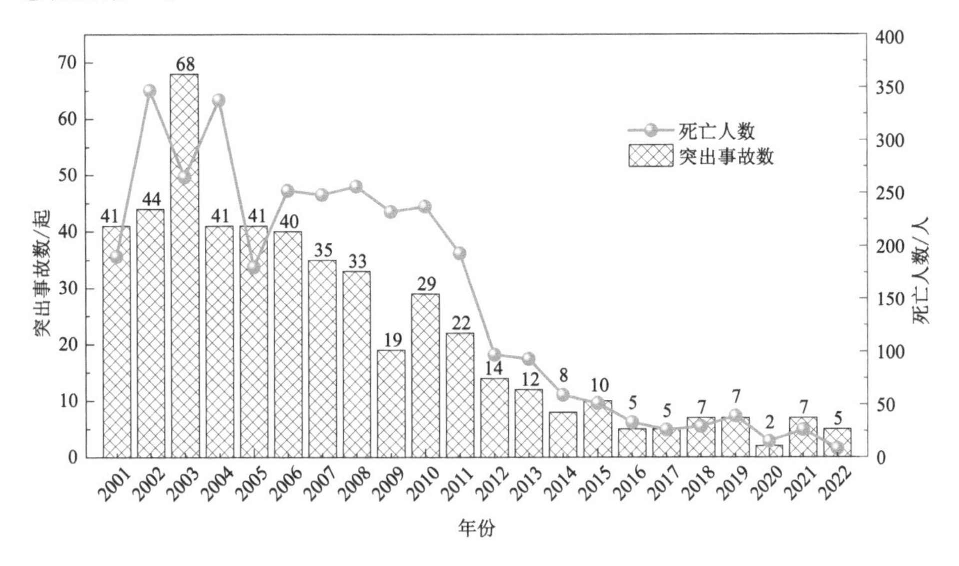

图1-3　2001—2022年我国煤与瓦斯突出事故数和死亡人数统计

近年来，随着煤矿智能化建设和防突技术措施的实施，煤与瓦斯突出事故逐年减少，但是仍时有发生。2021年6月4日，河南鹤壁煤电六矿掘进工作面发生煤与瓦斯突出事故，事故造成8人死亡；2022年3月2日，贵州省贵阳市清镇市利民煤矿回风斜井延伸巷掘进工作面发生煤与瓦斯突出事故，事故造成7人死亡。煤与瓦斯突出事故已造成了大量人员伤亡和财产损失，引起了极为恶劣的社会影响，防治煤与瓦斯突出灾害发生已迫在眉睫。

弄清煤与瓦斯突出的发生机理并准确地进行预测与防治，是减少突出事故发生的根本途径[13]。尽管国内外学者进行了大量的研究，但目前对于煤与瓦斯突出机理的认识仍然停留在假说阶段。综合作用假说最受业内人士公认，即认为煤与瓦斯突出是在应力、瓦斯和煤体综合作用下发生的，但它们之间的作用关系至今还没有完全研究清楚[14-18]。煤与瓦斯突出发生的机理及演化过程，仍需进一步研究。

事实上，煤体承受强烈的动力载荷作用（石门揭煤、爆破、掘进等）都可能引发煤与瓦斯突出。根据对材料力学性能的研究发现,煤岩在静载与动载破坏时往往表现出不同的破坏形式和力学特征,不同尺度煤岩体的力学特征也有所不同。煤是一种多孔介质,其中赋存着大量瓦斯,在一定地质动力环境(断层、褶曲、岩浆岩侵入、构造运动、煤层厚度与倾角变化、埋深等)的作用下,含瓦斯煤体的结构与力学特性发生改变,在受开采扰动后,含瓦斯煤体发生失稳,突然从煤壁抛出,产生煤与瓦斯突出灾害[19]。因此,煤与瓦斯突出是地质动力系统中含瓦斯煤体、地质动力环境和采掘扰动不断相互作用下应力、渗流、损伤、温度多物理场相互耦合产生的系统失稳现象[20]。

本书将从多物理场耦合作用的角度开展煤与瓦斯突出地质动力系统灾变机理的研究。分析突出煤的物理力学性质与瓦斯渗流特征,阐述煤与瓦斯突出的地质动力系统孕育与演化规律,构建突出煤层多尺度应力-损伤-渗流耦合模型,模拟反演煤与瓦斯突出的地质动力系统灾变过程,基于地质动力系统提出消突机制,并进行工程应用。通过以上研究,揭示煤与瓦斯突出地质动力系统灾变机理,为采取有效防突技术措施提供重要的科学依据,从而保障煤矿安全、高效生产。

1.2 国内外研究现状

1.2.1 煤与瓦斯突出发生机理研究现状

煤与瓦斯突出机理,是指煤与瓦斯突出灾害孕育、激发、发展和终止的原因、条件及过程。自首次煤与瓦斯突出发生以来,世界各主要产煤国都投入了大量的人力、物力,开展煤与瓦斯突出的研究工作。目前,根据对突出影响因素描述侧重点的不同,有“瓦斯主导作用假说”“地应力主导作用假说”“化学本质假说”“综合作用假说”等突出机理[13]。

(1) 瓦斯主导作用假说

瓦斯主导作用假说认为瓦斯是煤体破坏发生的主要因素,认为在煤体内存在着高压瓦斯,而且瓦斯的高压力迅速破坏工作面与高压瓦斯之间的煤层,从而引起煤和瓦斯突出。其代表有瓦斯包说、粉煤带说、煤孔隙结构不均匀说、瓦斯膨胀说、卸压瓦斯说、火山瓦斯说、瓦斯解吸说、裂缝堵塞说等。例如,苏联学者 Odintsev[18] 提出“粉煤带”说,认为采掘活动接近粉煤带时,在瓦斯压力较小的情况下,煤体和瓦斯一起喷出。Farmer 等[21] 认为突出是一种煤岩两相流现象,由突然卸围压引起,煤体中解吸大量瓦斯持续扩大突出。Litwiniszyn[22] 指出突出是气液固三相流的现象,液态瓦斯存在煤体的空隙中,突出发生时液态瓦斯膨胀变为气相瓦斯,并伴随冲击波。Paterson[23]补充了Litwiniszyn的理论,认为降低工作面附近的瓦斯压力梯度可防止突出的发生,并通过数值模拟解释了冲击波形成的原因。

(2) 地应力主导作用假说

地应力主导作用假说认为煤体发生突出是高应力环境作用的结果,其代表有岩石变形潜能说、应力集中说、剪切应力说、塑性变形说、振动波动说、冲击式移近说、拉应力波说、应力叠加说、放炮突出说、顶板位移不均匀说等。例如,Barron等[24]认为在工作面前方的支撑压力带,煤体在该集中应力作用下产生位移并遭到破坏,如果再施加载荷,煤体会冲破工作面煤壁而发生突出。突出孔洞附近地应力使煤岩体拉伸破坏是突出发生的原因,孔洞的形状直接取决于现场地应力。

(3) 化学本质假说

化学本质假说认为突出是煤体中发生强烈化学反应的结果,这些假说包括瓦斯水化物说、爆炸的煤说、重煤说、地球化学说和硝基化合物说等。

(4) 综合作用假说

综合作用假说最早是由苏联的聂克拉索夫斯基提出的,认为煤与瓦斯突出是由于应力、瓦斯和煤体共同作用引起的。早期主要包括振动说、分层分离说、破坏区说、动力效应说等。例如,Singh[25]提出了采掘因素、地质因素和物质介质相互综合作用致突的假说,阐述了各个因素的组成。Lama等[26]讨论了地质条件、煤的物理特性、瓦斯含量与瓦斯压力对突出的作用,评述了突出的预测指标、预测技术以及危险性评价方法。由于综合考虑了多个因素,综合作用假说得到了国内外学者的普遍认可。近年来,各国学者的研究使得综合作用假说取得了较大进步。

在综合作用假说的基础上,苏联学者霍多特[27]提出了能量理论,认为突出是由变形潜能和瓦斯内能引起的。Valliappan等[28]阐述了煤与瓦斯突出过程中瓦斯内能的作用,认为突出释放潜能包括储存在煤岩内部的弹性应变能和瓦斯解吸和膨胀释放的内能。王刚等[29]结合突出过程中瓦斯内能和突出后能量分析,得到了煤与瓦斯突出发生的能量条件模型。李成武等[30]计算了突出煤体的破碎功和突出瓦斯的膨胀内能,建立了煤与瓦斯突出强度能量评价模型。熊阳涛等[31]基于煤与瓦斯突出综合作用假说,分析了煤与瓦斯突出的能量耗散规律。姜永东等[32]通过理论分析与试验研究了煤与瓦斯突出过程中煤体弹性能和瓦斯膨胀能做功,提出煤与瓦斯突出过程可以近似看作等温过程,深化了对煤与瓦斯突出机理的认识。Yu等[33]利用弹性潜能和瓦斯膨胀能理论公式,计算了两种能量的大小,得出瓦斯膨胀能在突出中占主导作用。

周世宁等[34]建立了含瓦斯煤样蠕变行为的数学模型，提出了突出“流变假说”，认为瓦斯、地应力、煤的物理力学性质和时间过程是突出的重要影响因素。采掘工作面前方的含瓦斯煤体，受到顶底板的力学作用，当外载荷达到煤的屈服强度，煤体产生流变，且流变包括三个阶段，即变形衰减阶段、均匀变形阶段和加速变形阶段，其中变形衰减阶段和均匀变形阶段对应于煤与瓦斯突出的准备阶段，加速变形阶段是煤与瓦斯突出的发生发展阶段，突出是含瓦斯煤体快速流变的结果。

蒋承林、刘义等[35-36]发现在突出过程中，煤体的破坏表现为球盖状煤壳的形成、扩展及失稳，提出了“球壳失稳假说”，如图 1-4 所示。认为煤与瓦斯突出的实质是地应力破坏煤体、煤体释放瓦斯、瓦斯使煤体裂隙扩张并导致形成的煤壳失稳破坏、使原本具有一定支撑作用的表面破坏，煤体抛向巷道、迫使应力峰移向煤体内部继续破坏后续的煤体。之后，郭品坤[37]建立了考虑瓦斯拉裂破坏、吸附膨胀变形和吸附对煤体强度影响的突出层裂发展模型，求解了突出层裂发展模型，分析了瓦斯压力、吸附能力、断裂韧度和渗透率对突出发展的影响。

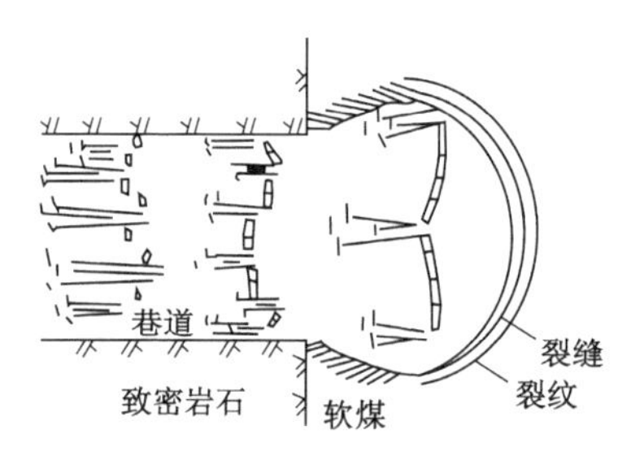

图 1-4　煤与瓦斯突出的球壳失稳假说[35-36]

章梦涛等[38]认为冲击地压和煤与瓦斯突出的发生具有相同的机理，据此提出了冲击地压和煤与瓦斯突出的统一失稳机理，认为二者均为煤岩变形系统受外界扰动发生的动力失稳过程；潘一山[39]提出了煤与瓦斯突出、冲击地压复合动力灾害的概念，将含瓦斯煤岩体看成由煤岩固体和瓦斯气体组成的复合材料体，同时将煤与瓦斯突出、冲击地压两种动力灾害作为一体，研究灾害发生时煤岩破裂、瓦斯运移过程，提出了扰动响应统一失稳理论(图 1-5)，建立了统一失稳判别准则。

梁冰等[40-41]提出了煤和瓦斯突出的固流耦合失稳理论，给出了突出发生的失稳判据，建立了考虑瓦斯对煤影响的本构关系及失稳理论的数学模型。在此基础上，Xu 等[42]建立了煤层的气-固-损伤数学模型，采用数值模拟方法，研究

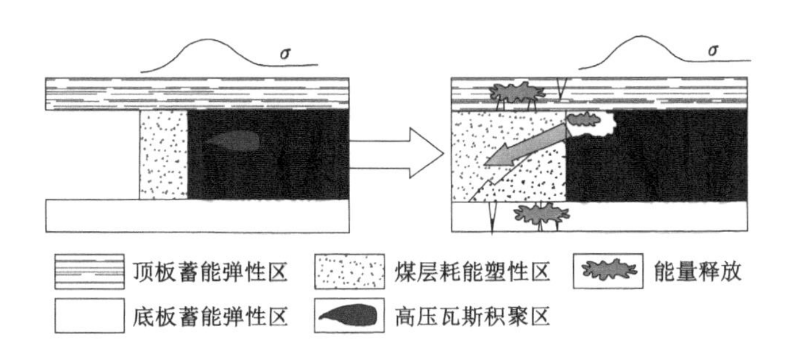

图 1-5 复合动力灾害统一失稳理论[39]

了煤与瓦斯突出的灾变过程。马玉林[43]提出了煤与瓦斯突出逾渗机理观点，认为煤层瓦斯压力梯度是反映地应力、瓦斯压力和煤层渗透性相互影响的一种综合性指标，指出产生失稳动力是瓦斯的渗透力，突出煤岩、瓦斯的运移动力是瓦斯的膨胀压力。

胡千庭等[44-45]提出突出是一个力学破坏过程，应满足初始失稳条件、连续破坏条件和能量条件，并对突出的准备阶段、发动阶段、发展阶段和终止阶段过程重新进行了划分。围岩发生应力集中和强度破坏，导致围岩的突然失稳以及失稳煤岩的快速破坏和抛出，应力和瓦斯压力对煤的拉伸和剪切破坏致使突出孔洞壁煤体由浅入深逐渐破坏并抛出，突出孔壁受堆积煤岩的支撑，不再持续突出使突出终止。鲜学福等[46]认为一切由震动产生的岩体裂隙和冲击载荷是导致煤与瓦斯突出的激发条件。郭德勇等[47]提出了煤与瓦斯突出的黏滑失稳机理，对煤与瓦斯突出中的震动波动、延期突出及突出间歇等现象进行了解释。李晓泉[48]研究了煤与瓦斯延期突出的演化过程。舒龙勇等[49]将煤与瓦斯突出机制研究与工程结构相结合，提出了煤与瓦斯突出的关键结构体致灾理论，建立了煤与瓦斯突出启动的力学判据和能量判据。黄维新等[50]以颗粒法为基础，对煤与瓦斯突出过程中相关的微裂纹和位移演化、应力和速度场演化、瓦斯压力和颗粒分层刚度比等细观机制进行了研究。聂百胜等[51]探索研究了煤与瓦斯突出的微观机理。

张春华[52]构建了煤与瓦斯突出“构造包体”模型，如图 1-6 所示。在构造作用下，在突出煤层内形成一个破坏区“构造包体”，在“构造包体”内，本来松软的煤层完全发育成构造煤，“构造包体”的边界围岩称为“控制壳”承受着较大的地应力，透气性很低，控制着瓦斯的流动，利用该模型可以解释石门揭煤过程发生的煤与瓦斯突出。在“构造包体”模型基础上，高魁等[53-54]研究了瓦斯、地应力在石门揭构造软煤诱发煤与瓦斯突出中的作用，认为构造软煤的结构破坏严重，微孔发育并且为特殊瓶颈的不透气孔，在突出过程中，这部分瓦斯压力突然降低、释放膨胀潜能，加速了煤体向采掘空间抛出的过程；石门揭煤过程中巷道前方围岩存在明显的应力集中，使煤体中积聚弹性潜能，为突出准备和孕育提供能量基础。

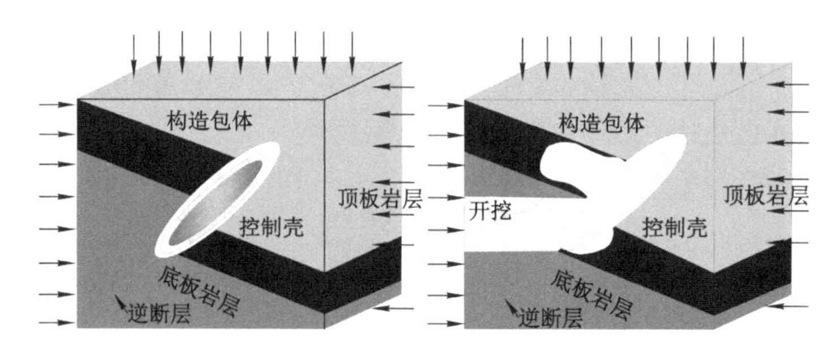

图 1-6 含“构造包体”煤层突出模型[52]

地质构造附近往往具有破碎煤体、高地应力，以及高瓦斯含量和压力的封闭环境，通常是煤与瓦斯突出发生所在的位置[55]。因此，较多学者认为突出受到地质构造作用的控制，在不同构造背景下可发生不同形式的煤与瓦斯突出。Shepherd 等[56]总结了地质构造与突出的关系，认为推覆构造、走向滑动断层、褶皱翼部具有突出倾向性；Li[57]分析了平顶山矿区的地质构造特征，提出了顺层剪切破坏带与瓦斯突出密切相关；Cao 等[58]分析了逆断层下盘附近发生的煤与瓦斯突出规律，指出该位置相比上盘具有大构造变形和高瓦斯含量特征。张子敏等[12]以瓦斯地质理论为基础，运用区域构造演化理论，分析了矿区、矿井瓦斯地质规律，调研了大平煤矿发生特大型煤与瓦斯突出的地质原因，认为矿井深部瓦斯地质条件复杂，存在着煤与瓦斯突出危险的分区、分带特征，并受地质构造的控制。

韩军、张宏伟等[59-62]研究了向斜构造、构造凹地和推覆构造的动力学特征及其对瓦斯突出的作用机制，分析了构造演化对煤与瓦斯突出的控制作用。闫江伟等[63]、马瑞帅等[64]从瓦斯地质角度出发，分析了构造煤、高压瓦斯和构造作用等因素对煤与瓦斯突出地质控制机理；董国伟等[65]研究了隔档式褶皱演化过程及其对煤与瓦斯突出灾害影响机理及特征，提出了隔档式褶皱附近煤系地层破坏形成了构造煤，挤压应力环境形成了瓦斯封闭系统，越靠近向斜轴部，煤与瓦斯突出灾害越严重。张浪等[66]、秦恒洁等[67]分析了断层应力状态对煤与瓦斯突出的控制，解释了断层对煤与瓦斯突出范围的影响。郝富昌等[68]分析了重力滑动构造的形成机制，指出滑动过程造成了煤体原生结构遭到破坏，煤层厚度变化较大，吸附瓦斯能力相对较强，滑动构造前缘主要受到挤压应力的作用，易发生煤与瓦斯突出。Beamish 等[69]、邵强等[70]、Chen 等[71]、许江等[72]、赵文峰等[73]、常未斌等[74]、李铁等[75]研究发现，构造煤发育的区域易发生煤与瓦斯突出，即构造煤分布对煤与瓦斯突出具有控制作用。由于构造煤是原生结构煤在构造应力作用下形成的变形煤，构造煤发育区也是应力集中区；构造煤孔隙度大，渗透性差，有利于瓦斯的保存，致使煤层中瓦斯压力较高；构造煤强度及抵抗外力破坏的能力较原生结构煤明显，最容易被破坏和抛出等。

破碎煤岩和瓦斯运移以及冲击波的传播规律是煤与瓦斯突出发生机理的重要组成，学者们也进行了相关研究。孙东玲等[76]分析了突出过程中煤-瓦斯两相流的运动状态，认为大量未完全膨胀的瓦斯流在巷道空间的瞬间膨胀可产生巨大的动力效应，从而严重破坏矿井生产设备和通风设施。Litwiniszyn[77]研究了突出过程的稀疏冲击波，并利用其解释了突出煤成片状现象。苗法田等[78]揭示了不同流动状态下冲击波的形成机理，指出当高度或超高度未完全膨胀流体在巷道空间中膨胀时，流体将进行“爆炸式”加速并可能产生强冲击波。Zhou 等[79]模拟研究了突出后瓦斯气体和冲击波在不同夹角巷道中的传播规律。李成武等[80]试验研究了煤与瓦斯突出后灾害气体影响范围，建立了在巷道风流作用下的突出气体运移扩散模型，并结合实际煤与瓦斯突出强度和通风条件，分析了突出后高浓度瓦斯的时空分布规律。彭守建、张超林、许江、周斌等[81-85]采用相似材料模拟试验方法，研究了煤与瓦斯突出煤粉在巷道内的运移分布规律，分析了冲击气流形成及传播规律，得到了突出流体多物理参数动态响应。

1.2.2 煤与瓦斯突出防治技术研究现状

煤与瓦斯突出防治措施分为区域防突措施和局部防突措施。区域防突措施是在煤层开采前，针对突出危险煤层预先采用的能够大范围、长时间降低或消除突出危险性的防突措施，包括开采保护层、预抽煤层瓦斯和煤层注水等。局部防突措施是对采掘工作面采取的边防突边采掘的补充措施，使工作面前方小范围煤体失去突出危险性，包括超前钻孔、松动爆破、水力冲孔、高预应力锚杆支护等。

1958 年至今，我国分别在北票、天府、南桐、中梁山、松藻、西山、华晋、铁法、淮北、淮南等矿区进行了保护层开采的现场试验，并取得了显著成果[86]。保护层开采后，由于卸压程度不同和损伤的差异性，上覆煤岩体可划分为垮落带、裂隙带、弯曲下沉带。围绕不同的保护层开采条件，程远平团队[87-89]研究了上保护层开采、远距离下保护层开采、巨厚火成岩下远程保护层开采、极薄保护层开采、近距离煤层群开采过程中被保护层“三带”演化规律及透气性变化规律。齐庆新等[90]研究了近距离突出危险煤层群上保护层开采可行性。朱怡然等[91]分析了上、下保护层开采条件下被保护层的应力释放规律与膨胀变形效果，优化了突出煤层群保护层开采区域防突技术方案。王志强等[92]分析了层间关键层以及保护层开采范围的影响。Sun 等[93]提出了一种全岩石保护层开采防治煤与瓦斯突出技术。Li[94]研究了以开采薄煤层作为自保护煤层，可减小煤和瓦斯突出的危险性。

在难以开展保护层开采的条件下，预抽煤层瓦斯是防治煤与瓦斯突出较好的选择。杨宏民等[95]研究了预抽煤层瓦斯区域防突效果检验指标临界值。许满贵等[96]研究了在不同的抽采时间、负压、渗透率、煤层瓦斯压力及钻孔直径等条件下，煤层区域瓦斯抽采的钻孔抽采半径及抽采量变化规律。Xia 等[97-98]建立了煤岩变形与多组分气流耦合模型，利用该模型进行了煤层预抽瓦斯数值模拟，并评价了瓦斯预抽效率。Zhou 等[99]在中国芦岭煤矿进行了强突出危险煤层瓦斯抽采试验，取得了良好的效果。Yuan、Wang 等[100-101]提出了煤与瓦斯突出共采、综合开发利用的科学构思，并在淮南等矿区进行了试验。

煤层注水作为一种煤与瓦斯突出的防治措施，最早在苏联煤矿进行了应用，之后在我国阳泉、北票和抚顺等矿区进行了工业性试验[102]。石必明等[103]分析了突出煤层湿润防突作用，试验研究了突出煤层湿润力学特性变化规律，以及煤体含水率对煤的普氏系数和瓦斯放散初速度的影响。Chen 等[104]，Lu 等[105]指出了煤层注水可以增加煤体的含水量、湿润煤体，降低瓦斯解吸速度，可有效减小煤与瓦斯突出的危险性。

方昌才[106]开发了突出煤层深孔预裂控制松动爆破防突技术。刘明举等[107]阐述了水力冲孔技术的防突机理，认为在严重突出矿井采用水力冲孔措施，可大幅度释放煤体中的瓦斯，增大煤体抑制突出的阻力。王兆丰等[108]将水力冲孔技术应用到松软低透突出煤层的防突中。徐佑林等[109]，Zhou 等[110]认为利用高预应力锚杆支护可较好地控制煤与瓦斯突出灾害。

1.2.3 突出煤物理力学性质及多物理场耦合研究现状

对突出煤物理力学特性来说，学者们主要围绕煤的应力-应变关系、尺度效应、瓦斯吸附解吸特性等方面展开研究。

宋大钊等[111]分析了煤的微观结构，运用煤体三维蠕变本构方程，研究了煤体的蠕变机制。姜耀东等[112]认为含瓦斯煤是由固相煤、游离瓦斯和吸附瓦斯组成的饱和混合物，并构建了含瓦斯煤的本构方程。王维忠等[113]对三轴压缩条件下突出煤的黏弹塑性蠕变模型及本构关系进行了研究。尹光志等[114]进行了含瓦斯型煤和原煤的变形特性与抗压强度的试验，建立了含瓦斯煤岩三轴压缩损伤本构模型。王登科等[115-116]结合非关联塑性流动法则，建立了含瓦斯煤岩耦合弹塑性损伤本构模型及三轴压缩条件下含瓦斯煤的黏弹塑性蠕变模型。李小双等[117]进行了含瓦斯突出煤三轴压缩下力学性质试验研究，研究表明随着瓦斯压力的增加，突出煤样的弹性模量单调减小，随着有效应力的增加，含瓦斯突出煤的弹性模量、三轴抗压强度和峰值应变均单调增加。Peng 等[118]研究发现，瓦斯流动会使煤体强度减小，导致煤层失稳破坏；在相同瓦斯瓦力下，围压越大，瓦斯吸附量越多，煤体失稳破坏越严重。

Bieniawski[119]在现场测试了煤体从 0.75 英寸(1 英寸=2.54 cm)到 6.6 英尺(1 英尺=30.48 cm)的立方煤体的单轴抗压强度，初步建立了煤体强度与尺度大小的关系。Medhurst 等[120]测试了尺寸为 61 mm、101 mm、146 mm 和 300 mm 大小的立方体煤样的三轴抗压强度，得出了煤体尺寸的"内在变量"，并利用该关系来设计煤柱的合理尺寸。Van[121]在实验室测试了来自不同矿区的煤体强度的尺度效应，认为煤试件强度与径高比呈线性增加关系，与试件尺寸呈指数降低关系。Poulsen 等[122]采用数值模拟研究了煤体强度的尺度效应，指出现场实际煤体的单轴抗拉强度远比试验试件抗拉强度小。陈学华等[123]基于 Weibull 分布规律，计算得出了不同尺度大小煤体的单轴抗压强度。宋良等[124]考虑了含瓦斯的吸附作用，研究了含瓦斯煤单轴压缩的尺度效应。彭永伟等[125]研究了煤样渗透率对围压的敏感性，并分析了尺度效应的影响。

瓦斯吸附解吸特性是判断煤体有无突出危险性的重要指标，学者们对瓦斯吸附解吸规律进行了大量研究。梁冰[126]试验测试了不同温度、瓦斯压力条件下煤层瓦斯吸附量，得出了瓦斯吸附曲线和吸附常数随温度变化的数学关系式。Sobczyk[127]在实验室条件下测试了瓦斯吸附过程对瓦斯压力引起煤与瓦斯突出的影响。Karacan[128]、Xu 等[129]研究了 CH_4 和 CO_2 对煤体的竞争吸附，分析了吸附膨胀应变及其对煤与瓦斯突出的作用。通常，瓦斯以吸附态和游离态存在于煤体的孔隙表面和孔隙空间中，煤孔隙是瓦斯赋存的主要场所。针对煤的孔隙结构，Barker-Read 等[130]研究了煤体孔隙结构与突出的关系，认为矿物含量与瓦斯吸附量密切相关，瓦斯放散速度取决于大直径孔隙和裂隙的分布。Qi 等[131]采用低温液氮吸附方法，研究了煤与瓦斯突出过后收集的不同种类的煤样的孔隙分布特征，得出随着煤阶的增加，煤体微孔比例增大，煤体的整体孔隙比表面积增大，瓦斯吸附能力增强。罗维[132]提出煤体具有裂隙-孔隙双重孔隙结构，研究了双重孔隙结构煤体的瓦斯解吸流动规律。

对煤层内多物理场耦合规律来说，学者们主要围绕含瓦斯煤的气固耦合、流固耦合、热流固耦合等方面展开研究。

在完整多孔煤体介质瓦斯流动规律方面，我国学者周世宁[133]指出瓦斯的流动基本上符合达西定律，把多孔介质的煤层看成一种大尺度上均匀分布的虚拟连续介质，提出了瓦斯线性流动理论。孙培德等[134]创建了瓦斯固气耦合模型及其数值方法。唐巨鹏等[135]将煤样放入自制的三轴瓦斯解吸渗透仪中，通过先加载后卸载、连续进行煤层气解吸渗流试验，模拟了煤层气在复杂地应力条件下的赋存和运移开采过程。李祥春等[136]根据煤体受力平衡条件，建立了考虑吸附膨胀应力的煤体有效应力表达式，建立煤层瓦斯流固耦合数学物理模型。张凤婕等[137]基于热弹性力学、非线性达西渗流理论和多孔介质热力学原理，对在煤层中注热提高煤层气产量的机理进行了系统研究，建立了包含煤的变形方程、气体渗流方程、热传导方程的热流固多物理场耦合数学模型。张丽萍[138]研究了温度影响下煤层中气体赋存运移变化规律，建立了包含煤层变形、气体扩散渗流、气体吸附以及温度效应的热-流-固多场耦合数学模型，并将模型应用到注热强化和注气驱替开采煤层气工程实践中。郝建峰[139]基于解吸热效应，研究了煤与瓦斯热流固耦合模型，并进行了应用。曹偈等[140]利用数值模拟研究了煤与瓦斯突出多物理场分布特征。

在破裂煤体瓦斯渗流规律方面，程远平等[141]探讨了深部煤层裂隙渗透率的变化，认为深部煤层地应力主导有效应力并控制渗透率变化，建立了卸荷增透理论模型。张东明等[142]研究了煤层采动裂隙、采动应力与瓦斯流动的耦合作用，提出采动影响下裂隙煤岩体的渗透率与裂隙宽度、裂隙贯通情况、裂隙不平整度、裂隙间距、裂隙法向刚度和采动应力等有关，瓦斯渗透率与裂隙宽度呈正相关。刘黎等[143]建立了采动煤岩体瓦斯渗流-应力-损伤耦合模型。胡少斌[144]基于煤体多尺度结构特征和时空变异性，从煤体基岩与裂隙交互作用、含瓦斯煤多相耦合孔隙介质力学特性和含瓦斯煤裂隙损伤渗流耦合行为三方面，揭示了多尺度裂隙煤体气固耦合行为及机制，建立了多尺度裂隙煤体气固耦合数学物理模型。唐春安等[145]运用 RFPA 岩石破坏过程分析系统，模拟了含瓦斯煤岩突出孕育过程。Valliappan 等[146]模拟了干燥煤层中瓦斯的流动过程。安丰华等[147-148]基于双重孔隙介质模型，构建了突出煤岩-瓦斯的应力场和渗流场耦合方程，模拟研究了瓦斯、地应力、煤体力学性质、突出能量分布和演化对突出蕴育、失稳的控制作用。Xue 等[149-150]联合使用 $FLAC^{3D}$ 和 COMET3 软件再现了瓦斯突出过程，其中，$FLAC^{3D}$ 计算煤岩体的变形和破坏，COMET3 计算瓦斯和水相的流动过程，并分析了 Langmuir（朗缪尔）参数、开采深度、煤岩力学属性及渗透率对突出的影响。

1.2.4 研究现状评述

煤与瓦斯突出发生在一定范围内的煤岩系统中，即煤与瓦斯突出地质动力系统,它包括含瓦斯煤体、地质动力环境和采掘扰动三要素。地质动力系统的各要素相互作用,使含瓦斯煤的物理力学性质发生变化,如初始损伤和采动损伤。同时,引起地质动力系统的应力场、渗流场和损伤场变化,当达到一定条件后,地质动力系统将失稳,最终引发煤与瓦斯突出灾害。现有成果多注重瓦斯与煤体骨架相互作用、煤与瓦斯突出定性描述研究,对突出机理的认识仍然停留在假说阶段,而对于含瓦斯煤冲击破坏、突出过程能量耗散规律、多物理场耦合灾变机理的研究较少,仍然存在需要进一步探讨的科学问题:

① 突出煤的动力破坏特性、力学性质尺度效应及煤破坏过程中瓦斯渗流规律如何?

② 怎么建立地质动力系统的应力、损伤和渗流场耦合模型? 如何进行数值求解?

③ 怎样确定含瓦斯煤体的破坏机制和灾变判定准则?

④ 突出地质动力系统尺寸大小如何确定? 煤体中瓦斯运移时,应力和能量的传递、转化和耗散规律如何? 如何利用动力系统理论防治煤与瓦斯突出?

1.3　研究内容及技术路线

1.3.1　研究内容

本书旨在从多物理场耦合作用的角度揭示煤与瓦斯突出地质动力系统灾变机理,拟重点开展以下几个方面的研究工作:

(1) 煤与瓦斯突出的统计规律

分析我国煤与瓦斯突出事故的时间分布特征,研究我国突出事故的地域分布规律,分析诱发煤与瓦斯突出的地应力、煤体物理力学性质、瓦斯参数和地质构造等影响因素。

(2) 突出煤的物理力学性质与渗流规律

测定突出煤的常规物理力学参数,测试煤样在动载荷作用下的强度、抗拉强度情况,研究煤体骨架对瓦斯的吸附解吸特性,测定煤样的渗流特性,进一步阐明破裂煤层中的瓦斯渗流规律,建立试验尺度与工程尺度之间的含瓦斯煤的力学参数关系,为突出孕育和演化数值模拟提供参数选取依据。

(3) 煤与瓦斯突出地质动力系统致灾机理

基于综合作用假说,提出煤与瓦斯突出地质动力系统机理,认为地质动力系统由含瓦斯煤体、地质动力环境和采掘扰动三要素构成;明确地质动力环境各因素,如地质构造、构造运动、煤层厚度与倾角、埋深等。研究含瓦斯煤介质、地质动力环境和采掘扰动之间的相互作用关系;定性分析突出地质动力系统的孕育、形成、发展、终止等演化机制,给出突出地质动力系统的失稳判据,为数值模拟圈定地质动力系统和突出地质体尺度范围奠定基础。

(4) 突出煤层多尺度应力-渗流-损伤耦合模型

考虑煤层中地下水和瓦斯共存,分析煤与瓦斯突出多物理场耦合过程,推导出应力场、渗流场、损伤场的控制方程,构建突出煤层应力-损伤-渗流多物理场耦合模型,将耦合模型以 PDE 形式植入 COMSOL 软件,编写 MATLAB 程序与 COMSOL 联合,实现对耦合模型求解。

(5) 煤与瓦斯突出地质动力系统数值模拟研究

利用突出煤层多尺度应力-渗流-损伤耦合模型,根据已发生突出事故的地质背景,定量模拟研究突出地质动力系统的孕育及演化规律,分析系统内应力与能量的传递、转化和耗散规律,圈定动力系统和突出地质体尺度大小,预测突出危险性。

(6) 基于地质动力系统的消突机制及工程应用

在突出地质动力系统机理的基础之上,构建基于地质动力系统的消突机制,模拟并获取目标工作面的突出动力系统的尺度范围,为采取防突措施指出目标区域,给出消突技术方案,模拟验证消突工程的有效性,并进行现场工程检验,为类似条件矿井提供理论依据。

1.3.2 技术路线

本书采用数理统计、试验测试、理论分析、数值模拟和现场工程应用等相结合的手段开展研究。首先,统计分析煤与瓦斯突出发生的时间和空间规律,测定突出煤的常规物理力学参数,获取煤样的准静态抗压强度和抗拉强度,研究煤体骨架对瓦斯的吸附解吸特性,测定破裂煤样中的瓦斯渗流规律,测试不同尺度煤样的强度,建立试验尺度与工程尺度煤的力学参数关系,为突出孕育和演化数值模拟提供参数选取依据。然后,研究煤与瓦斯突出的地质动力系统致灾机理,研究含瓦斯煤介质、地质动力环境和采掘扰动之间的相互作用关系,分析突出地质动力系统的孕育、形成、发展、终止等演化机制,给出突出地质动力系统的失稳判据。之后,构建突出煤层应力-损伤-渗流多物理场耦合模型,模拟研究突出地质动力系统的孕育及演化规律,分析系统内应力与能量的传递、转化和耗散规律,圈定动力系统和突出地质体尺度大小;最后,构建基于地质动力系统的消突机制,并进行现场工程检验,形成突出地质动力系统灾变机理与消突技术体系。技术路线如图 1-7 所示。

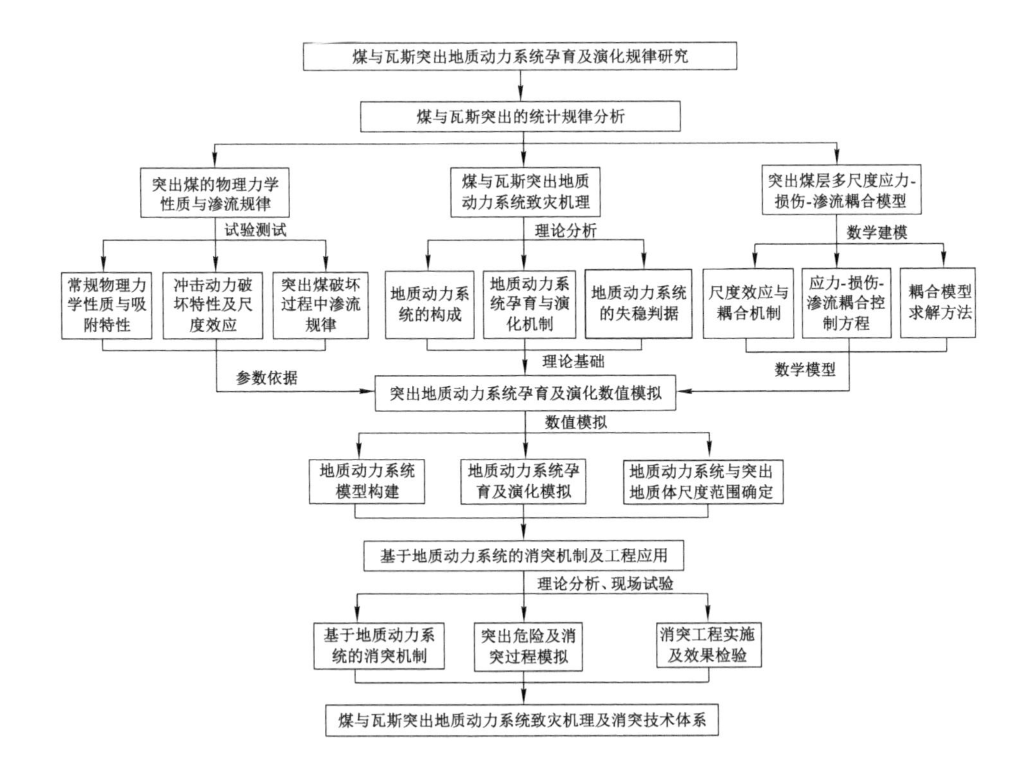
煤与瓦斯突出地质动力系统孕育及演化规律研究
煤与瓦斯突出的统计规律分析
突出煤的物理力学性质与渗流规律
煤与瓦斯突出地质动力系统致灾机理
突出煤层多尺度应力-损伤-渗流耦合模型
试验测试
理论分析
数学建模
常规物理力学性质与吸附特性
冲击动力破坏特性及尺度效应
突出煤破坏过程中渗流规律
地质动力系统的构成
地质动力系统孕育与演化机制
地质动力系统的失稳判据
尺度效应与耦合机制
应力-损伤-渗流耦合控制方程
耦合模型求解方法
理论基础
参数依据
数学模型
突出地质动力系统孕育及演化数值模拟
数值模拟
地质动力系统模型构建
地质动力系统孕育及演化模拟
地质动力系统与突出地质体尺度范围确定
基于地质动力系统的消突机制及工程应用
理论分析、现场试验
基于地质动力系统的消突机制
突出危险及消突过程模拟
消突工程实施及效果检验
煤与瓦斯突出地质动力系统致灾机理及消突技术体系

图 1-7 技术路线

2 煤与瓦斯突出的统计规律分析

2.1 煤与瓦斯突出的统计特征

2.1.1 煤与瓦斯突出的时间分布特征

为厘清突出事故的发生规律，根据应急管理部、国家统计局、中国煤矿安全生产网、各省市煤矿安全监察局以及相关文献资料，统计和整理了我国1950—2022年期间的煤与瓦斯突出事故信息，从时间和空间两个维度上，总结和分析了我国煤与瓦斯突出事故发生的现状与趋势。

总的来说，我国煤与瓦斯突出事故的时间分布特征主要可划分为3个时期(图2-1)[10]：

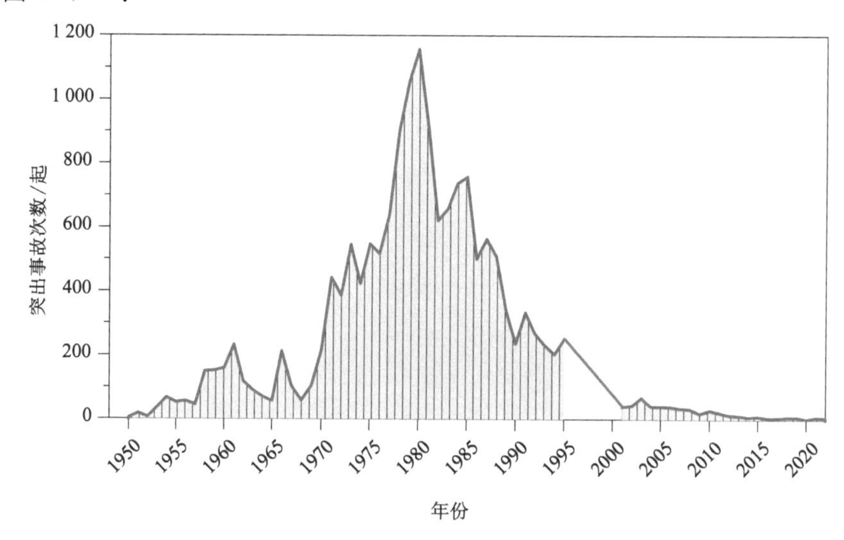

图2-1 1950—2022年我国煤与瓦斯突出事故情况

① 大幅上升时期(1950—1980 年)。新中国成立初期百废待兴,煤矿以中小型为主,煤矿生产技术装备较为落后,安全生产技术人员匮乏,安全投入不足,导致煤矿事故频发,煤与瓦斯突出矿井的数量增长快,突出灾害防控难度较大。突出事故从 1950 年的 4 起快速增加到 1980 年的 1 157 起,该时期内累计发生突出事故 8 637 起,有记录的死亡人数为 799 人。

② 持续好转时期(1981—2000 年)。随着防突措施研究与实施的加强,突出起数逐年下降。20 世纪 80 年代全国每年突出事故基本控制在 500～600 起。自从 1988 年原煤炭部颁布执行《防治煤与瓦斯突出细则》(1995 年修订)以来,在突出矿井全面推行"四位一体"综合防突措施,防突工作成效明显,全国发生煤与瓦斯突出的次数逐年减少,防治突出成效明显。在 1992 年后的 4 年中,国有重点煤矿年均突出事故数控制在 300 起以内,平均为 252 起/年。1996—2000 年煤炭行业较为低迷,煤与瓦斯突出事故的统计数据不全,突出事故整体呈下降趋势。

③ 稳定下降时期(2001—2022 年)。21 世纪以来,2001 年成立国家安全生产监督管理局,2002 年出台《中华人民共和国安全生产法》,煤矿安全逐渐纳入健全的法制轨道,并开启了煤炭行业的"黄金十年"。在国家的大力整治下,突出事故起数逐年下降。在矿井开采深度、突出矿井数量和全国煤炭产量逐年增加的形势下,保持了突出伤亡事故起数和死亡人数的基本稳定,突出伤亡事故约 22 起/年,造成死亡人数约 146 人/年。

图 2-2 为 2001—2022 年我国煤与瓦斯突出事故数、死亡人数、突出事故死亡占煤矿死亡总数比例的情况[2,11]。数据显示,这 22 年间共发生突出事故 495 起、死亡 3 214 人。突出事故数最高出现在 2003 年,为 68 起;突出死亡人数最多出现在 2002 年,为 347 人。总体而言,突出事故起数、死亡人数整体呈现逐年下降的趋势。但是,突出死亡人数占煤矿事故总死亡人数比例却呈现波动式上涨,从 2001 年的 3.44%逐渐增加至 2019 年的 12.35%、2021 年的14.61%。虽然 2020 年和 2022 年该比例有所下降,但煤与瓦斯突出事故在煤矿事故中仍占比较大的比例,突出事故的防治任重而道远。

《煤矿生产安全事故报告和调查处理规定》明确规定,根据事故造成的人员伤亡,煤与瓦斯突出事故分为 4 个等级:一般事故,指造成 3 人以下死亡或者 10 人以下重伤的事故;较大事故,指造成 3 人以上 10 人以下死亡或者 10 人以上 50 人以下重伤的事故;重大事故,指造成 10 人以上 30 人以下死亡或者 50 人以上 100 人以下重伤的事故;特别重大事故,指造成 30 人以上死亡或者 100 人以上重伤的事故。

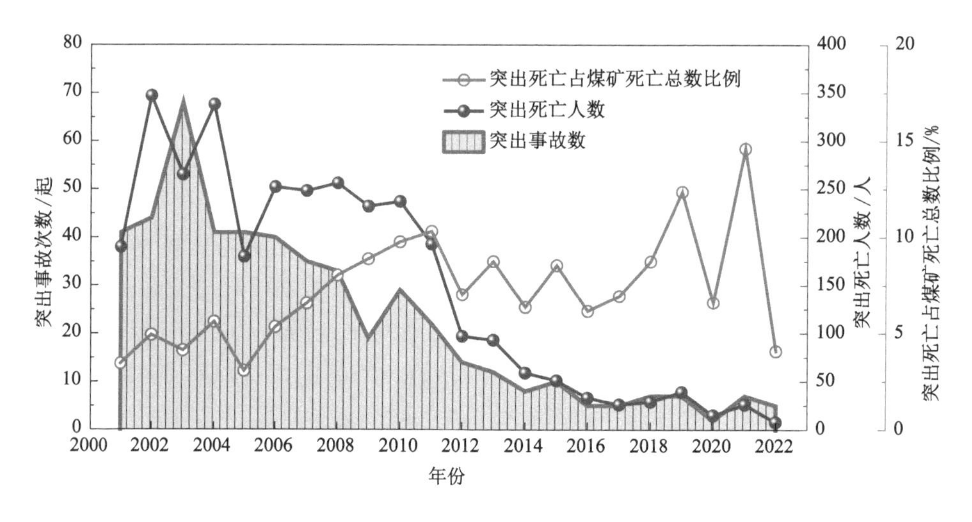

图 2-2　2001—2022 年我国煤与瓦斯突出事故数、死亡人数和死亡人数占比情况

表 2-1 统计了我国 2001—2022 年不同等级的煤与瓦斯突出事故情况。2001 年到 2022 年共发生煤与瓦斯突出事故 494 起，死亡 3 214 人。其中，死亡 1～2 人的一般事故 111 起，占总起数的 22.5%，死亡 158 人，占死亡人数的 4.9%；死亡 3～9 人的较大事故 305 起，占总起数的 61.7%，死亡 1 498 人，占死亡人数的 46.6%；死亡 10～29 人的重大事故 68 起，占总起数的 13.8%，死亡 1 004人，占死亡人数的 31.2%；死亡 30 人以上的特别重大事故 10 起，占总起数的 2%，死亡 554 人，占死亡人数的 17.2%，如图 2-3 所示。

表 2-1　2001—2022 年全国煤与瓦斯突出事故统计

年度	一般事故		较大事故		重大事故		特别重大事故		合计	
	起数	死亡人数	起数	死亡人数	起数	死亡人数	起数	死亡人数	起数	死亡人数
2001	14	21	24	115	3	54	0	0	41	190
2002	8	13	24	112	10	150	2	72	44	347
2003	31	49	32	146	5	70	0	0	68	265
2004	11	18	25	119	4	53	1	148	41	338
2005	18	22	19	86	4	72	0	0	41	180
2006	2	2	29	133	9	117	0	0	40	252
2007	0	0	28	131	6	82	1	35	35	248
2008	0	0	26	130	6	89	1	37	33	256
2009	1	0	15	82	1	12	2	138	19	232

表 2-1(续)

年度	一般事故		较大事故		重大事故		特别重大事故		合计	
	起数	死亡人数	起数	死亡人数	起数	死亡人数	起数	死亡人数	起数	死亡人数
2010	4	2	20	106	3	48	2	81	29	237
2011	3	6	14	86	4	58	1	43	22	193
2012	0	0	12	57	2	40	0	0	14	97
2013	2	2	7	42	3	49	0	0	12	93
2014	0	0	5	26	3	33	0	0	8	59
2015	1	2	8	36	1	13	0	0	10	51
2016	1	2	2	8	1	23	0	0	4	33
2017	1	2	3	12	1	12	0	0	5	26
2018	4	7	2	9	1	13	0	0	7	29
2019	2	3	4	20	1	16	0	0	7	39
2020	0	0	2	15	0	0	0	0	2	15
2021	4	6	3	20	0	0	0	0	7	26
2022	4	1	1	7	0	0	0	0	5	8
合计	111	158	305	1 498	68	1 004	10	554	494	3 214

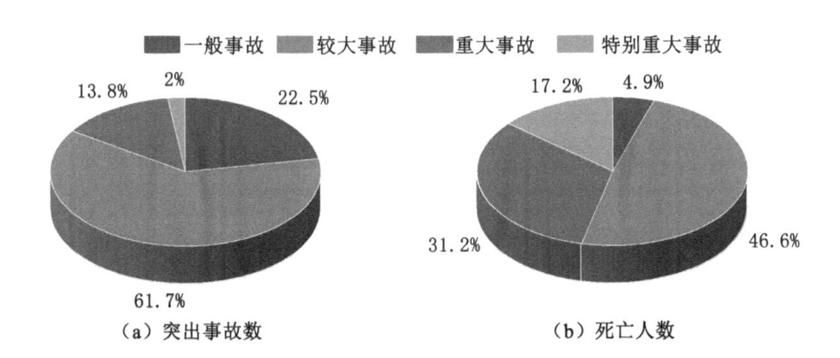

图 2-3　2001—2022 年煤与瓦斯突出事故数及死亡人数比例

注：由于四舍五入的原因，图中部分数据存在加总的误差。

可以发现，较大事故的起数和死亡人数最多；一般事故发生起数也较多，但死亡人数较少；特别重大事故发生次数最少，但死亡人数较多。因此，必须严格执行区域、局部防突措施，减少较大事故的发生，降低突出事故死亡人数。此外，更要避免特别重大事故的发生，虽然这类事故很少发生，但一旦发生就会造成大量人员伤亡[151]。例如,2004 年 10 月 20 日,郑州煤业(集团)公司大平煤矿发生特大型煤与瓦斯突出,引发了特别重大瓦斯爆炸事故,造成 148 人死亡;2009 年 11 月 21 日,黑龙江龙煤集团鹤岗分公司新兴煤矿发生煤与瓦斯突出,引起风流逆向,发生瓦斯爆炸,事故造成 108 人遇难。

不同事故等级的煤与瓦斯突出事故情况如图 2-4 所示[11]。总体来说,突出事故数和死亡人数下降趋势明显,2012 年之前事故数和死亡人数较大。2013 年之后突出事故数和死亡人数保持较低水平,特别是基本遏制住了特别重大突出事故的发生,得益于淘汰落后产能、矿井整合以及国家对煤矿安全的高度重视。

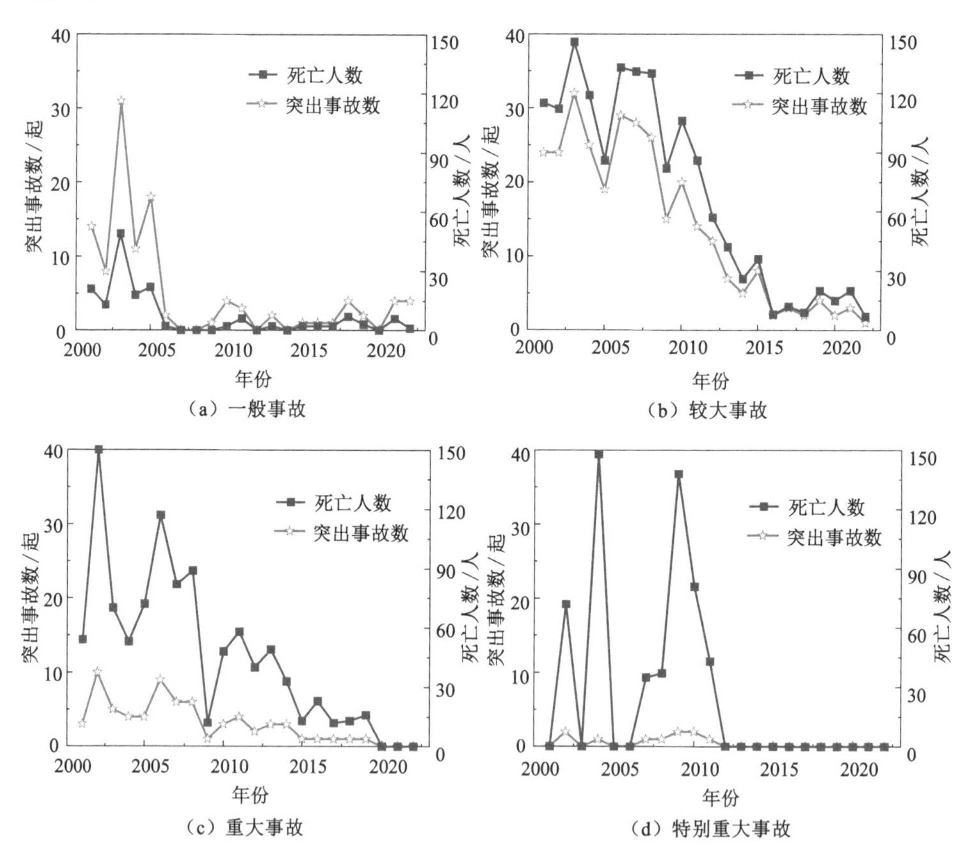

图 2-4 2001—2022 年不同事故等级的煤与瓦斯突出事故情况

不同事故等级的煤与瓦斯突出事故比例和死亡人数比例的统计结果见图 2-5。可以看出,特别重大突出事故基本得到遏制,近 10 年未发生过特别重大突

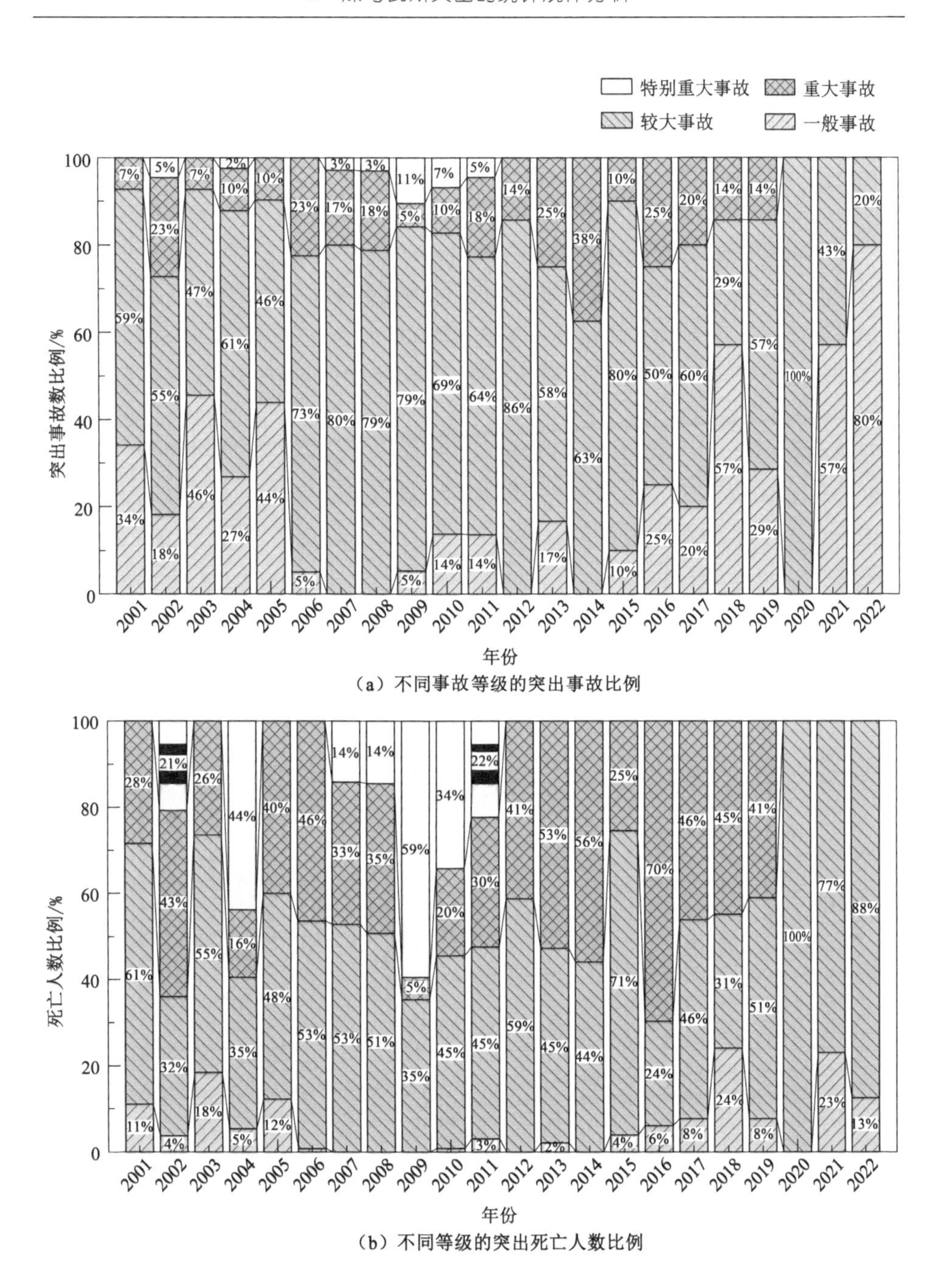

（a）不同事故等级的突出事故比例

（b）不同等级的突出死亡人数比例

图 2-5 2001—2022 年不同事故等级的煤与瓦斯突出事故比例和死亡人数比例

注：由于四舍五入的原因，图中部分数据存在加总的误差。

出事故;较大突出事故数和死亡人数长期占主导地位;一般突出事故数近几年有逐渐增加趋势,但死亡人数占比相对较低[2]。因此,应重视较大事故和一般事故的防范,避免特别重大事故和重大事故的发生。

2.1.2 煤与瓦斯突出的空间分布特征

我国的突出矿井呈现出数量多、分布广、增长快的特点[10]。随着开采深度和开采强度的增大,我国突出矿井的数量呈增加趋势。根据全国煤矿瓦斯等级鉴定资料,2000 年前突出矿井数量不超过 300 个,2007 年为 647 个,2010 年为 1 044 个,2020 年为 713 个。如图 2-6 所示,根据 2010 年统计,突出矿井分布于全国 20 个产煤省(自治区、直辖市)中,且以西南和中东部地区为主。新疆以前没有突出矿井,2010 年已经有 8 个突出矿井,山西以前仅有 2 个突出矿井,2010 年已经增加到 20 个。2010 年全国突出矿井数量约占矿井总数的 7%,2020 年占比约为 15%。突出矿井的区域分布不均衡,总体呈现南方多、北方少的特点,主要集中在贵州、湖南、四川、重庆、河南等五省市,共有 878 个,占全国突出矿井总数的 84%,其中贵州省突出矿井数量最多,占到全国总数的 34%。

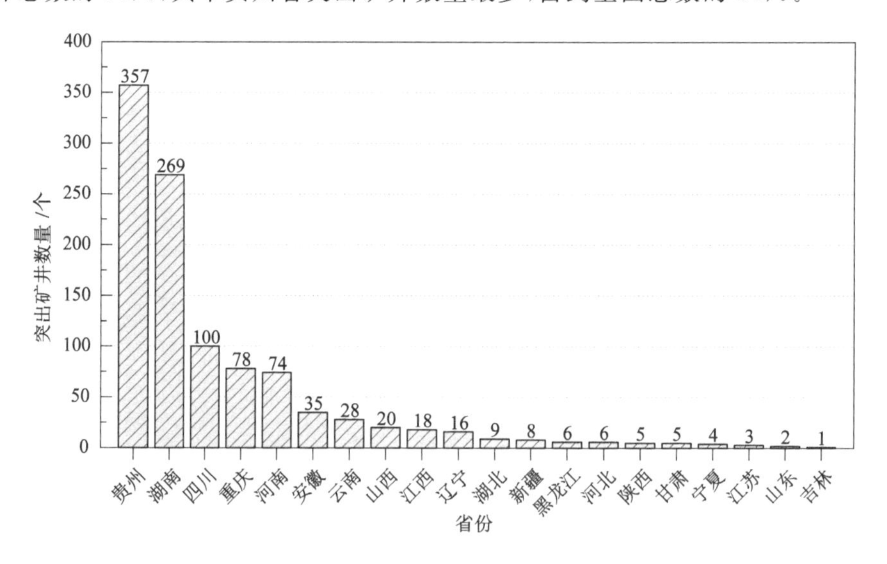

图 2-6 煤与瓦斯突出矿井数量及分布(截至 2010 年)[10]

从 1950 年到 1995 年,全国共发生煤与瓦斯突出事故 13 289 起,其中湖南发生突出事故次数最多,为 2 865 起,其次是辽宁、重庆,分别为 2 464 和2 273 起。各省份中,突出事故数超过 400 起的包括辽宁、湖南、重庆、山西、黑龙江、江西、贵州、陕西和河南等 9 个省市,累计突出事故 12 454 起,占全国的事故总数的 93.7%，如图 2-7 所示。

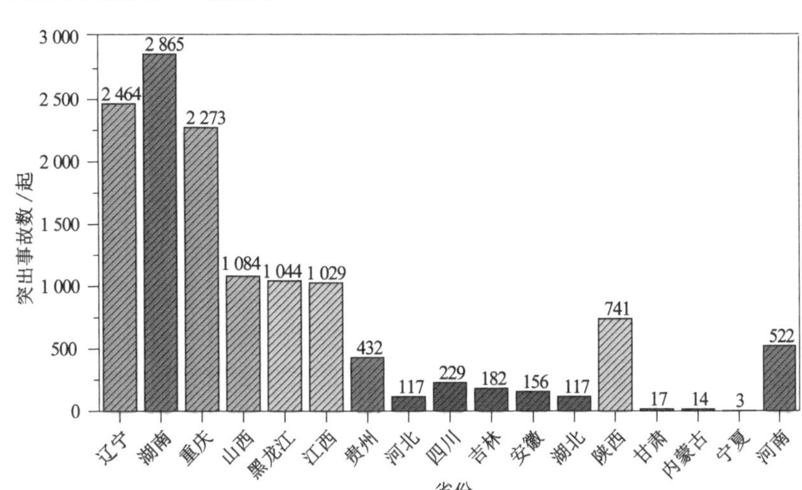

图 2-7　1950—1995 年各省市的煤与瓦斯突出事故分布情况

从 2001 年到 2011 年，全国共有 19 个省市发生突出事故 417 起，死亡 2 743 人，如表 2-2 和图 2-8 所示。其中，一般事故 93 起，死亡 134 人；较大事故 259 起，死亡 1 262 人；重大事故 55 起，死亡 801 人；特别重大事故 10 起，死亡 546 人，特别重大事故发生在湖南(2 起)、重庆(1 起)、贵州(1 起)、河南(4 起)、云南(1 起)和黑龙江(1 起)。如图 2-9 所示，河南省和黑龙江省分别发生突出事故 24 起和 5 起，但死亡人数分别达到了 434 人和 120 人。分析原因，河南省发生了 4 次特别重大突出事故，死亡 266 人，黑龙江省发生了 1 次特别重大突出事故，死亡 108 人。

表 2-2　2001—2011 年各省市突出事故数和死亡人数统计

省份	一般事故		较大事故		重大事故		特别重大事故		合计	
	起数	死亡人数	起数	死亡人数	起数	死亡人数	起数	死亡人数	起数	死亡人数
湖南	38	56	79	378	16	262	2	64	135	760
贵州	16	23	60	284	9	114	1	35	86	456
重庆	19	24	20	90	9	119	1	30	49	263
四川	5	10	25	107	3	40	0	0	33	157
河南	2	4	14	88	4	76	4	266	24	434
云南	2	3	18	91	5	63	1	43	26	200
江苏	1	2	0	0	0	0	0	0	1	2

表 2-2(续)

省份	一般事故		较大事故		重大事故		特别重大事故		合计	
	起数	死亡人数	起数	死亡人数	起数	死亡人数	起数	死亡人数	起数	死亡人数
吉林	1	1	1	6	0	0	0	0	2	7
山东	0	0	2	8	0	0	0	0	2	8
山西	1	2	2	11	0	0	0	0	3	13
新疆	1	1	2	15	0	0	0	0	3	16
陕西	1	1	4	22	0	0	0	0	5	23
甘肃	0	0	1	8	2	23	0	0	3	31
河北	2	2	0	0	2	25	0	0	4	27
辽宁	0	0	6	35	0	0	0	0	6	35
湖北	0	0	8	33	0	0	0	0	8	33
安徽	2	2	5	27	2	25	0	0	9	54
江西	1	2	9	48	3	54	0	0	13	104
黑龙江	1	1	3	11	0	0	1	108	5	120
合计	93	134	259	1 262	55	801	10	546	417	2 743

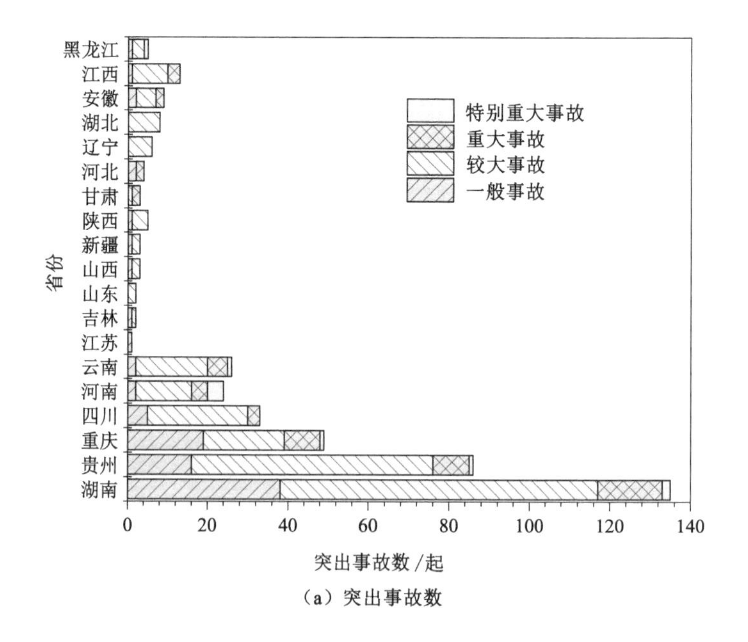

(a) 突出事故数

图 2-8　2001—2011 年各省市突出事故数和死亡人数分布情况

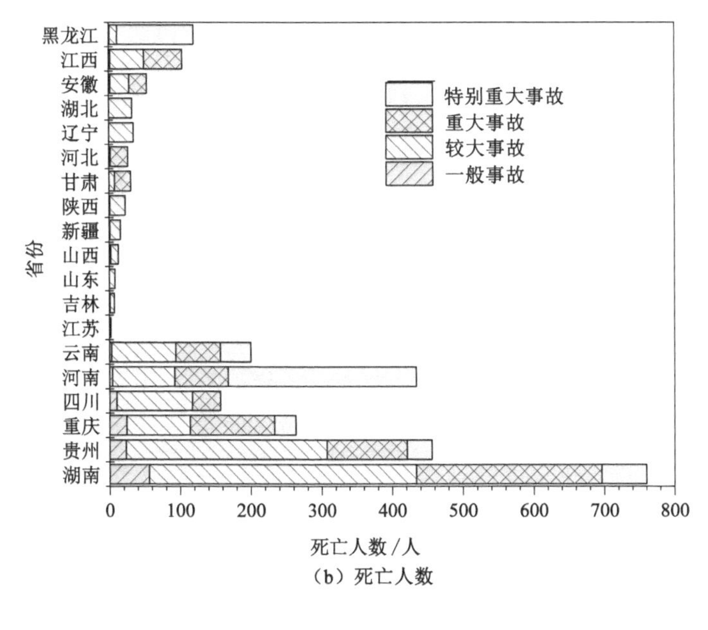

(b) 死亡人数

图 2-8(续)

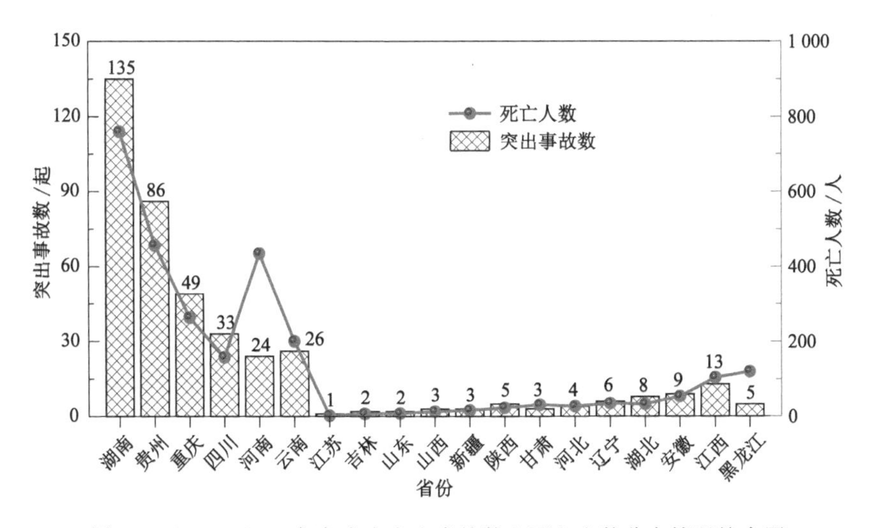

图 2-9 2001—2011 年各省市突出事故数和死亡人数分布情况综合图

如图 2-10 所示,从 2012 年到 2022 年,全国共有 12 个省市发生了煤与瓦斯突出事故 82 起,死亡 474 人。贵州发生起数最多,共发生 22 起,死亡 173 人,分别占 26.8%和 36.5%;其次是湖南和云南,共发生 14 起和 10 起,死亡 81 人和 47 人,三省之和分别占总突出事故数和死亡数的 56.1%和 63.5%。吉林只发生 1 起突出事故，死亡 12 人，突出事故数最少。黑龙江发生 2 起突出事故，死亡 8 人，突出事故死亡人数最低。相对于 2001—2011 年，2012—2022 年江苏、山东、新疆、甘肃、河北、辽宁、安徽等 7 省未发生过突出事故，煤矿安全生产状况好转。

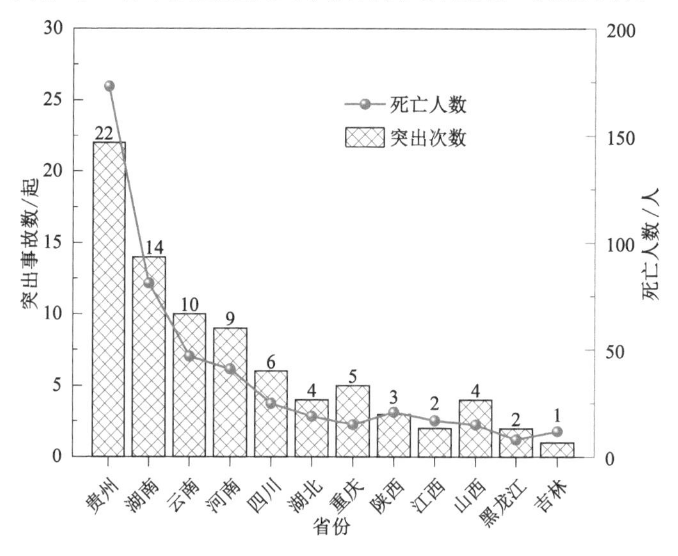

图 2-10　2012—2022 年各省市突出事故数和死亡人数分布情况

2001—2022 年，全国共有 2 个省份发生突出事故 100 起以上，分别为湖南 149 起和贵州 108 起，超过 10 起突出事故的还有四川、云南、重庆、河南、湖北和江西，其余省份发生突出事故较少。贵州、湖南、河南三个省的突出事故死亡人数超过了 300 人，共计 1 945 人，占全国突出总死亡人数的 83.5%。江苏和山东突出事故数和死亡人数最少，分别为 1 起和 2 起，死亡人数为 2 人和 8 人。

总体而言，突出事故在地域分布上具有分布范围广、分布较为集中、南多北少、南重北轻等特点，主要原因在于：我国南方地区煤层赋存条件复杂、煤层瓦斯含量高、煤层渗透率低，瓦斯不易抽采，小煤矿占比较大，技术装备较为落后，专业技术人才匮乏等[2,152]。

2.2　煤与瓦斯突出的影响因素

2.2.1　地应力

统计分析发现，煤与瓦斯突出危险性与地应力分布直接相关，高地应力为煤与瓦斯突出提供能够释放的潜能。地应力是在岩体中存在的各种应力的综合反映。通常，地应力主要包括自重应力、构造应力和采动应力。自重应力受煤层埋深的控制，构造应力受区域地质构造背景影响，而采动应力是由人类开采活动引起的，受开采空间和开采强度的影响。此外，煤岩孔隙中流体和温度的变化，也将引起地应力的变化[153]。

如图 2-11 所示，随着开采深度的增加，煤层中地应力和瓦斯压力增大，煤与瓦斯突出发生的危险性增大。突出强度随开采深度的增加而增大的规律明显。对于同一矿井、同一煤层、同一地质单元而言，在始突深度以下，开采深度增加，突出次数增多，突出强度也增大。

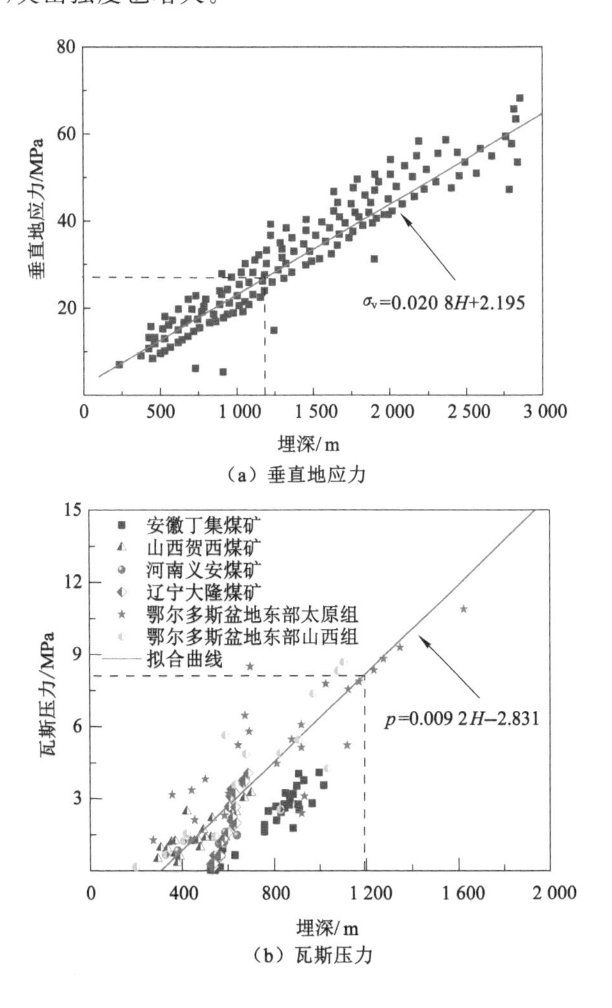

（a）垂直地应力

（b）瓦斯压力

图 2-11　垂直地应力、瓦斯压力与埋深的关系[154]

在煤与瓦斯突出研究初期，学者们就认识到地应力在煤与瓦斯突出的重要作用，提出了以应力为主导的突出发生机理的观点和假说，如应力集中假说、岩体应力变形潜能假说和煤岩流变假说。随着人们对突出灾害的深入认识，地应力、瓦斯参数、煤体物理力学性质综合作用下发生煤与瓦斯突出的机理被广泛接受，这三者的综合作用有时会表现出某一种或两种因素占主导。因此，地应力是预测煤与瓦斯突出的重要参数。

2.2.2 煤体物理力学性质

煤体物理力学性质是影响煤与瓦斯突出极为重要的因素之一。突出地点的煤层一般都有层理紊乱、煤质松软的特点，即软分层煤。我国煤田在多期构造应力场作用下，不同类型和性质的构造煤发育普遍，而不同类型构造煤结构构造的差异性又影响瓦斯含量及其吸附/解吸、扩散和渗流性能。构造煤分子间的作用力小，决定了构造煤强度低和吸附性能高，从而控制了煤与瓦斯突出灾害的发生[155]。

孔隙是煤结构的重要组成部分，直接影响煤层的储气能力和透气性等瓦斯特性。不同类型构造煤的孔隙性不同，决定了瓦斯特性的差异。随煤体破坏强度增大，煤的比表面积和孔体积分形维数逐渐增大，孔隙系统复杂性增强，碎粒煤、糜棱煤中的狭缝形平板孔、墨水瓶形孔是导致构造煤瓦斯突出的主要内在因素之一[156]。

渗透率是煤层多孔介质的特征参数之一，表示煤体中流体的流动能力。我国的煤层渗透率一般较低，为 0.001～0.1 mD，由于复杂的地质构造和应力环境，我国煤层的平均渗透率比美国、澳大利亚等国家的煤层渗透率低 2～3 个数量级。渗透率低是我国煤储层的一个显著特点，也是煤层气开发的难点问题。煤储层渗透性取决于煤储层中裂隙的发育和开启程度，煤层裂隙发育程度受内生裂隙（割理）和外生裂隙（构造裂隙）的共同影响，而煤层裂隙的开启程度则主要取决于现代地应力场中应力的大小及方向。构造对煤储层渗透性的控制主要体现为构造作用对煤层原生结构的破坏程度，即渗透性的构造控制实质上就是构造煤的发育、分布特点对渗透性的影响。

研究表明，煤体的瓦斯吸附/解吸特性能力越强，煤的渗透特性越差，渗透率越低，煤体的力学强度越低，煤体越容易发生破坏，产生煤与瓦斯突出的危险性较大。

2.2.3 瓦斯参数

瓦斯参与是煤与瓦斯突出区别于冲击地压等煤岩动力灾害的重要标志。

瓦斯的分布受煤层的变质程度、煤层围岩的封闭性和构造的复杂情况的控制，通常具有不均匀分布的特点[157]。我国24个煤与瓦斯突出严重区和34个煤与瓦斯突出区的煤层瓦斯含量都在8 m^3/t以上。根据我国煤矿瓦斯地质图，将我国煤矿瓦斯赋存分布划分为29个区，其中16个为高突瓦斯区，13个为瓦斯区。

根据《防治煤与瓦斯突出细则》，煤层突出危险性鉴定指标包括原始煤层瓦斯压力、煤的坚固性系数、煤的破坏程度和瓦斯放散初速度，鉴定指标见表2-3。当全部指标满足表2-3所列条件，应当判定为突出煤层。如果不完全满足，当$f \leqslant 0.3$、$P \geqslant 0.74$ MPa，或者$0.3 < f \leqslant 0.5$、$P \geqslant 1.0$ MPa，或者$0.5 < f \leqslant 0.8$、$P \geqslant 1.5$ MPa，或者$P \geqslant 2$ MPa，一般判定为突出煤层。

表2-3 煤层突出危险性鉴定指标

判定指标	原始煤层瓦斯压力（相对）P/MPa	煤的坚固性系数 f	煤的破坏程度	煤的瓦斯放散初速度 Δp
有突出危险的临界指标值及范围	≥0.74	≤0.5	Ⅲ、Ⅳ、Ⅴ	≥10

我国部分煤与瓦斯突出矿区的煤层瓦斯含量、瓦斯压力的实测值如表2-4所列。可以看出，煤层内瓦斯压力与瓦斯含量成呈相关关系，瓦斯含量高的矿井瓦斯压力一般也比较高。瓦斯含量越大，突出过程被快速解吸的瓦斯量更大，瓦斯内能的释放量越大，突出强度越大，破坏性也随之增大。因此，瓦斯参数越大，煤与瓦斯突出的危险性越大。

表2-4 我国部分矿区的瓦斯含量和压力测试结果

瓦斯参数	七台河煤矿	丁集煤矿	朱仙庄煤矿	芦岭煤矿	贺西煤矿	大隆煤矿
瓦斯含量/(m^3/t)	4.7～12.2	3.5～14.5	6.5～13.0	14.0～20.0	12.0～17.0	8.0～22.0
瓦斯压力/MPa	1.3～3.3	0.8～4.1	0.9～1.2	2.4～4.0	0.5～3.2	0.3～4.1

2.2.4 地质构造

地壳运动是由地球内部动力作用引起的地壳结构改变与变位的运动。地质构造是因地壳运动的作用发生变形与变位而遗留下来的形态，是地壳或岩石圈各个组成部分的形态及其相互结合方式和面貌特征的总称。地质构造可依其生成时间分为原生构造与次生构造。原生构造指成岩过程中形成的构造，岩浆岩的原生构造有流面、流线和原生破裂构造，沉积岩的原生构造有层理、波痕、粒序层、斜层理、泥裂、原生褶皱（包括同沉积背斜）和原生断层（包括生长断层）等。次生构造指岩石形成以后受构造运动作用产生的构造，有褶皱、节理、断层、劈理、线理等。不同的地质构造不仅出现在不同的煤田中，而且在同一煤田、同一煤层或者煤层的一个小区域内构造也会发生变化。地质构造在煤与瓦斯突出中扮演着一个基本的角色。

典型的突出地质条件包括褶曲的转折端、逆冲断层、煤层变薄带等，见图 2-12。Lama 等[26]认为影响煤与瓦斯突出的地质构造包括褶曲、节理、断层、构造煤分层、煤层厚度变化以及岩浆侵入等。煤与瓦斯突出几乎总是发生在沿着平移断层、逆断层或正断层强烈变形的区域，这些区域的煤层已经被破坏成了碎裂煤、碎粒煤或糜棱煤[158]。而有些突出则与顺层断层或褶曲有关，这些构造在较大的范围内存在构造煤的发育。南桐矿区截至 1987 年底发生煤与瓦斯突出已超过 1 000 余次，突出点主要集中分布在向斜轴、背斜的倾伏端、扭褶带及压扭性断层附近，而背斜轴附近很少有突出点分布[55]。

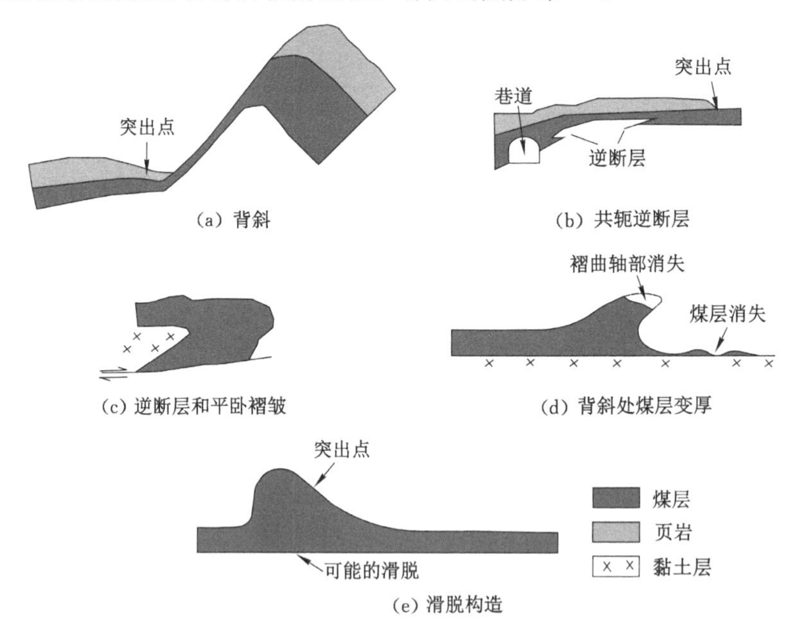

图 2-12　地质构造和煤与瓦斯突出的关系[8]

2.3 本章小结

① 我国煤与瓦斯突出事故的时间分布特征可划分为3个时期:大幅上升时期(1950—1980年)、持续好转时期(1981—2000年)、稳定下降时期(2001—2022年)。

② 2001—2022年,全国共发生突出事故494起,死亡3 214人,突出事故数和死亡人数整体呈现逐年下降的趋势,但突出死亡人数占煤矿事故总死亡人数比例却呈现波动式上涨。

③ 突出事故在地域分布上具有分布范围广、分布较为集中、南多北少、南重北轻等特点,主要原因为我国南方地区煤层赋存条件复杂、煤层瓦斯含量高、煤层渗透率低,瓦斯不易抽采,小煤矿占比较大,技术装备较为落后,专业技术人才匮乏等。

④ 煤与瓦斯突出的影响因素包括地应力、煤体物理力学性质、瓦斯参数和地质构造等,通过分析获得了各因素对煤与瓦斯突出的影响规律。

3 突出煤的物理力学性质与瓦斯渗流规律

3.1 突出煤常规物理力学性质测试

3.1.1 煤的常规物理力学性质

试验煤样取自贵州新田煤矿 1402 工作面（4# 煤层）和大同忻州窑煤矿 8939 工作面（11# 煤层）。新田煤矿在 2014 年 10 月 5 日发生了大型煤与瓦斯突出事故，采集煤样位于该突出煤层，属于具有突出倾向性煤（简称“突出煤”）；而忻州窑煤矿历史上未发生过煤与瓦斯突出事故，煤体强度较大，采集煤样为非突出倾向性煤（简称“非突出煤”）。现场选取尺寸较大的煤块，用保鲜膜密封包装，防止在运输过程中氧化和干燥，并标注采样地点。煤样运至实验室后，采用岩石切割机和取芯机加工成标准试件，规格分别为 ϕ50 mm×100 mm（抗压试验）和 ϕ50 mm×25 mm（抗拉试验），在打磨机上将煤岩试件两端磨平，要求试件两端面不平行度为±0.01 mm，上、下端直径的偏差为±0.2 mm。加工完毕的煤样再次用保鲜膜密封包装，以备测定单轴抗压强度、单轴抗拉强度、内摩擦角、黏聚力、弹性模量、泊松比、视密度和含水率等物理力学参数。

采用液压伺服岩石力学试验系统，在室温下对煤样进行准静态力学性能测试，加载框架的承载力为 100 kN，单轴压缩试验采用 1.0 mm/min 的位移控制，巴西劈拉试验采用 0.2 mm/min 的位移控制，测试获得的应力-应变曲线如图 3-1所示。煤样的常规物理力学参数测试结果见表 3-1。

可以看出，新田煤样的力学强度（单轴抗压强度、抗拉强度、弹性模量、黏聚力和内摩擦角）远小于忻州窑煤样的力学强度，说明在相同条件下突出煤更容易破碎。

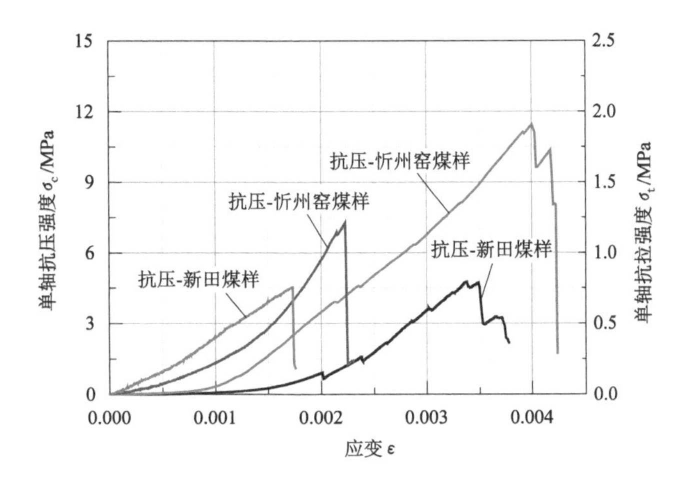

图 3-1 准静态压缩和拉伸应力-应变曲线

表 3-1 常规物理力学参数测试结果

煤样	视密度 ρ_d/(g/cm^3)	单轴抗压强度 σ_c/MPa	单轴抗拉强度 σ_t/MPa	弹性模量 E/GPa	泊松比 ν	黏聚力 c/MPa	内摩擦角 φ/(°)
新田煤样	1.359	4.763	0.680	2.342	0.28	0.75	37.5
忻州窑煤样	1.293	11.452	1.454	3.980	0.24	2.05	55.1

3.1.2 突出煤孔隙发育规律

(1) 裂隙结构发育特征

在宏观上,根据煤体的构造变形环境及裂隙特征,将煤体划分为原生结构煤、脆性变形煤(碎裂煤、碎斑煤、碎粒煤)、剪切变形煤(片状煤、鳞片煤)、塑性变形煤(揉皱煤和糜棱煤)等[159]。不同类型煤体的裂隙发育特征如表 3-2 所列。通常情况下,原生结构煤不易发生突出,而塑性变形煤(揉皱煤和糜棱煤)容易发生突出。

表 3-2 不同类型煤体的裂隙发育特征

类型	孔/裂隙发育特征
原生结构煤	内生裂隙为主,呈网格状形态,大多被矿物充填
碎裂煤	内生裂隙清晰,多数被矿物充填;构造裂隙稀疏发育,斜交层理构造裂隙出现,基本未被矿物充填

表 3-2(续)

类型	孔/裂隙发育特征
碎斑煤	内生裂隙难以分辨；构造裂隙紊乱发育，裂隙方向性较差，煤体被切割成大小不等的碎块或碎粒，碎斑结构发育
碎粒煤	内生裂隙消失，构造裂隙细微密集发育，裂隙难以识别，煤体碎粒碎粉化严重
片状煤	内生裂隙清晰；构造裂隙方向性显著，包括斜交层理和顺层两种类型
鳞片煤	内生裂隙消失；构造裂隙密集发育，可识别主要裂隙方向；部分受多期构造运动影响，可发育多组裂隙
揉皱煤	内生裂隙消失；弧形弯曲的构造裂隙控制煤体的弯曲变形，局部发育有糜棱，裂隙延伸方向不稳定
糜棱煤	内生裂隙消失；细微裂隙杂乱弥散发育，裂隙方向性很差；煤体组分塑性变形特征明显，糜棱化现象显著

采用德国 Carl Zeiss 公司 AXIO 系列显微镜观测煤样的显微结构特征，新田煤样和忻州窑煤样的观测结果如图 3-2 所示。可以看出，忻州窑煤样的条带状结构保存较好，煤岩组分及层理清晰。显微结构特征主要表现为顺层和斜交层理构造裂隙的稀疏发育，组合简单。内生裂隙发育较好，裂隙平直，延伸稳定，变形微弱；而构造裂隙发育稀疏，延伸不稳定[159]。因此，忻州窑煤样以原生结构煤和脆性变形煤为主。新田煤样的原生结构破坏严重，显微结构以不规则

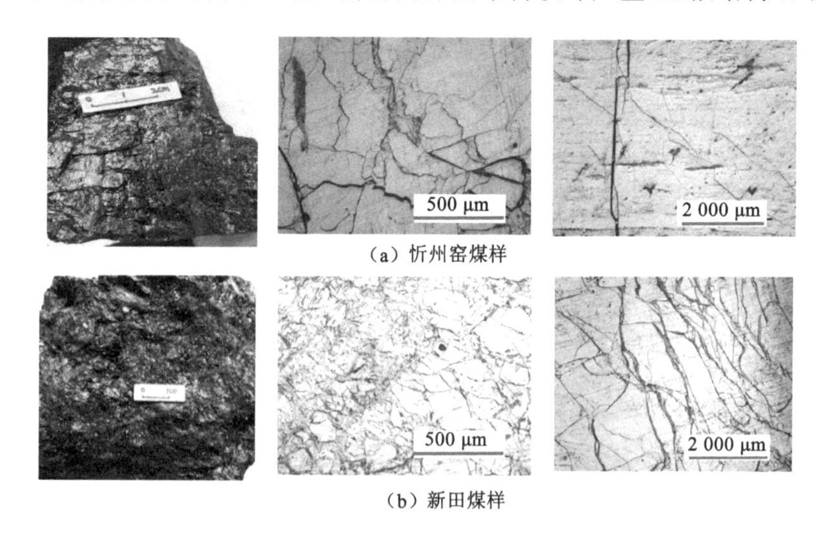

图 3-2　新田煤样和忻州窑煤样的显微结构特征

扭曲形态构造裂隙及煤体韧性揉皱变形为主要特征。宏观和显微尺度上均表现煤体组分的韧性揉皱变形特征，显微煤岩组分分层发生明显的揉皱弯曲。显微裂隙多呈弧形弯曲或波状起伏形态，发育密集，方向性较好，裂隙两侧错动现象较明显，局部煤体完全破碎为细小颗粒，发育有较明显的糜棱结构。

(2) 孔隙结构发育特征

煤体内的孔隙是在漫长的成煤过程中，由于煤的变质作用、煤基质收缩、挥发性物质挥发、水分渗出等各种因素而形成的一系列复杂的孔隙结构。通常将孔隙空间划分为孔隙和喉道，其中孔隙为煤岩颗粒包围着的较大空间，喉道为两个较大孔隙连通的狭窄部分[160]。煤层孔隙结构特征揭示了煤中孔隙和喉道的几何形状、大小及分布。根据煤的孔隙外观显微特征，孔隙类型表现出定性特征，分别为不同的圆筒形孔和细颈瓶形孔。根据孔隙与外界的连通性，煤中的孔隙可分为封闭孔、半封闭孔、交联孔和通孔，见图 3-3。孔隙结构的开放程度直接决定了煤对瓦斯等气体的吸附和解吸快慢，对煤的孔渗性、含气性具有重要影响。依据其形状可以分为层状孔、柱状孔、墨水瓶孔、锥形孔和间隙孔。开放孔和半封闭孔占整个孔隙数量的绝大多数，它们保证了孔隙间的连通性，是煤层中瓦斯储存和运移的有效孔隙。

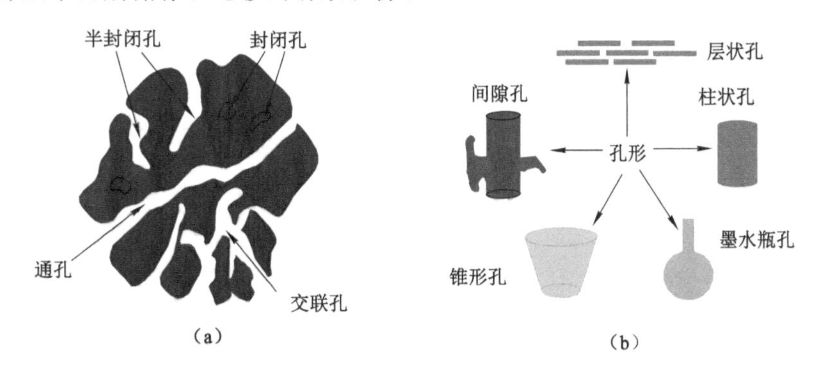

图 3-3 煤的孔隙连通方式和结构形状分类[161]

根据霍多特孔径大小的孔隙分类方法，将煤的孔隙划分为大孔(>1 000 nm)、中孔(100～1 000 nm)、小孔(10～100 nm)和微孔(<10 nm)。压汞法是研究煤的孔隙大小、孔容、孔隙度、比表面积等孔隙结构参数的常用手段。压汞法要求测试样品的孔径范围为 3.5 nm～360 μm，主要用于研究中、大孔隙的分布特征。为获得突出煤和非突出煤的孔隙结构特征，采用 AUTOPORE9500 压汞仪研究煤大孔和中孔发育规律。忻州窑和新田煤样的孔径分布及压汞曲线如图 3-4 所示。

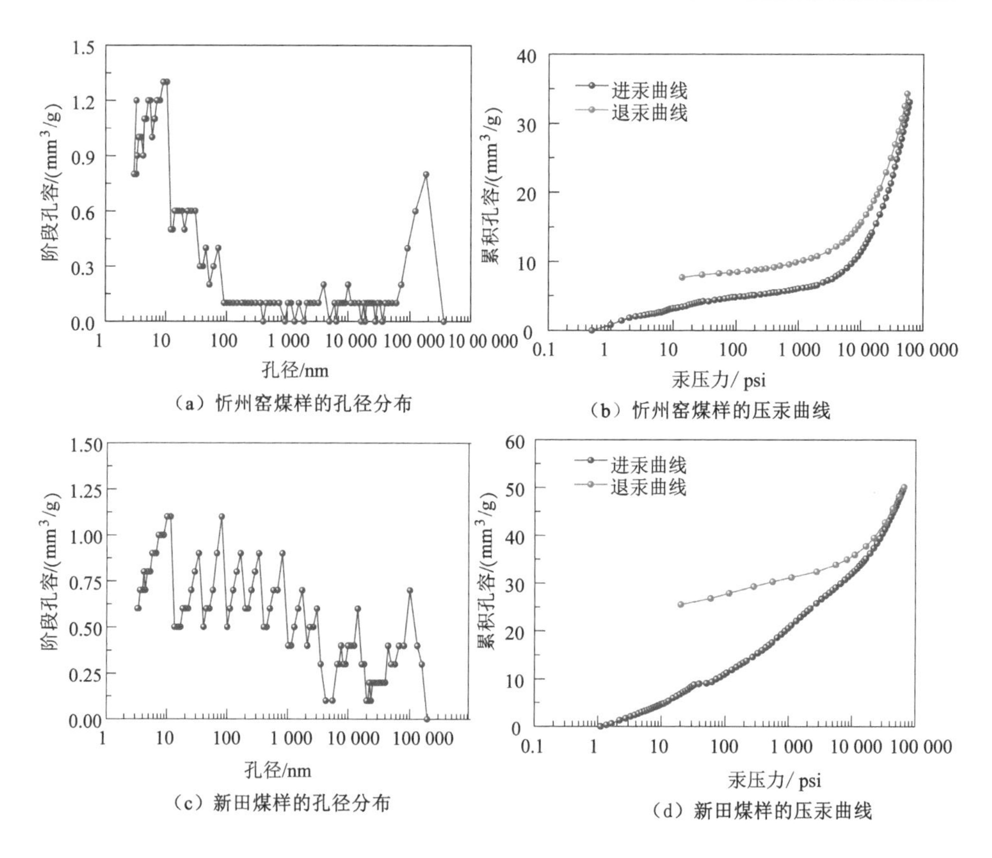

图 3-4 煤样的孔径分布及压汞曲线图

注:1 psi=6.895 kPa。

从图 3-4(a)可以看出,忻州窑煤样的孔径分布以微孔为主,其次是小孔,中孔和大孔最少。进、退汞曲线近于平行,相同压力下,进、退汞曲线的累计孔容数值相差较小[图 3-4(b)],说明退汞效率很高,孔喉数量较少,孔隙中的开放孔居多。新田煤样的孔径分布曲线呈波动降低的趋势,总的来说,煤样的各类孔隙均较为发育,各类孔隙的孔容差异较小[图 3-4(c)]。退汞曲线主要区段呈线性降低,相比忻州窑煤样,新田煤样的退汞曲线下降更加缓慢,退汞效率较低,说明孔喉数量较多,孔隙的开放程度更低[图 3-4(d)]。

表 3-3 为通过压汞试验获得的忻州窑煤样和新田煤样孔容及比表面积。对比忻州窑煤样和新田煤样的孔容发现,新田煤样中的大孔和中孔增多,进而导致孔隙率增加,这可能是受剪切变形或塑性变形作用的结果。

表 3-3 压汞测试煤样的孔隙结构特征

孔隙类别	孔径/nm	忻州窑煤样		新田煤样	
		孔容/(mm^3/g)	比表面积/(cm^2/g)	孔容/(mm^3/g)	比表面积/(cm^2/g)
大孔	>1 000	5.1	0.002	13.4	0.012
中孔	>100～1 000	1.3	0.026	10.8	0.176
小孔	10～100	9.1	1.874	12.1	2.012
微孔	<10	18.8	16.027	13.8	11.133
合计		34.3	17.929	50.1	13.333

3.1.3 突出煤吸附/解吸特性

通常，瓦斯以游离态、吸附态和吸收态赋存于煤层中，且吸附态瓦斯占总瓦斯含量的 90%以上。煤吸附瓦斯的过程可分为物理吸附和化学吸附。物理吸附的瓦斯主要受范德华力的作用，由于作用力较弱，吸附和解吸过程容易发生，且有速度快、可逆性好的特点。而化学吸附认为瓦斯分子与煤分子以共价键的形式存在，作用力非常强，通常伴随反应热释放。这种化学吸附实现的条件较为苛刻，吸附后难以脱附，不可逆。因此，煤与瓦斯突出过程中解吸的瓦斯基本为物理吸附。煤大分子吸附一定量的瓦斯分子后，系统能量降低，当达到最小值时，认为煤吸附瓦斯达到饱和状态，如图 3-5 所示。可以看出，瓦斯分子最先吸附在靠近煤大分子的边缘，之后吸附在距离大分子稍远的孔隙结构中[161]。

依据《煤的高压等温吸附试验方法》(GB/T 19560—2008)，利用中煤科工集团重庆研究院的 HCA 型高压容量法气体吸附装置测试新田煤样和忻州窑煤样吸附瓦斯，吸附装置包括真空脱气单元、吸附与解吸单元、高压瓦斯气源、温度控制单元及附属管路和闸阀等[162]。采用破碎机将新鲜煤块破碎，并筛选出 60～80 目的煤样，随后将煤样置于真空干燥箱内烘干，以备吸附和解吸试验使用。

首先进行新田煤样对瓦斯吸附试验测试。取出 50 g 煤样装入吸附罐内，待检验气密性后，打开吸附罐高压阀门进行脱气，并将吸附罐置于恒温水浴中。脱气完成后，开始大气压力下的低压吸附测试；然后向吸附罐内充入不低于 4 MPa的瓦斯气体，达到吸附平衡后，进行高压吸附量测试。开启吸附罐的高压阀，压力下降 0.8 MPa 左右，记录瓦斯解吸体积量。按照上述步骤逐次放出吸附罐中的高压瓦斯，直至压力降低到大气压力。改变恒温水浴温度重复上述试验，直到完成所有试验。

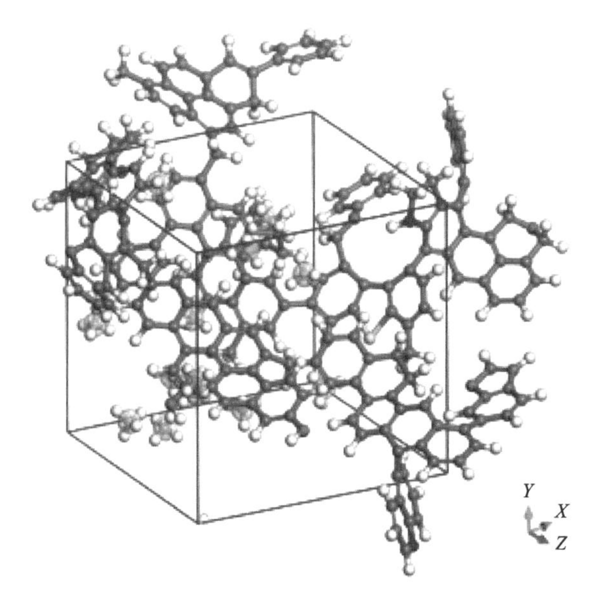

图 3-5 煤大分子对瓦斯分子的饱和吸附构型

不同温度下新田煤样吸附瓦斯测试结果如图 3-6 所示。随着瓦斯压力降低，煤层中瓦斯逐渐解吸，吸附瓦斯量降低，在高压阶段吸附较慢，在低压阶段解吸较快。这也进一步证明，煤壁的突然暴露，瓦斯压力急剧降低将导致煤层瓦斯快速大量解吸，达到一定条件将产生瓦斯动力效应。随着温度的升高，瓦斯吸附量降低。例如，在瓦斯压力 2 MPa 条件下，温度为 20 ℃、25 ℃、30 ℃、35 ℃和 40 ℃的瓦斯吸附量为 23.4 cm^3/g、20.2 cm^3/g、18.6 cm^3/g、17.0 cm^3/g 和 15.9 cm^3/g。

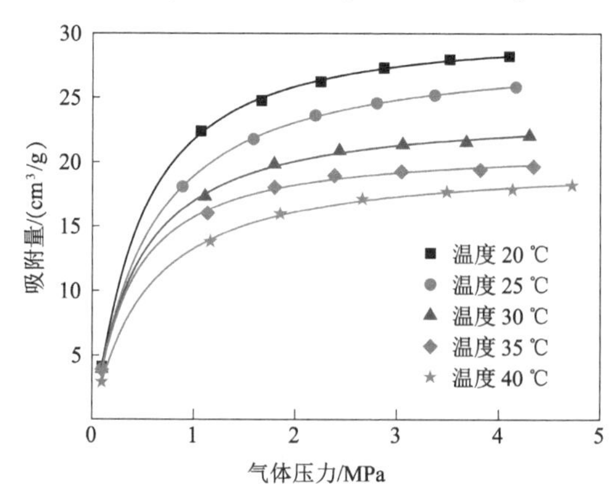

图 3-6 不同温度下新田煤样吸附瓦斯测试结果

可采用 Langmuir 等温吸附模型描述等温曲线，即

$$Q_a = \frac{abp}{1+bp} \tag{3-1}$$

式中：Q_a 为瓦斯吸附量，cm^3/g；a 为 Langmuir 体积常数，cm^3/g；b 为 Langmuir 压力常数，MPa^{-1}；p 为瓦斯压力，MPa。

经过 Langmuir 模型拟合，得出温度为 20 ℃、25 ℃、30 ℃、35 ℃和 40 ℃的体积常数 a 分别为 31.83 cm^3/g、29.13 cm^3/g、26.29 cm^3/g、23.29 cm^3/g 和 20.90 cm^3/g，压力常数 b 分别为 1.88 MPa^{-1}、1.68 MPa^{-1}、1.57 MPa^{-1}、1.52 MPa^{-1}和 1.40 MPa^{-1}。

采用该试验装置进行煤样的瓦斯解吸规律试验测试。将干燥后的煤样装入煤样管，检查气密性后，真空脱气到 10 Pa。将煤样罐置于恒温水浴(20 ℃)中，打开高压气源，充入稳定压力(0.5 MPa、1.0 MPa、1.5 MPa 和 2.0 MPa)的高压瓦斯气体，保持 24 h 使其吸附平衡，关闭充气阀。煤样罐连接好解吸单元后，快速打开解压阀门，使煤样罐阀门出口与大气压力相通，并连续记录瓦斯解吸量。

新田煤样在吸附平衡压力为 0.5 MPa、1.0 MPa、1.5 MPa 和 2.0 MPa 情况下的瓦斯解吸速率变化如图 3-7 所示。可知，随着解吸时间的增加，瓦斯解吸速率快速降低，在 0～20 s 瓦斯解吸量最大，之后缓慢降低，呈指数降低的趋势。不同平衡压力下，同一解吸时刻的瓦斯解吸速率有较大差异。通常，平衡压力越高，瓦斯解吸速率越快。

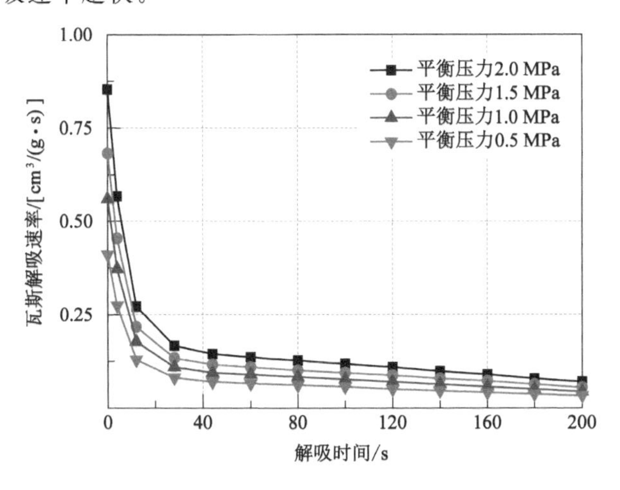

图 3-7　不同平衡压力的新田煤样瓦斯解吸速率变化曲线

新田煤样的瓦斯累计解吸量随时间的变化曲线如图 3-8 所示。可以发现，瓦斯的初始解吸量较大，以吸附平衡压力 2 MPa 为例，在 8 s、40 s、90 s 和 190 s

内的瓦斯解吸量分别为6.724 cm^3/g、12.406 cm^3/g、16.586 cm^3/g和20.211 cm^3/g，占吸附平衡瓦斯量25.86 cm^3/g的26.0%、47.97%、64.14%和78.16%。同时，吸附平衡压力越大，瓦斯累计解吸量也越大。

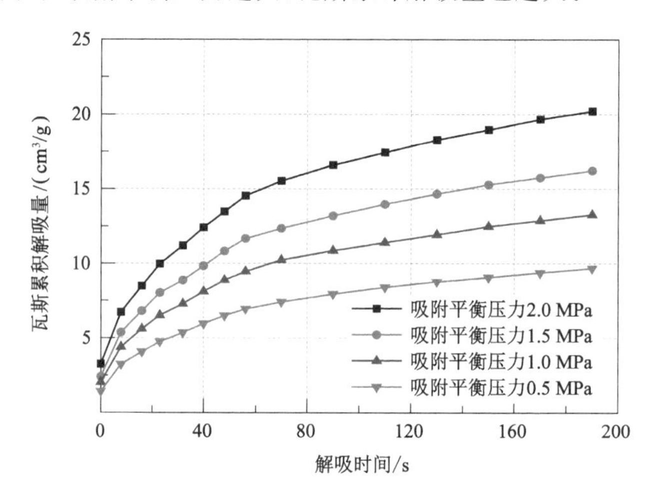

图3-8 不同平衡压力的新田煤样瓦斯累积解吸量变化曲线

在图3-9中，相同时刻下，新田煤样的瓦斯解吸速率比忻州窑煤样的解吸速率快，累计瓦斯解吸量也更大，说明突出煤的放散速度较快，突出危险性更强。

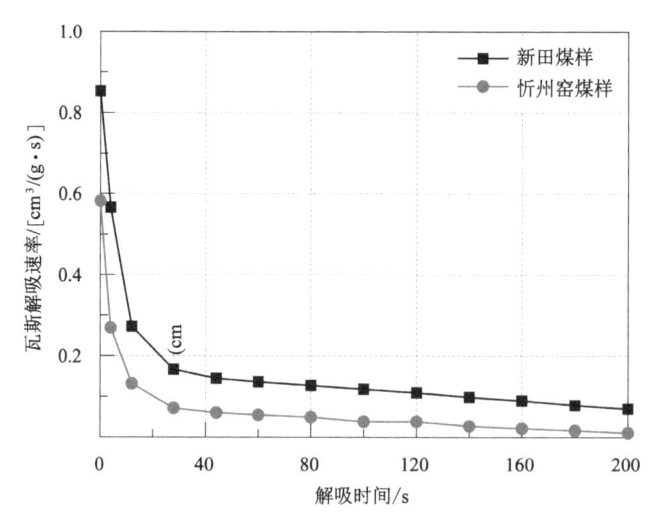

图3-9 新田煤样和忻州窑煤样的瓦斯解吸量速率对比
（平衡压力为2 MPa）

3.2 突出煤动力破坏特征试验测试

3.2.1 分离式霍普金森压杆系统及测试过程

(1) 分离式霍普金森压杆系统

煤与瓦斯突出发生过程中,煤岩体快速破碎并伴随大量的瓦斯抛出,通常被认为是一种矿井动力灾害。然而,在准静态应力和动力作用下,煤岩体的强度、弹性模量、泊松比等力学属性具有明显的差异。因此,研究煤体的动力破坏特征对于揭示瓦斯突出灾害的发生机理及预测突出危险性,具有重要的理论价值和实际意义。

本书利用中国矿业大学深部岩土力学及地下工程国家重点实验室的分离式霍普金森压杆(SHPB)系统,对新田煤样(突出煤)和忻州窑煤样(非突出煤)进行了动态抗压和抗拉强度测试。SHPB 系统的原理示意图及照片见图 3-10。该系统由发射装置、压力杆、能量吸收装置和信号采集处理系统等组成。发射装置包括高压气瓶和气枪。压力杆包括撞击杆(由 Cr40 合金钢制成,直径 37 mm,长度 300 mm)、入射杆(直径 50 mm,长度 2 400 mm)和透射杆(直径 50 mm,长度 1 400 mm)。能量吸收装置包括吸收杆和缓冲单元。信号采集处理系统包括应变仪和数据采集装置,以及用于滤波和分析结果的数据处理装置。压力杆的弹性模量和密度分别为 210 GPa 和 7.8 g/cm^3。压力杆中应力波的声速为

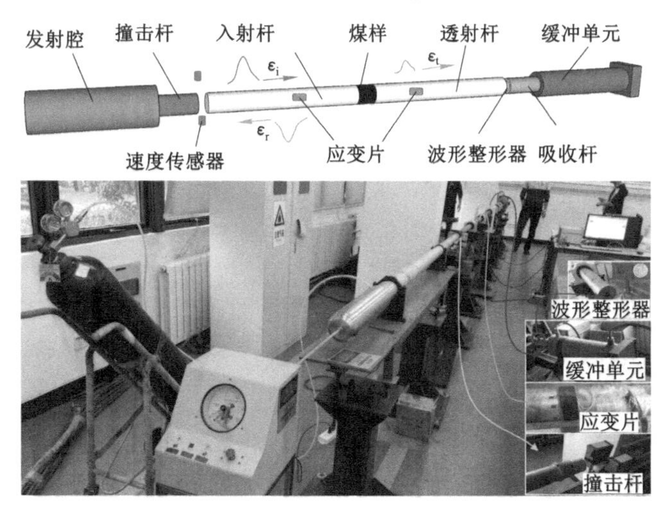

图 3-10 SHPB 系统原理示意图及照片

5 190 m/s，应变片长度为 6.35 mm，电阻为 120 Ω，测量误差为 0.35%。

为了更精确地获得煤样的动态特性，使用方形橡胶片（长、宽为 10 mm，厚 3 mm）作为脉冲整形器，它可以将入射应力波从矩形波转换成近似正弦形式的波。将凡士林涂于煤样两端，以减小应力波引起的横向应变。如图 3-11 所示，在应力波传播过程中不会发生显著的横向振动。这意味着 SHPB 系统传播基本上是一维的波。此外，透射波的应变基本上等于入射波和反射波应变之和。因此，试验系统也满足应力均匀的条件。入射波的上升沿达到 90 s，这为煤样获得均匀的冲击应力提供了足够的时间。通过制备细长比小的试件并在压力棒和煤样之间保持良好接触来实现系统应力平衡。选择高径比为 $L_s/D_s=1:1$ 和 0.5∶1 煤样分别进行 SHPB 压缩和拉伸试验测试。

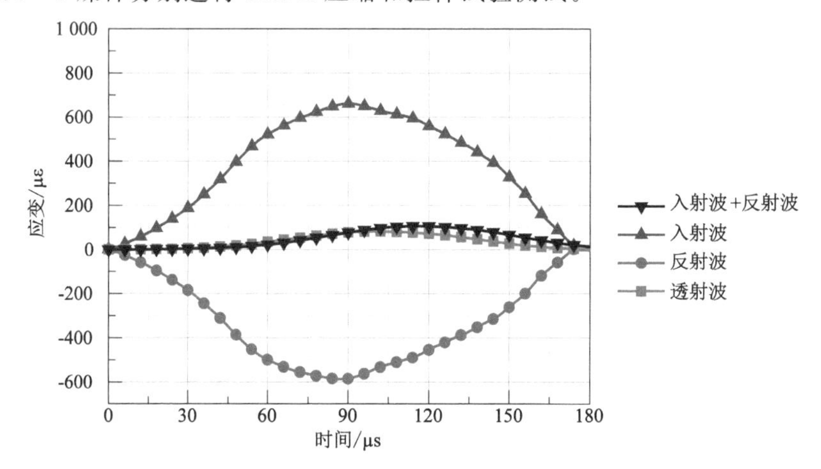

图 3-11 典型分离式霍普金森压杆试验的应变平衡校核曲线[163]

（2）SHPB 系统试验测试原理

在 SHPB 试验中，煤样被放置在入射杆和透射杆之间。撞击杆由压缩气腔发射并与入射杆相碰撞，并在入射杆中产生纵向弹性压缩应力波（入射压缩脉冲 ε_i）。然后，应力波通过入射杆传播，并冲击煤样，造成高变形率[163]。通过改变冲击速度来控制传递到煤样中的应变速率（即应变率）。当应力波传播到煤样与入射杆的界面时，应力波被入射杆和透射杆分别反射和透射到入射杆和透射杆上。入射脉冲的一部分作为反射的拉伸脉冲 ε_r 反射回入射杆，而其他部分作为透射的压缩脉冲 ε_t 通过试件进入透射杆。入射杆和透射杆上的应变片测量脉冲信号并将它们记录到数据采集装置中。

采用波动理论来表示煤的应力-应变曲线[164]：

$$\begin{cases}\dot{\varepsilon}(t)=\dfrac{C_b}{L_s}(\varepsilon_i-\varepsilon_r-\varepsilon_t)\\ \varepsilon(t)=\dfrac{C_b}{L_s}\displaystyle\int_0^t(\varepsilon_i-\varepsilon_r-\varepsilon_t)\mathrm{d}t\\ \sigma(t)=\dfrac{A_b}{2A_s}E_b(\varepsilon_i+\varepsilon_r+\varepsilon_t)\end{cases} \tag{3-2}$$

式中：E_b 为压杆的弹性模量，GPa；C_b 为应力波在压杆中传播速度，m/s；A_b 为压杆的截面面积，m^2；A_s 为煤样的原始截面面积，m^2；L_s 为煤样的长度，m。

煤样两端的冲击压力可用下式计算[165-166]：

$$\begin{cases}P_1(t)=A_bE_b(\varepsilon_i+\varepsilon_r)\\ P_2(t)=A_bE_b\varepsilon_t\end{cases} \tag{3-3}$$

基于应力均匀性假设，通过满足 $P_1(t)=P_2(t)$，实现了煤样两端的冲击应力平衡。上述等式可以改写为[167]：

$$\varepsilon_i+\varepsilon_r=\varepsilon_t \tag{3-4}$$

将式(3-4)代入式(3-2)，可以得到应变率、动态应变和动态应力为：

$$\begin{cases}\dot{\varepsilon}(t)=-\dfrac{2C_b}{L_s}\varepsilon_r\\ \varepsilon(t)=-\dfrac{2C_b}{L_s}\displaystyle\int_0^t\varepsilon_r\mathrm{d}t\\ \sigma(t)=\dfrac{A_b}{A_s}E_b\varepsilon_t\end{cases} \tag{3-5}$$

利用公式(3-5)计算反射脉冲和透射脉冲的监测信号，获得煤样在冲击载荷下的应力-应变关系曲线。

(3) SHPB系统试验测试过程

根据国际岩石力学学会(ISRM)建议的方法[168-169]，分别从块状煤中钻取高径比 $L_s/D_s=1:1$(50 mm×50 mm)和 $L_s/D_s=0.5:1$(25 mm×50 mm)的煤样进行动态单轴抗压强度试验和间接抗拉强度试验(巴西劈裂)。对圆柱形煤样的两端进行切割和研磨，以确保平整度为±0.05 mm和平行度为±0.02 mm，满足SHPB试验要求、制备的部分煤样如图3-12所示。

为了区分突出煤与非突出煤的动态破坏特征，更好地理解动态破坏过程，进行了一系列的单轴压缩SHPB试验和间接拉伸SHPB试验。在SHPB压缩试验中，对新田煤矿14个煤样(Y1～Y14)进行了加载破坏，测得的平均应变率在17.18～110.73 s^{-1}之间；作为对比，对忻州窑煤矿的7个煤样(X1～X7)进行了测试，测得的平均应变率在22.76～105.54 s^{-1}之间。选取了新田煤矿的12个煤样(Y15～Y26)和忻州窑煤矿的6个煤样(X8～X13)进行拉伸SHPB试

图 3-12　加工完成的霍普金森压杆试验煤样

验，测得的平均应变率分别在 17.25～89 s^{-1}和 15.62～96.27 s^{-1}之间。

煤样中的应变率在很大程度上取决于撞击杆的速度。图 3-13 给出了压缩

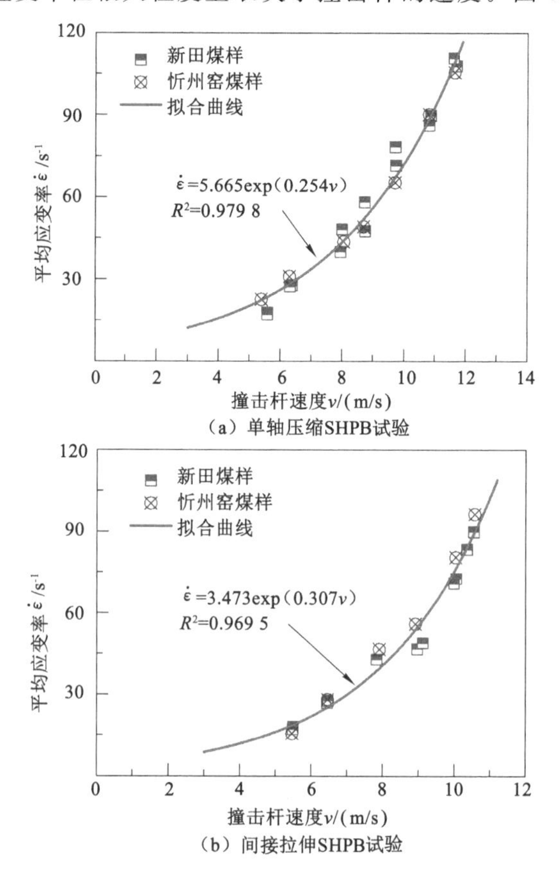

图 3-13　平均应变率与撞击杆速度的关系

和拉伸 SHPB 试验的平均应变率($\dot{\varepsilon}$)和撞击杆速度(v)之间的关系。在撞击杆高速冲击下，入射杆提供很大的动能。当入射杆撞击煤样时，应力波传播并迫使煤样快速变形，产生高应变率。煤样平均应变率随撞击杆速度的增加而增加。对数据进行最小二乘拟合分别得到压缩 SHPB 试验和拉伸 SHPB 试验的指数关系。

3.2.2　突出煤动力破坏特征测试结果

(1) 应变率对力学性质的影响

新田煤样(突出煤)和忻州窑煤样(非突出煤)的完整动态压缩应力-应变曲线如图 3-14 所示。可以发现，两种煤样的动态压缩应力路径都具有明显的应变

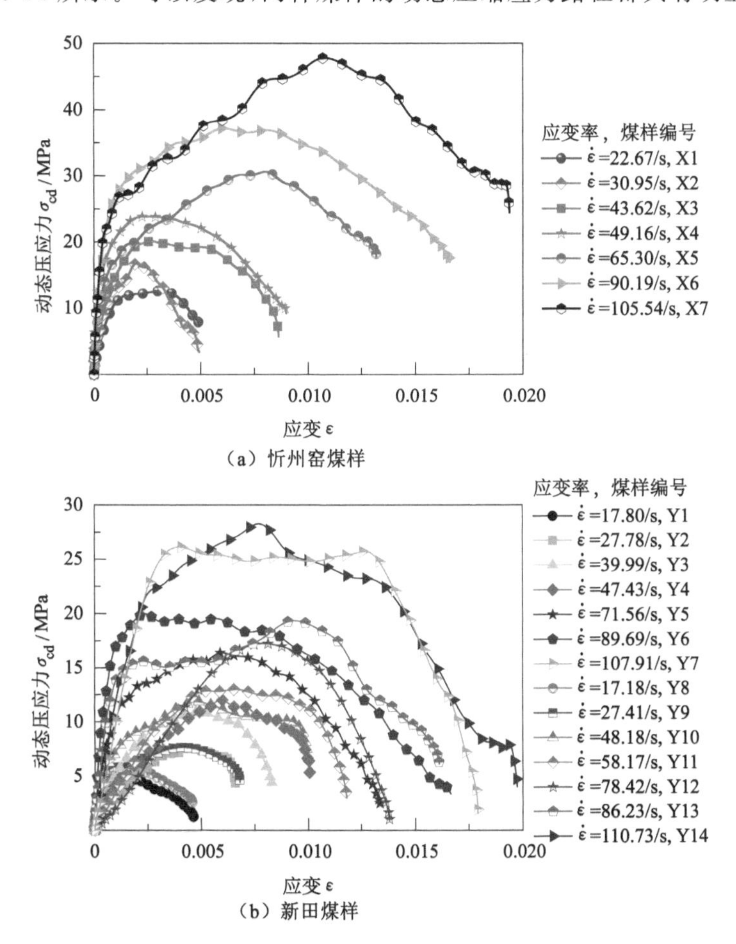

图 3-14　SHPB 试验的动态压缩应力-应变曲线

率依赖性。例如,当应变率从 22.76/s 增加到 105.54/s 时,忻州窑煤样的峰值压缩应力(单轴压缩强度)从 12.6 MPa 增加到 47.8 MPa;而当应变率从 17.80/s增加到 107.91/s 时,新田煤样的峰值压缩应力从 5.2 MPa 增加到26.1 MPa。

动态拉伸应力-应变曲线如图 3-15 所示。由于黏附在入射杆上的应变片没有探测和记录到煤样 Y23 的入射和反射脉冲信号,图中没有该煤样的动态拉伸应力-应变曲线。从这些曲线可以看出,煤样的拉伸破坏受应变率的影响较明显,即拉伸强度随应变率的增加而增加。例如,当应变率从 15.62/s 变化到 96.27/s时,忻州窑煤样的峰值拉伸应力(抗拉强度)从 1.7 MPa 增加到 6.9 MPa;而当应变率从 18.04/s 变化到 89.89/s 时,新田煤样的峰值拉伸应力从 0.95 MPa 增加到 3.6 MPa。

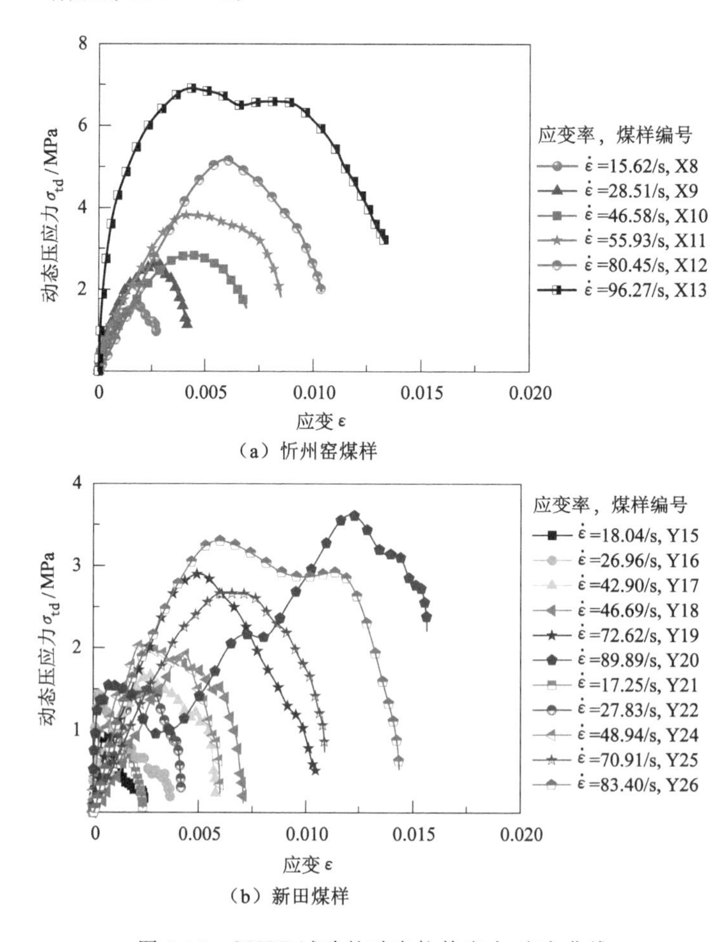

(a) 忻州窑煤样

(b) 新田煤样

图 3-15　SHPB 试验的动态拉伸应力-应变曲线

与忻州窑煤样的动态单轴抗压强度和抗拉强度相比，新田煤样的单轴抗压强度和抗拉强度较小，说明冲击载荷作用下，突出煤的动态抗压和抗拉强度通常比非突出煤弱。

提取图 3-14 和图 3-15 中动态应力-应变曲线的关键特征参数，包括应变率、抗压强度、抗拉强度、峰值应变、弹性模量和耗散能量等，如表 3-4 和表 3-5 所示。基于加载和卸载不同阶段主要过程的组合，给出了典型的特征应力-应变曲线，以表征在不同应变率下的应力-应变行为，如图 3-16 所示。煤是一种脆性材料，因此典型的动态应力-应变曲线包括五个阶段：压缩、线弹性、微裂纹演化、不稳定裂纹扩展和快速卸载[170-171]。

表 3-4 煤样的动态单轴压缩特性

煤样	编号	长度/mm	应变率/s^{-1}	抗压强度/MPa	峰值应变	弹性模量/GPa	耗散能量/kJ
忻州窑煤样	X1	50.00	22.67	12.59	0.003 14	14.54	1.82
	X2	50.15	30.95	16.67	0.001 99	21.18	2.74
	X3	50.20	43.62	20.09	0.002 72	28.35	5.83
	X4	50.00	49.16	23.82	0.002 46	72.54	6.26
	X5	49.85	65.30	30.59	0.007 99	22.66	11.10
	X6	50.10	90.19	37.15	0.006 12	44.33	18.39
	X7	50.05	105.54	47.8	0.010 79	27.18	23.63
新田煤样	Y1	50.12	17.80	5.23	0.001 11	14.92	1.11
	Y2	50.10	27.78	7.60	0.004 49	2.70	1.84
	Y3	49.60	39.99	10.93	0.004 79	5.06	2.45
	Y4	49.52	47.43	12.03	0.005 92	3.13	3.43
	Y5	49.60	71.56	16.40	0.005 96	13.68	5.96
	Y6	49.70	89.69	19.96	0.003 38	30.64	8.23
	Y7	50.10	107.91	26.12	0.012 66	9.79	10.88
	Y8	51.05	17.18	5.84	0.001 46	26.37	1.29
	Y9	50.13	27.41	7.66	0.004 17	21.19	2.79
	Y10	50.00	48.18	11.87	0.004 79	10.36	3.90
	Y11	51.30	58.17	12.99	0.006 62	3.41	3.75
	Y12	50.00	78.42	17.25	0.007 91	2.66	4.31
	Y13	50.25	86.23	19.35	0.009 36	19.79	7.90
	Y14	49.30	110.73	28.27	0.007 71	11.15	12.48

表 3-5　煤样的动态单轴拉伸特性

煤样	编号	长度/mm	应变率/s^{-1}	抗拉强度/MPa	峰值应变	耗散能量/kJ
忻州窑煤样	X8	24.70	15.62	1.67	0.001 81	0.092
	X9	25.25	28.21	2.65	0.002 73	0.177
	X10	24.65	46.58	2.83	0.004 55	0.356
	X11	25.25	55.93	3.82	0.004 17	0.643
	X12	24.81	80.45	5.17	0.005 88	0.821
	X13	25.20	96.27	6.91	0.004 31	2.663
新田煤样	Y15	24.13	18.04	0.95	0.000 54	0.029
	Y16	24.65	26.96	1.45	0.000 29	0.080
	Y17	25.25	42.90	1.67	0.002 62	0.152
	Y18	25.10	46.69	1.78	0.002 81	0.185
	Y19	25.10	72.62	2.90	0.004 97	0.385
	Y20	25.00	89.89	3.62	0.012 11	1.124
	Y21	25.00	17.25	0.77	0.001 57	0.023
	Y22	25.00	27.83	1.49	0.002 62	0.099
	Y24	25.42	48.94	2.04	0.002 09	0.169
	Y25	25.25	70.91	2.67	0.006 15	0.403
	Y26	25.30	83.41	3.30	0.005 92	1.031

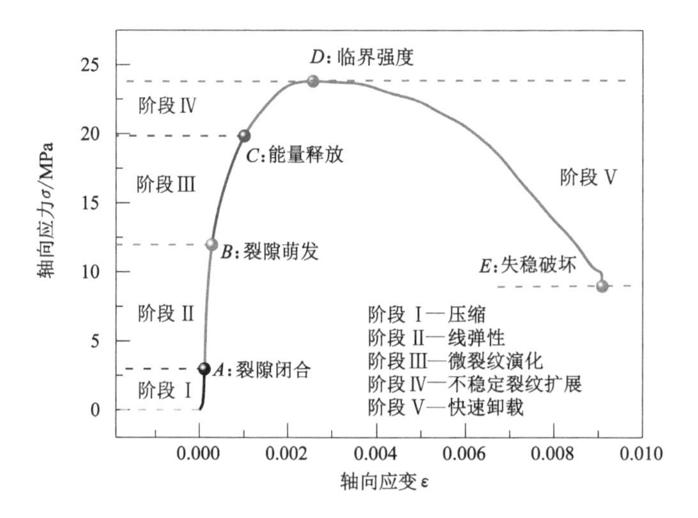

图 3-16　煤样 SHPB 试验的特征应力-应变曲线[170-171]

在阶段Ⅰ(压缩阶段),应力-应变曲线呈下凹形态,主要原因有两个:第一,压杆与煤样之间由于不完全接触造成的空隙逐渐被压密;第二,煤样内部的微裂纹随着变形而压缩,在宏观上表现为抵抗变形能力的增加。在阶段Ⅱ(线弹性响应阶段),应力-应变曲线呈线性上升趋势。应力波在煤样内部反复地反射,以达到应力分布均匀。但是,外部载荷不足以促进裂纹扩展或在试件中产生新的裂纹,即只能产生稳定的可逆弹性变形。在这个阶段内,弹性能不断积累,而煤样的弹性状态保持不变,应力-应变曲线的斜率是常数,即煤样的弹性模量。在阶段Ⅲ(微裂纹演化阶段),应力随应变的增加而缓慢增加,应力-应变曲线呈向上凸趋势。随着冲击载荷的增加,试件中的微裂纹逐渐扩展,新裂纹萌生(B点),塑性变形逐渐主导煤样变形。在阶段Ⅳ(不稳定裂纹扩展阶段),应力-应变曲线保持向上凸趋势。伴随煤样内聚集的能量的释放(C点),裂缝迅速扩展,并且许多新的裂隙发育,与原始裂隙连接,最终导致煤样完全破裂。在该阶段结束时(D点),煤样的应力达到峰值,曲线的斜率接近于零。此处,峰值应变为峰值应力对应的应变。在阶段Ⅴ(快速卸载阶段),应力-应变曲线呈快速下降趋势。失稳破坏的试件的承载能力急剧下降,压杆与煤样之间的接触变得不均匀,导致卸载时的曲线形状各异。

煤样的动态压缩应力-应变曲线如图3-14所示。可以看出,新田煤样和忻州窑煤样的抗压强度均随应变率的增加而增加。特征参数随应力-应变曲线的变化而变化,例如曲线上线弹性阶段的斜率、不稳定裂纹扩展阶段的峰值应变等。随着应变率的增加,微裂纹演化和不稳定裂纹扩展阶段(阶段Ⅲ和Ⅳ)延长,同时应变范围也增加,导致这两个阶段在高应变率下变得更加显著。由于在空间延伸和时间持续上的优势,煤样内部的裂纹萌发和扩展得更快,也使得在这两个阶段中有更多的聚集能量耗散。相应地,不同应变率的应力-应变曲线也进入快速卸载阶段。比较突出煤和非突出煤的动力响应,发现突出倾向煤具有较大的延展性以及较宽的峰后区,且快速卸载阶段特征更显著。煤样应变率越高,塑性应变范围越大,能量消耗也越大。高应变率的应力-应变曲线在达到峰值后通常略有下降,之后进入塑性阶段,直至失稳破坏。

在图3-15中,观察到了类似的特征,即抗拉强度和峰值应变随应变率的增加而增加。在相同的应变率下,突出煤的抗拉强度小于非突出煤的抗拉强度。通常,曲线在达到峰值拉伸应力后迅速卸载,这表明非突出煤的脆性更强。

根据图3-14和图3-15,得到不同应变率下的煤样冲击破坏的力学参数,包括抗压强度、抗拉强度、峰值应变和弹性模量等,并绘制于图3-17中。抗压强度和抗拉强度随应变率线性增加,峰值应变呈非线性增加,而弹性模量的散点杂乱无序,表明弹性模量与应变率没有明显的关系。

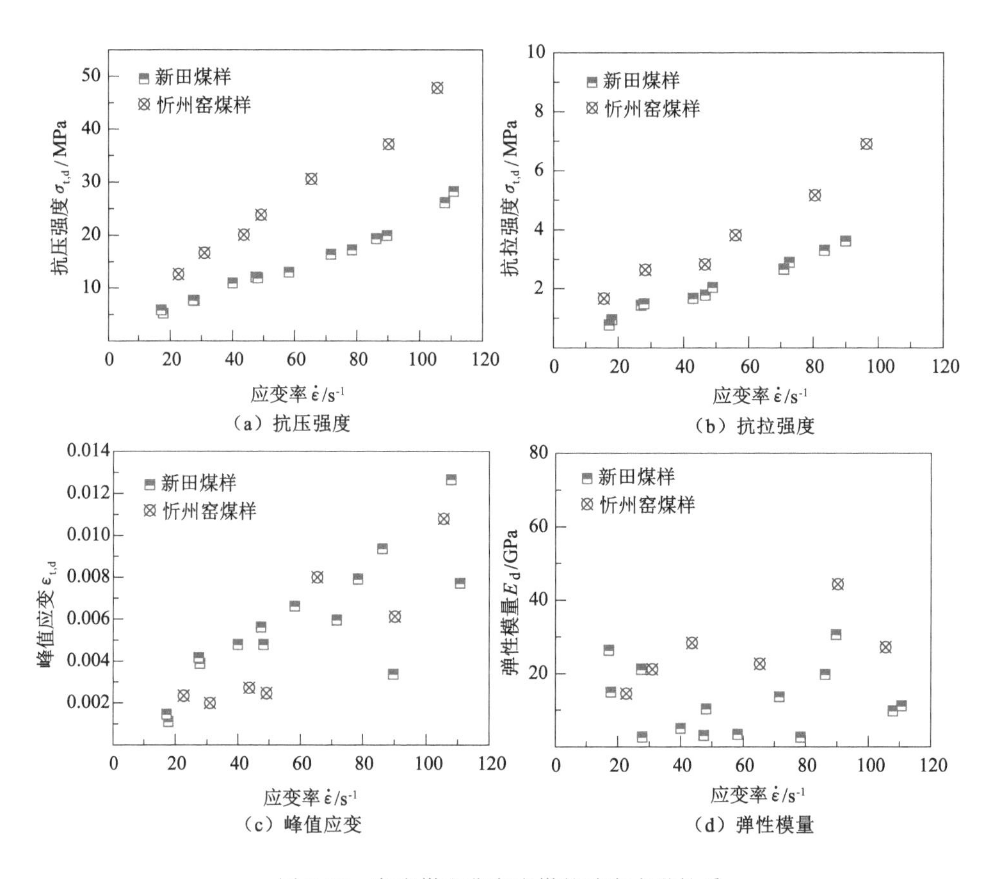

图 3-17 突出煤和非突出煤的动态力学性质

动态增强因子(DIF)是指在冲击载荷作用下,煤的动态强度与静态强度之比,反映了煤在冲击载荷下机械强度的增加。该参数包括两个指标:抗压强度的动态增强因子(DIF_c)和抗拉强度的动态增强因子(DIF_t),分别表达为[172]:

$$\begin{cases} DIF_c = \dfrac{\sigma_{c,d}}{\sigma_{c,s}} \\ DIF_t = \dfrac{\sigma_{t,d}}{\sigma_{t,s}} \end{cases} \tag{3-6}$$

式中:$\sigma_{c,d}$和$\sigma_{c,s}$分别是动态单轴抗压强度和静态单轴抗压强度,MPa;$\sigma_{t,d}$和$\sigma_{t,s}$分别是动态间接抗拉强度和静态间接抗拉强度,MPa。

可以看出,动态增强因子(DIF_c和DIF_t)随应变率的增加呈线性增加(图 3-18)。对于抗压强度来说,新田煤样(突出煤)和忻州窑煤样(非突出煤)的动态增强因子与应变率的关系可拟合为:

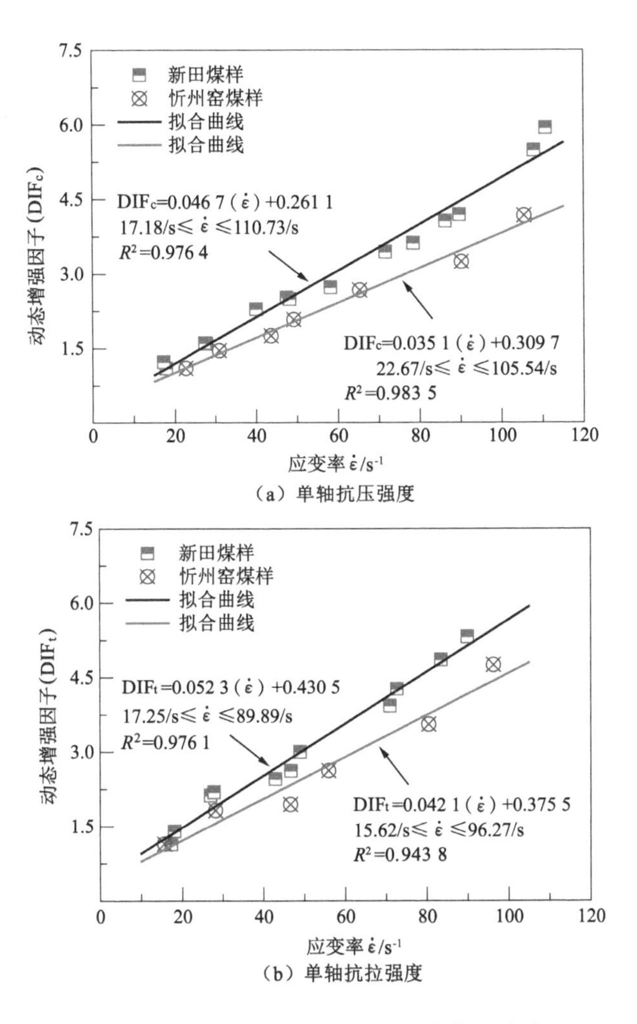

(a) 单轴抗压强度

(b) 单轴抗拉强度

图 3-18　煤样动态强度因子与应变率的关系

$$\begin{cases} \mathrm{DIF_c} = 0.046\,7(\dot{\varepsilon}) + 0.261\,1 \\ \mathrm{DIF_c} = 0.035\,1(\dot{\varepsilon}) + 0.309\,7 \end{cases} \tag{3-7}$$

对于抗拉强度来说，新田煤样（突出煤）和忻州窑煤样（非突出煤）的动态增强因子与应变率的关系可拟合为：

$$\begin{cases} \mathrm{DIF_t} = 0.052\,3(\dot{\varepsilon}) + 0.430\,5 \\ \mathrm{DIF_t} = 0.042\,1(\dot{\varepsilon}) + 0.375\,5 \end{cases} \tag{3-8}$$

突出煤的动态增强因子总体上大于非突出煤，表明突出煤的应变率硬化效应比非突出煤更为明显。随着冲击载荷的增加，突出煤的动态抗压强度和抗拉强度均比非突出煤的增加得更快。然而，由于突出煤的准静态强度小于非突出煤，因此突出煤的动态强度仍小于非突出煤的。这种现象也出现在硬岩和软岩的冲击试验中，在相同的冲击载荷下，软岩的动态增强因子通常大于硬岩的动态增强因子。

（2）应变率对能量耗散特征的影响

煤样应力-应变关系综合反映了煤样的动力耗散效应。在整个动态加载和卸载过程中，入射波、反射波和透射波所携带的能量表示为：

$$\begin{cases} E_i = \dfrac{A_b C_b}{E_b}\displaystyle\int \sigma_i^2 \, dt = A_b E_b C_b \int \varepsilon_i^2 \, dt \\ E_r = \dfrac{A_b C_b}{E_b}\displaystyle\int \sigma_r^2 \, dt = A_b E_b C_b \int \varepsilon_r^2 \, dt \\ E_t = \dfrac{A_b C_b}{E_b}\displaystyle\int \sigma_t^2 \, dt = A_b E_b C_b \int \varepsilon_t^2 \, dt \end{cases} \tag{3-9}$$

式中：E_i、E_r 和 E_t 分别为入射能、反射能和透射能，kJ；σ_i、σ_r 和 σ_t 分别对应于压杆中入射波、反射波和透射波的应力，MPa；A_b 为压杆的横截面积，m^2；C_b 为压杆中应力波的传播速度，m/s；E_b 为压杆的弹性模量，GPa。

煤样的耗散能为：

$$E_d = E_i - E_r - E_t \tag{3-10}$$

能量耗散系数定义为耗散能与入射能之比：

$$C_d = E_d / E_i \tag{3-11}$$

对于单轴压缩 SHPB 试验，突出煤和非突出煤的能量特性如图 3-19 所示。

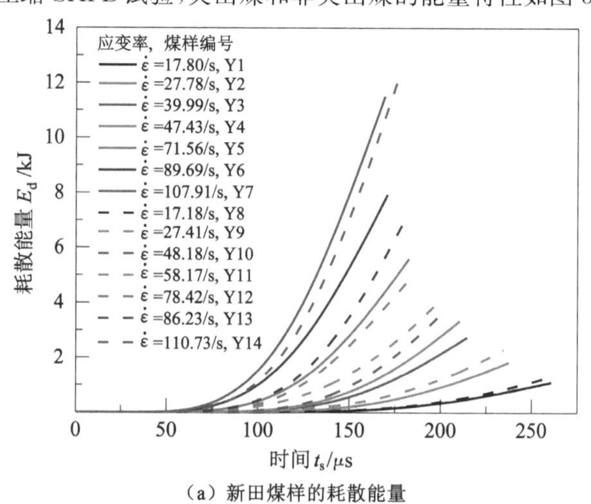

（a）新田煤样的耗散能量

图 3-19　不同应变率下单轴压缩 SHPB 试验煤样的能量特性

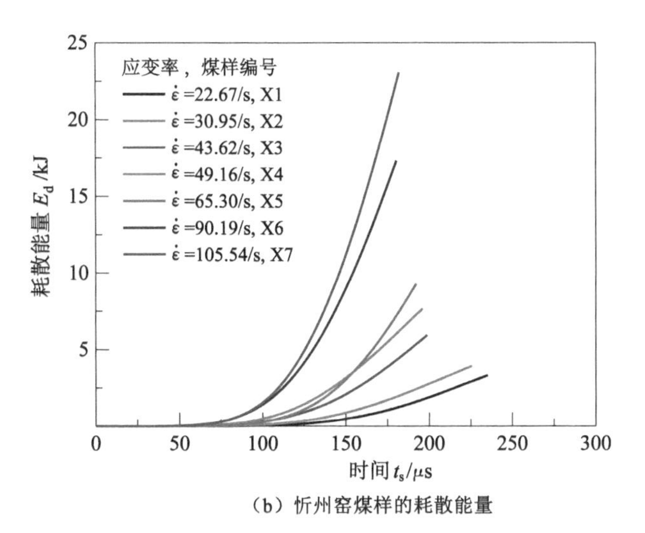

（b）忻州窑煤样的耗散能量

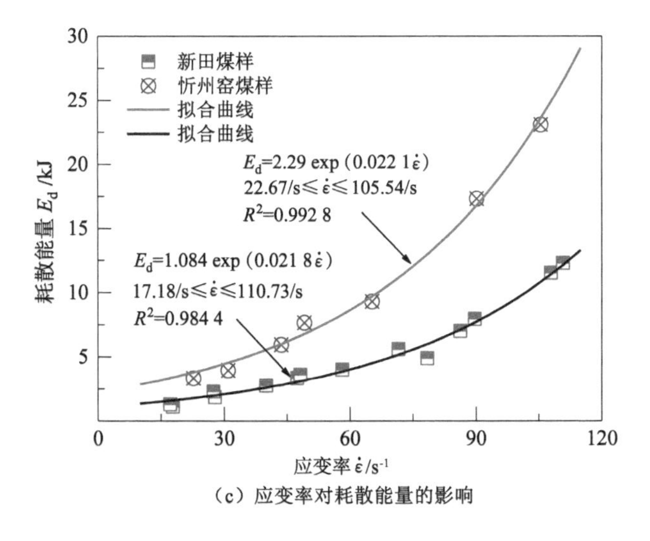

（c）应变率对耗散能量的影响

图 3-19(续)

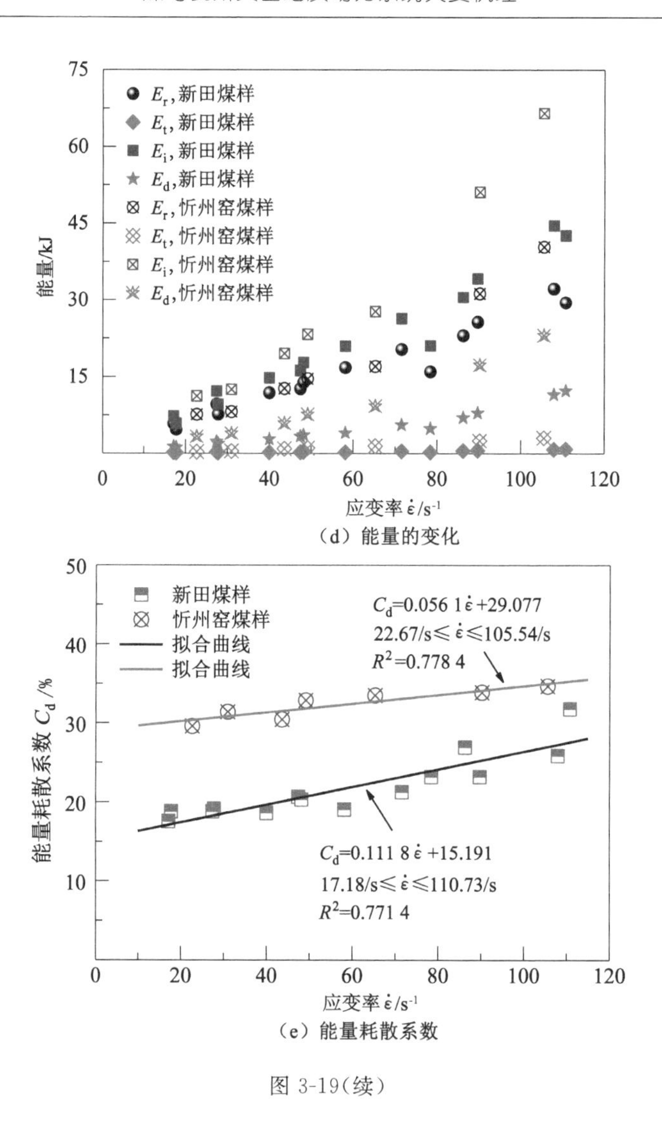

(d) 能量的变化

(e) 能量耗散系数

图 3-19(续)

图 3-19(a)和(b),耗散能随冲击时间呈指数增长。最初,煤样是弹性的,耗散能量很小。随着冲击时间的增加,裂纹不断产生、积累和扩展,试件逐渐进入塑性状态(Ⅲ、Ⅳ、Ⅴ阶段),耗散能急剧增加。冲击速度越快,应变率越大,煤样破坏所需的时间越短。比较图 3-19(a)和(b),新田和忻州窑煤样的耗能情况相似,即耗能随应变率的增加而增加。然而,忻州窑煤样的耗散能大于新田煤样。如图 3-19(c)所示,应变率为 17.18～110.73 s^{-1}时,新田煤样的耗散能为 1.106～12.279 kJ;应变率为 22.67～105.54 s^{-1}时,忻州窑煤样的耗散能为 3.323～23.076 kJ。

忻州窑和新田煤样的耗散能均随应变率呈指数增长，分别表示为：

$$\begin{cases} E_{\mathrm{d}} = 2.29\exp(0.022\,1\dot{\varepsilon}) \\ E_{\mathrm{d}} = 1.084\exp(0.021\,8\dot{\varepsilon}) \end{cases} \tag{3-12}$$

煤样在整个动态破坏过程中入射能、反射能、透射能和耗散能的变化如图 3-19(d)。同一煤样在特定应变率下，入射能量＞反射能量＞耗散能量＞透射能量。同时，忻州窑煤样(非突出煤)的这些值大于新田煤样(突出煤)的。如图 3-19(e)所示，在压缩冲击载荷作用下，新田煤样的能量耗散系数比忻州窑煤样的能量耗散系数小得多。

能量耗散系数随应变率的变化呈线性增加，其关系式为：

$$\begin{cases} C_{\mathrm{d}} = 0.056\,1\dot{\varepsilon} + 29.077 \\ C_{\mathrm{d}} = 0.111\,8\dot{\varepsilon} + 15.191 \end{cases} \tag{3-13}$$

图 3-20 给出了间接拉伸 SHPB 试验的煤样能量耗散特性。同样，耗散能随冲击时间呈指数增长。应变率越大，煤的动力破坏持续时间越短。忻州窑煤样的耗散能大于新田煤样的。当应变率为 17.25～89.89 s^{-1}时，新田煤样的耗散能为 0.061～0.373 kJ；当应变率为 15.62～96.27 s^{-1}时，忻州窑煤样试件的耗散能为 0.128～1.299 kJ。

忻州窑煤样和新田煤样的耗散能均随应变率呈指数增长，分别表示为：

$$\begin{cases} E_{\mathrm{d}} = 0.054\,5\exp(0.021\,6\dot{\varepsilon}) \\ E_{\mathrm{d}} = 0.087\,9\exp(0.027\,8\dot{\varepsilon}) \end{cases} \tag{3-14}$$

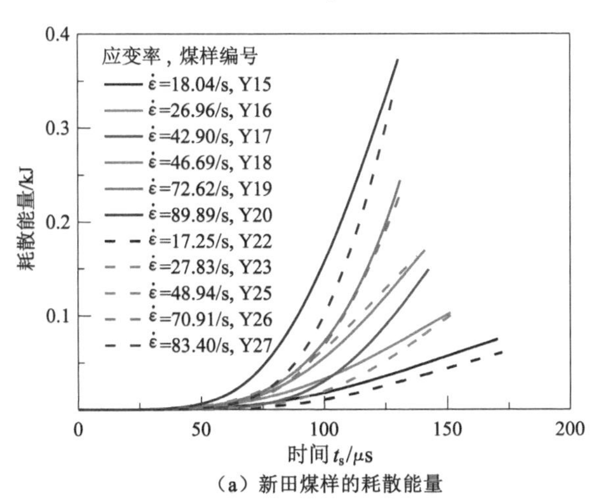

(a) 新田煤样的耗散能量

图 3-20 不同应变率下间接拉伸 SHPB 试验的能量特性

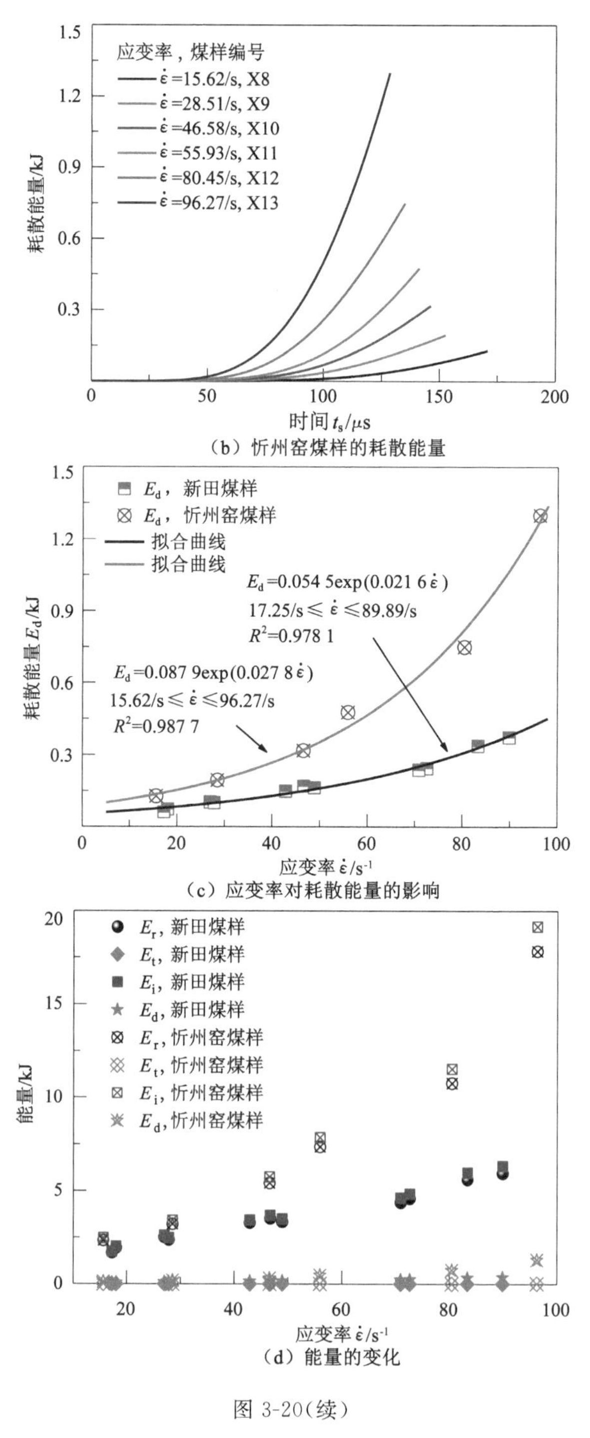

（b）忻州窑煤样的耗散能量

（c）应变率对耗散能量的影响

（d）能量的变化

图 3-20(续)

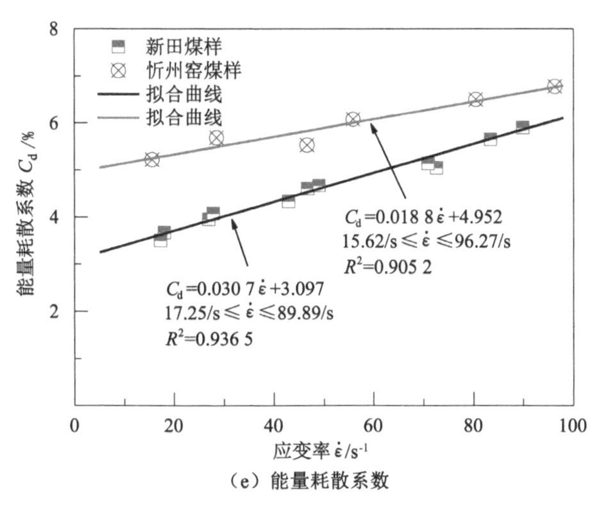

(e) 能量耗散系数

图 3-20(续)

在特定应变率下,忻州窑煤样在整个动态破坏过程中的入射能量、反射能量、耗散能量和透射能量均大于新田煤样的。在拉伸冲击载荷作用下,新田煤样的耗能系数也小于忻州窑煤样。新田煤样和忻州窑煤样的能量耗散系数均随应变率线性增大:

$$\begin{cases} C_d = 0.018\,8\dot{\varepsilon} + 4.952 \\ C_d = 0.030\,7\dot{\varepsilon} + 3.097 \end{cases} \tag{3-15}$$

由此可见,在相同冲击载荷作用下,突出煤在动态破坏过程中的耗散能量小于非突出煤。这可能是突出煤抗压强度和抗拉强度较小,突出煤容易破裂的原因。

(3) 应变率对碎片大小分布的影响

图 3-21 和图 3-22 分别为冲击压缩和拉伸试验后的突出煤样和非突出煤样的碎块。在施加的应变率下,所有煤样均加载并发生破坏。

不同应变率下,煤样的破裂表现为不同的特征和程度。当冲击载荷较低时,试件内部的初始裂隙沿轴向扩展,使试件破裂,次生裂隙不发育。煤碎片通常沿着矩形破裂面被拉伸破坏成柱状或层状结构。在吸收能量增加到足以促进新裂隙萌生之前,消耗较低能量的初始微裂隙发生扩展、延伸并贯通,使煤样失稳破坏。这种情况下,破碎后的煤样块度较大。随着冲击载荷(应变率)的增加,试件在短时间内吸收更多的能量并释放这些能量,导致动力破坏过程中更多的次生裂纹萌生。破碎煤样中存在大量的三角形截面的锥形碎片,这主要由

图 3-21　不同应变率下单轴压缩 SHPB 试验煤碎块分布

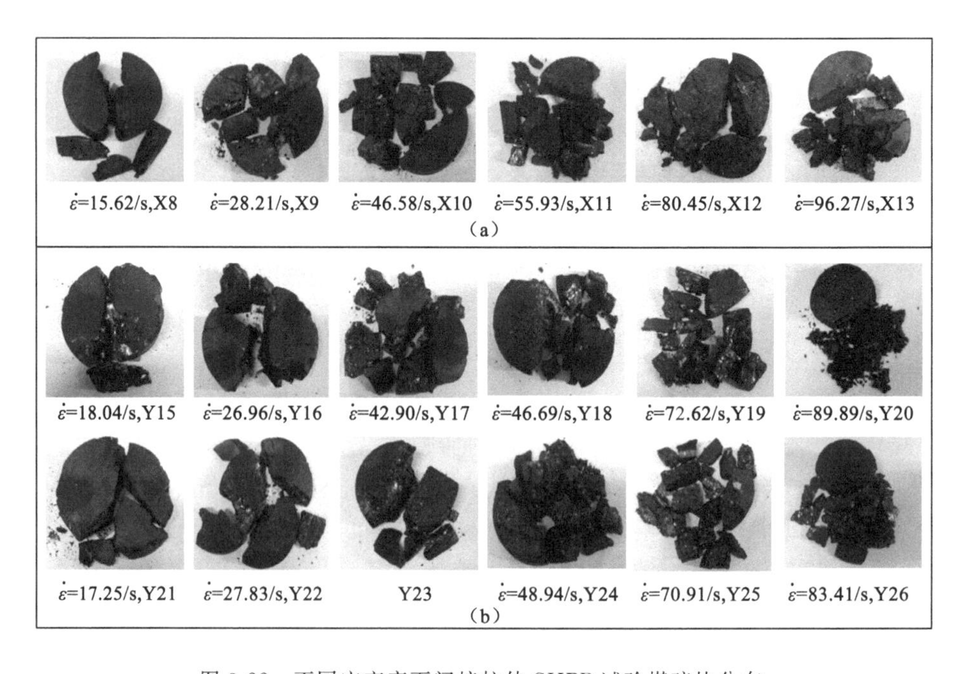

图 3-22　不同应变率下间接拉伸 SHPB 试验煤碎块分布

剪切破坏引起。随着应变率的增加，煤颗粒的尺寸降低，并且剪切破坏面增加。

为了定量研究应变率对突出煤和非突出煤破碎度的影响，对煤颗粒的粒度进行了分析。将煤样分为7个等级，即 $n=1\sim7$ 分别对应0～0.5 mm、0.5～1 mm、1～2 mm、2～5 mm、5～10 mm、10～20 mm、20～50 mm。将粉碎煤样的等效粒度定义为[173]：

$$r = \sum_{n=1}^{7} W_{sn} d_{vn} \tag{3-16}$$

式中：r 为等效粒度，mm；d_{vn} 为每个等级的平均粒径，mm；W_{sn} 为颗粒质量比，定义为每个等级的质量占整个试样质量的百分比。等效粒度描述了煤样的破碎程度，等效粒度越小对应于平均颗粒尺寸越小，煤样的粉碎程度越高。

在图3-23中，X1～X7对应为忻州窑煤样，Y1～Y14对应为新田煤样。低应变率下煤的破裂碎片主要分布在20～50 mm的尺寸范围内。随着应变率的增加，碎片尺寸范围的分布越广，尺寸较小的煤颗粒的质量比增大，尺寸较大的颗粒质量比减小。例如，新田煤样Y8（$\dot{\varepsilon}=17.18$/s）的最小尺寸范围（0～0.5 mm）内的颗粒质量比约为0%，而煤样Y9（$\dot{\varepsilon}=27.41$/s）和Y14（$\dot{\varepsilon}=110.73$/s）的颗粒质量比分别为0.24%和6.77%。反之，当应变率从17.18/s（Y8）增加到48.18/s（Y10）时，最大颗粒尺寸范围（20～50 mm）的颗粒质量比从62.46%下降到14.95%。根据式（3-16），计算得出不同应变率下的等效粒度，如图3-23所示。当量粒径随应变率的增加而减小。对于新田煤样，当应变率从17.18/s（Y8）提高到110.73/s（Y14）时，当量粒度从25.85 mm减小到4.51 mm，降低了5.73倍。与忻州窑煤样相比，新田煤样的等效粒度较小，破碎程度更高。

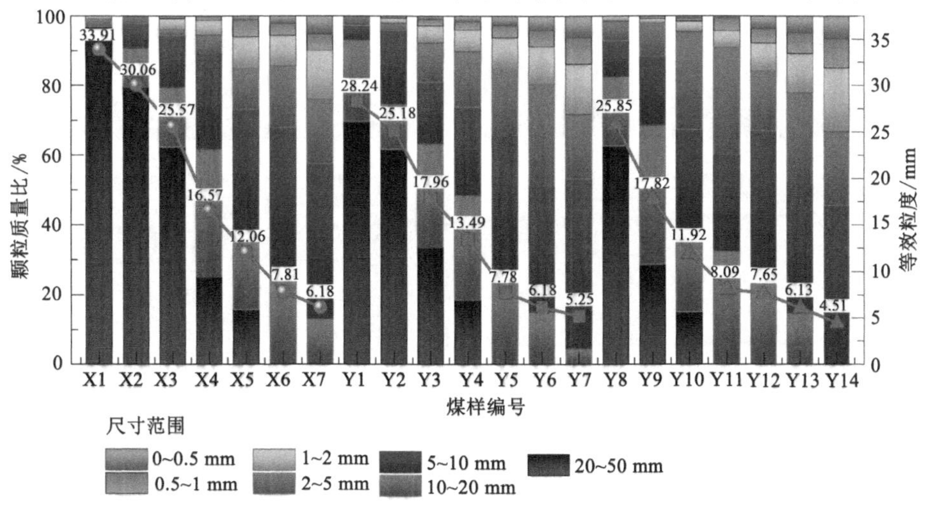

图3-23　单轴压缩SHPB试验下破碎煤颗粒质量比及等效粒度

综上可知，较大的冲击载荷（应变率）会对煤样造成更大的损伤，这表现在颗粒较小的煤粉的质量比增大。在相同的冲击载荷作用下，突出煤中的裂纹更容易发展和聚集，导致突出煤的等效粒度比非突出煤的等效粒度更小。

（4）应变率对煤样微观结构特征的影响

突出煤和非突出煤的宏观力学性能均与其微观结构特征密切相关。因此，我们利用扫描电子显微镜（SEM）和核磁共振（NMR）成像来研究动态破坏煤的微观结构特征。

对 4 个突出煤样（Y1、Y3、Y5、Y7）和 4 个非突出煤样（X1、X3、X5、X7）进行了 SHPB 压缩试验，得到了破碎煤的 SEM 图像（1 500 倍和 500 倍），如图 3-24

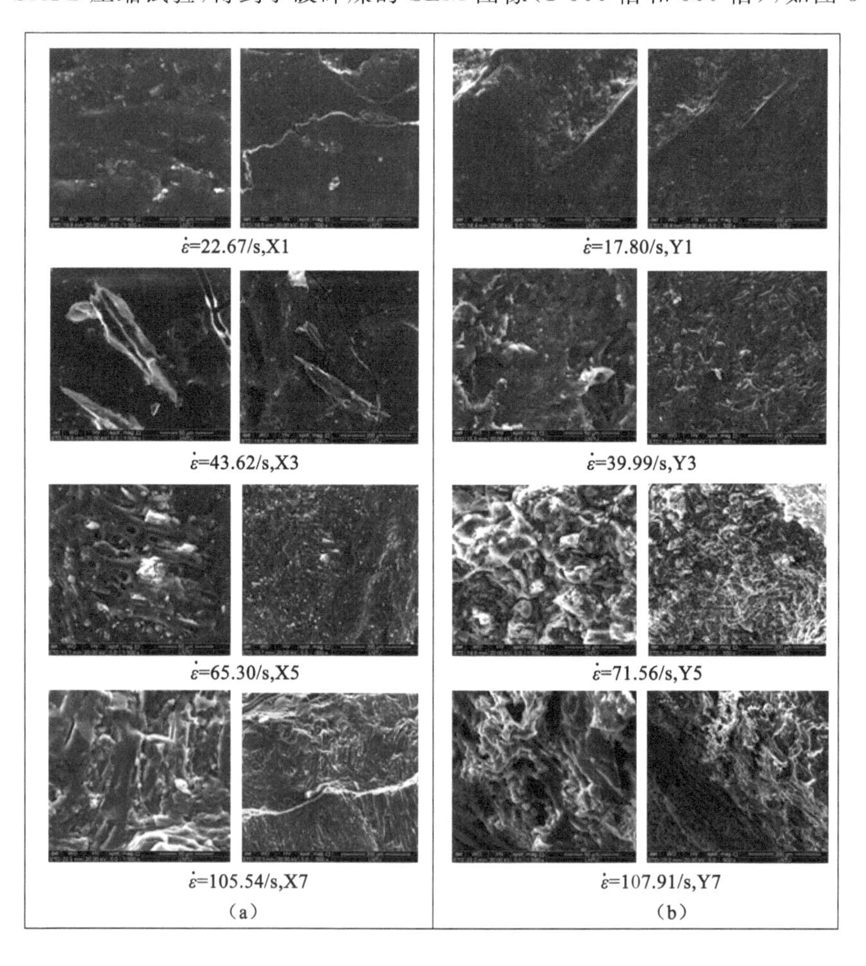

图 3-24　不同应变率下破坏煤样的扫描电镜图像

所示。随着应变率的增加，材料的微观结构发生了显著的变化。当应变率较低时，仅能观察到少量孤立的孔隙，孔隙和裂缝的分布较为分散。这表明，仅在较低的冲击载荷作用下，煤样内部孔隙与裂隙之间的连通性较差。随着应变率的增加，煤表面观察到的孔隙和裂隙增多，并出现一些缺陷。原生裂隙扩展为次生裂隙，并导致多条裂隙穿透孔隙。例如，在煤样 Y5($\dot{\varepsilon}=71.56$/s)中，原生裂隙通过侧向孤立孔隙扩展，导致孔隙与裂缝之间的连通性增强。在瓦斯突出等高应变率的冲击载荷下，煤体内部微观结构的演化表现为孔隙的扩展、原生裂隙的扩展和次生裂隙的产生。

核磁共振(NMR)成像通过测量了^{1}H 核在外磁场作用下的自旋磁矩的变化。当外加磁场消失时，自旋磁矩逐渐恢复到初始状态，产生一个可测量的信号和弛豫时间。横向弛豫时间 T_2 是一个典型的可测信号，通常用于分析多孔材料中孔隙和裂隙的特征。煤和岩石中孔隙和裂隙中流体的横向弛豫时间 T_2 与孔隙半径 r_c 成正比，较大的孔隙对应较长的弛豫时间 T_2。孔隙度的表征基于标准样品的校准曲线。通过核磁共振系统的 CPMG 序列，将 SHPB 试验后破碎煤的核磁共振信号量与标定曲线上的核磁共振信号量进行比较，这样可以得到突出煤的孔隙特征。

煤样的微观结构按孔径大小可分为微孔(<0.1 μm)、中孔(0.1～1 μm)、大孔(1～10 μm)、超大孔(10～100 μm)和裂隙(>100 μm)。图 3-25 给出了压缩 SHPB 试验后新田煤样在不同应变率下破碎后的孔径分布。图中的曲线都有三个峰，从左到右分别代表微孔、大孔和超大孔。微孔和超大孔的峰值高于宏观孔隙的峰值，这意味着在动力破坏之后，突出煤中的微孔和超大孔得到了更充分的发育。随着应变率的增加，微孔的峰值减小，而超大孔的峰值增大。在高应变率下，煤基质承受压缩或拉伸动力载荷，发生破坏，在煤基质中形成了一些新的微孔，而原有的微孔则延伸为大孔和超大孔。这两个过程的综合结果是，微孔的比例降低，超大孔的比例增加。虽然在高应变率下，微孔的比例减小，但与低应变率的情况相比，微孔的体积仍然增大。该结论也可以从图 3-24 中的扫描电镜图像看出。因此，较高的应变率会使破碎煤中的超大孔更大程度地发育，进而更大程度地提高煤的渗透性。

SHPB 试验后的新田煤样在不同应变率下的孔喉分布如图 3-26 所示。孔喉在 0.25～0.63 μm 范围内的孔径仅占很小的比例。直径小于 0.1 μm 或大于 10 μm 的孔喉所占比例比较大，说明该范围内的孔喉发育良好，孔隙连通良好。

如表 3-6 所示，喉道直径分布以微孔喉道为主，占喉道总数的 38.85%～58.14%。直径小于 0.1 μm 的孔喉占比随应变率的增大而减小，直径大于 10 μm 的孔喉占比随应变率的增大先略有减小后迅速增大。例如，当应变率增加

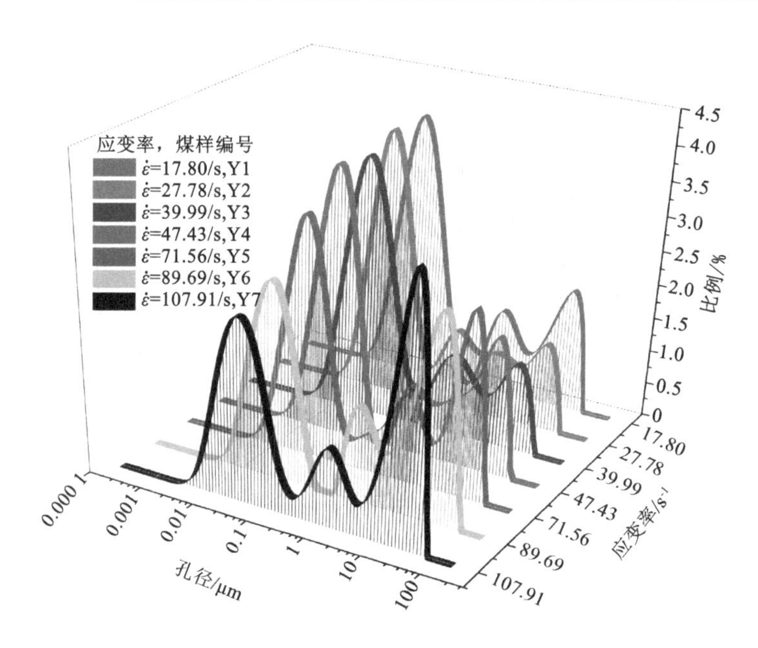

图 3-25 不同应变率下新田煤样破碎后的孔径分布

到 107.91/s 时，直径大于 10 μm 的孔喉比达到 36.01%，这些孔喉连接孔隙和裂隙，提高了煤的渗透率，为瓦斯快速涌出提供了有利条件。

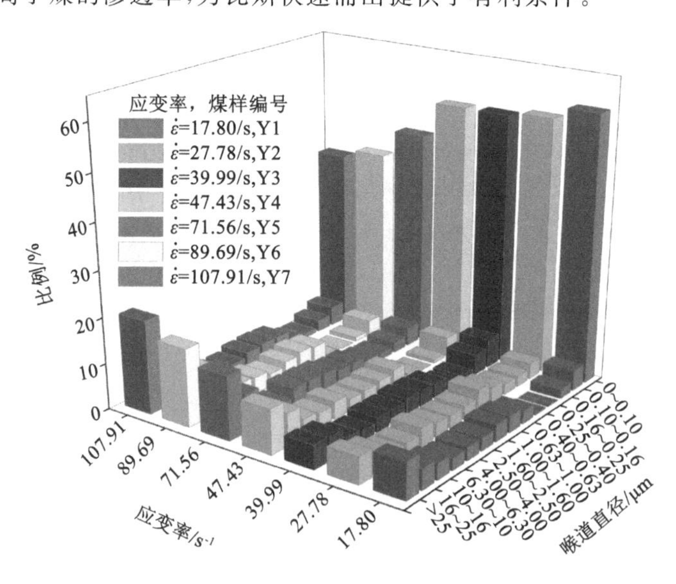

图 3-26 SHPB 试验后的新田煤样在不同应变率下的孔喉分布

表 3-6 SHPB 试验后的新田煤样中微观和宏观孔喉的比例

煤样编号	平均应变率/s^{-1}	<0.1 μm 孔吼比例/%	>10 μm 孔喉比例/%
Y1	17.80	58.14	16.35
Y2	27.78	55.45	13.44
Y3	39.99	54.54	12.94
Y4	47.43	54.53	20.58
Y5	71.56	46.84	25.18
Y6	89.69	40.75	33.11
Y7	107.91	38.85	36.01

在相同冲击载荷下，突出煤的抗拉强度和抗压强度均低于非突出煤的，而突出煤的动态增长系数(DIF)大于非突出煤的。当煤体遭受较强冲击载荷时，应力波进入煤体，导致孔隙、裂隙等缺陷处应力集中。当应力集中达到临界值时，原始孔隙扩张，原始裂隙在能量耗散的驱动下扩展，形成新的次生裂隙。这种冲击载荷促进了孔隙和裂隙的发育，增强了它们之间的连通性。瓦斯从煤基质解吸到裂隙的速率增加，这增加了裂隙中的瓦斯压力，并进一步加速了煤的破碎，从而演变成突出。

3.3 突出煤强度尺度效应试验研究

3.3.1 煤样制备与试验方案

煤是一种天然的不连续、非均质和各向异性脆性材料，其单轴抗压强度显著地受到煤样的尺寸大小以及矿物杂质和裂缝等微观结构的影响[174]。煤力学属性的尺度效应是连接实验室尺度煤样力学参数与工程尺度煤体力学参数的桥梁。煤的强度尺度效应对于解释原位应力测量、煤柱设计、巷道支护、煤层地质构造演化规律，以及揭示冲击地压、煤与瓦斯突出等灾害的发生机理有重要意义。

强度尺度效应试验测试采用的煤样来自新田煤矿 1402 工作面。在现场采集大块煤样，用保鲜膜密封包装，运至实验室后，切割成宽高比为 0.5 的标准试件，进行单轴抗压强度测试。为保证试验结果的准确性，在煤样满足尺寸要求后，将长方体煤样的两端进行切割和研磨，以确保平整度(±0.05 mm)和平行度(±0.02 mm)。根据采集的块煤大小和数量，切割成不同尺度大小的煤样。

试验采用6组新田煤样进行测试，试件尺寸分别为：200 mm×100 mm×100 mm、160 mm×80 mm×80 mm、120 mm×60 mm×60 mm、100 mm×50 mm×50 mm、80 mm×40 mm×40 mm、60 mm×30 mm×30 mm。为确保试验结果的准确性和合理性，每组试验测试3个煤样，结果取平均值。需要说明的是，其中一个尺寸为200 mm×100 mm×100 mm的新田煤样在切割时发生局部破裂，将其切割成160 mm×80 mm×80 mm的试件进行试验。

煤样的单轴压缩试验在辽宁工程技术大学采矿工程实验室的微机控制电液伺服万能试验机上进行，其承载力为100 kN、精度为±0.5%；配套设备还包括DH5929动态信号测试分析系统、配套的载荷和位移传感器等。试验在室温条件下进行，采用位移控制加载方式，加载速率为1 mm/min。加工完毕的煤样以及加载设备见图3-27，煤样统计见表3-7。

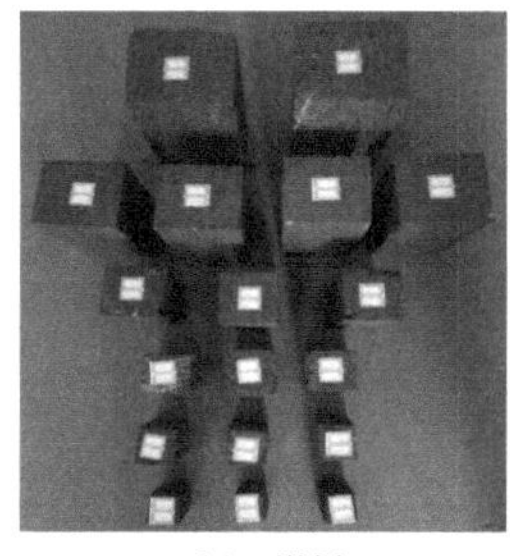

(a) 新田煤样

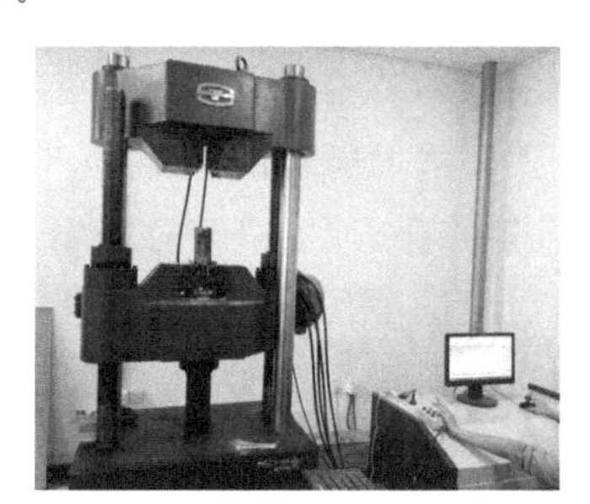

(b) 电液伺服万能试验机

图3-27　尺度效应试验煤样及加载设备

表3-7　强度尺度效应试验的煤样统计

煤样来源	试件尺寸/mm	数量	编号
新田煤矿	200×100×100	2	M1、M2
	160×80×80	4	M3、M4、M5、M6
	120×60×60	3	M7、M8、M9
	100×50×50	3	M10、M11、M12
	80×40×40	3	M13、M14、M15
	60×30×30	3	M16、M17、M18

3.3.2　尺度效应试验结果及分析

(1) 尺度效应试验结果

根据试验方案开展了突出煤样的强度尺度效应测试，将试验获得的抗压强度和弹性模量结果汇总，见表 3-8。可以发现，随着煤样尺度的增大，其抗压强度和弹性模量有一定的离散性，但是其平均抗压强度和弹性模量均逐渐降低。例如，煤样平均抗压强度从尺寸 60 mm×30 mm×30 mm 的 10.39 MPa 降低到尺寸 200 mm×100 mm×100 mm 的 1.93 MPa，降低了 81.4%。

表 3-8　不同尺度煤样的力学参数

煤样	编号	试件尺寸/mm	抗压强度/MPa	平均抗压强度/MPa	弹性模量/GPa	平均弹性模量/GPa
新田煤样	M1	200×100×100	2.12	1.93	0.319	0.288
	M2		1.74		0.256	
	M3	160×80×80	2.32	2.69	0.365	0.313
	M4		2.39		0.305	
	M5		2.87		0.257	
	M6		3.18		0.323	
	M7	120×60×60	3.21	3.47	0.416	0.473
	M8		3.44		0.406	
	M9		3.77		0.596	
	M10	100×50×50	4.02	4.39	0.444	0.501
	M11		4.21		0.677	
	M12		4.94		0.381	
	M13	80×40×40	5.13	6.3	0.936	0.737
	M14		6.46		0.601	
	M15		7.31		0.673	
	M16	60×30×30	8.33	10.40	1.109	1.387
	M17		12.03		1.645	
	M18		10.83		1.407	

不同尺度煤样的应力-应变曲线如图 3-28 所示。由于煤样内部存在较多的裂隙等缺陷，在试验加载过程，伴随着这些裂隙的压密、扩展，煤样的应力-应变曲线呈现出凹凸起伏的曲线形状。同时，即使相同煤块切割得到的煤样，其内部裂隙发育情况（长度、方向、数量）也是不一样的，因此，不同尺度煤样的应力-应变曲线的差异性较大。但是，煤样的应力-应变曲线均具有相同的走向趋势，它包括五个阶段：压缩、线弹性、微裂纹演化、不稳定裂纹扩展和快速卸载，这与动载荷作用下煤样的应力应变响应是一致的。

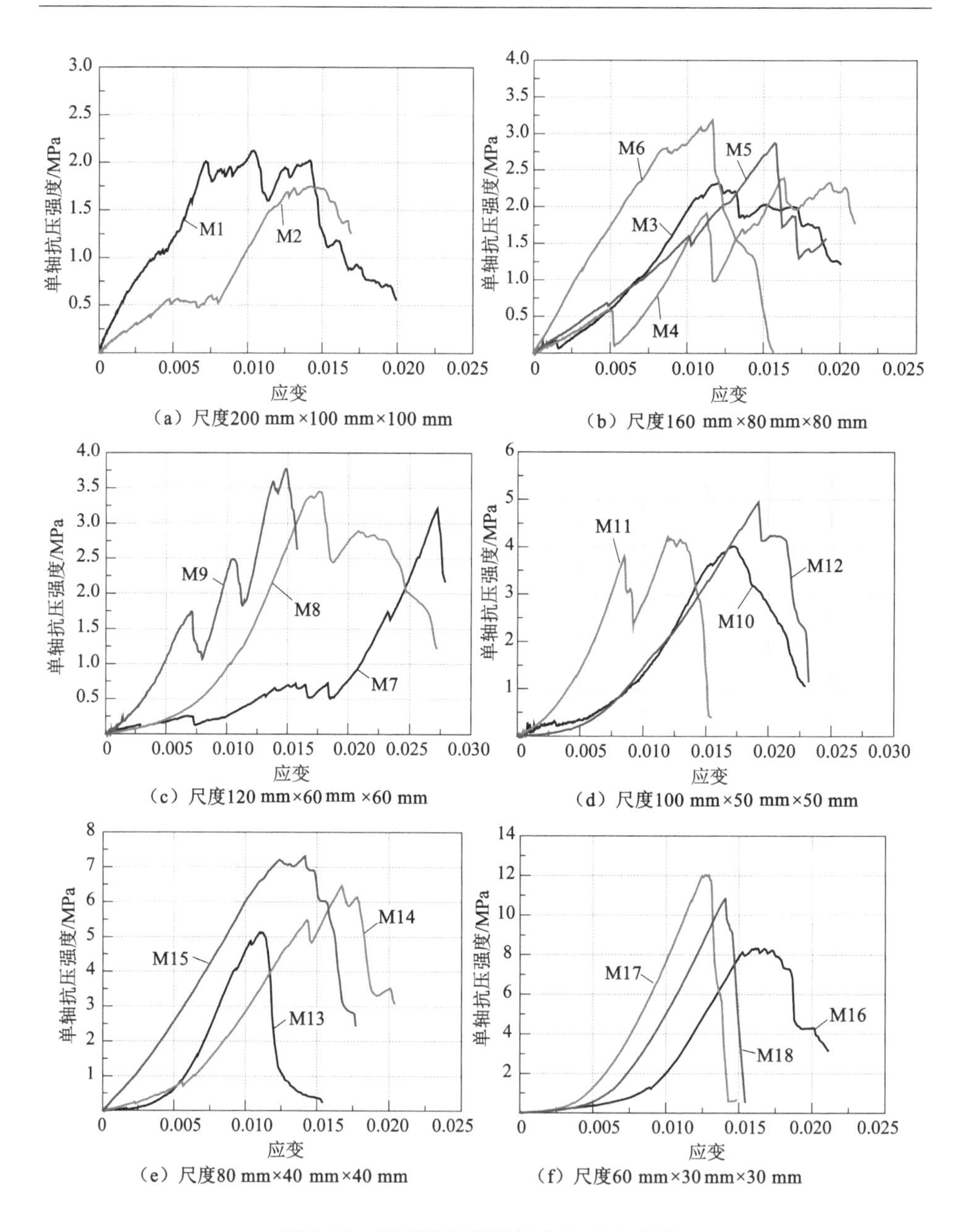

图 3-28 不同尺度煤样的应力-应变曲线

从图 3-28 中可以看出，煤样尺度越小，达到峰值应力后，曲线下降得越快，且峰值应力（抗压强度）越大，说明煤样尺度越小，其内部包含的裂隙越少，煤样的脆性越大，强度也越大。大部分应力-应变曲线的峰值应力对应的应变值在

0.1～0.15 之间，但与尺度变化无明显的直接联系。

煤样的单轴抗压强度及平均抗压强度随煤样宽度的变化即强度的尺度效应如图 3-29 所示。突出煤的抗压强度较小，当煤样宽度为 30～100 mm 时，抗压强度在 1.74～12.03 MPa 范围内。煤样内部结构和裂隙发育情况有差异性，相同尺度煤样的抗压强度在图中为离散点。但总体来说，煤样的尺度越大，抗压强度越小。煤样的平均抗压强度随着煤样尺度的增大呈指数降低，且降低的速率随煤样尺寸的增大而减缓，可表示为以下形式[174]：

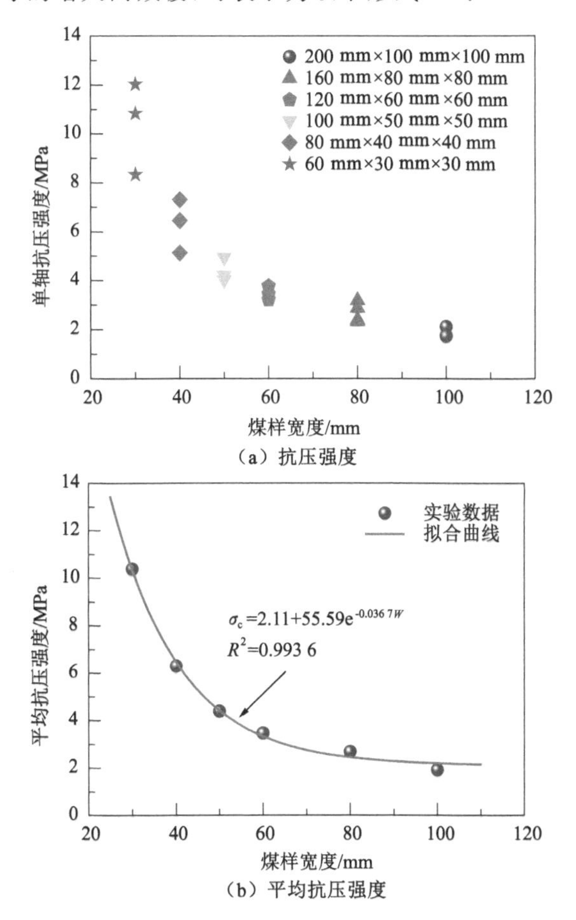

图 3-29　煤样单轴抗压强度的尺度效应

$$\sigma_c = \sigma_m + (\sigma_0 - \sigma_m)e^{-k_1 w} \tag{3-17}$$

式中：σ_c 为煤样受力断面边长 w（煤样宽度）的单轴抗压强度，MPa；σ_0 为原煤抗压强度，即当 $w \to 0$ 时煤样的单轴抗压强度，MPa；σ_m 为煤体抗压强度，即当

$w \to \infty$时煤体的单轴抗压强度，MPa；k_1 为煤样力学属性相关的参数。

当 $w \to 0$ 时，这是一种极限情况（实际无意义）[175]。在煤样尺寸极小时，可认为不包含任何天然缺陷，煤样抗压强度几乎等于原煤（煤骨架）强度。σ_0、σ_m 和 k_1 可通过不同尺度煤样的单轴压缩测试的试验数据拟合获得。

式(3-17)右边第一项常数表示 $w \to \infty$ 时煤体的单轴抗压强度，第二项表示随着煤样尺寸从∞降低到 0 过程中煤样强度的增加量。根据上式拟合得到新田煤样的强度尺度效应关系式为：

$$\sigma_c = 2.11 + 53.48e^{-0.0367w} \tag{3-18}$$

此时，原煤抗压强度 $\sigma_0 = 55.59$ MPa，煤体抗压强度 $\sigma_m = 2.11$ MPa，衰减系数 $k_1 = 0.0367$，拟合度 $R^2 = 0.9936$，说明该指数形式适合用于拟合强度与尺度间的关系。文献[175]研究得出，随着岩体的完整性的增强，衰减系数 k_1 逐渐减小。

试验加载破坏后的煤样形态如图 3-30 所示。可以看出，无论尺度大小，煤

（a）煤样M1：200 mm ×100 mm×100 mm

（b）煤样M3：160 mm×80 mm×80 mm

（c）煤样M7：120 mm×60 mm×60 mm

（d）煤样M10：100 mm×50 mm×50 mm

图 3-30　不同尺度煤样加载破坏形态

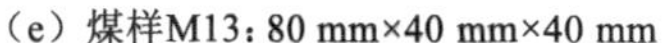
（e）煤样M13：80 mm×40 mm×40 mm

（f）煤样M16：60 mm×30 mm×30 mm

图 3-30（续）

样的裂隙发育大致平行于加载方向，煤样破坏极不均匀，局部破坏严重，多数出现垂直裂缝，且棱角处破坏明显，说明应力集中明显。大尺度的煤样破裂为数量众多的不规则小棱柱，且试件表面受拉应力影响明显，裂纹更为发育，多处发生崩落。煤样破坏后，仍然具有一定的残余强度，若继续加载，不规则小柱则被压成粉末状，表明大尺度煤样破坏后的残值强度是靠表面能的耗散来维持的。在电液伺服万能试验机作用下，煤样破裂过程一般为非稳态的过程，即由稳态发展到失稳的过程。煤样存在一个完整的承载结构，该承载结构在应变达到一定值时开始弱化，而此时裂隙是通过摩擦力承载的，已经达到煤样的承载极限，即峰值应力。大尺度煤样内部裂隙较为发育，由于裂隙面的相对滑移，从而使得相同应力作用的应变增大。大尺度煤样的损伤发展受煤样内部孔隙、裂隙等结构的控制，在相同的压力作用下，煤样内部产生的应力分布和应力集中程度也不同，煤样内不仅可以产生新的裂缝，而且原先的裂缝也可能扩展，最后总是在强度较薄弱的位置破坏，并释放弹性能。

（2）尺度效应试验分析

煤在现场尺度下的强度等力学特性的确定对巷道支护、顶煤可采性和煤柱设计，以及冲击地压和煤与瓦斯突出等动力灾害的发生机理至关重要。估算岩石强度和刚度的典型方法是制备岩石试件，然后进行实验室测试和现场试验。然而，对于煤来说，很难获得要求尺寸的完整试件进行试验。钻孔取芯获取样品的方法通常在勘探期间使用，但在煤矿生产过程中很少使用。此外，由于温度和湿度的变化，煤样从矿井中取出后，如果不采取相应措施，通常会迅速脱水和风化，力学特性变化较大。煤力学强度的实验室和现场试验表明，随着煤样的尺寸增加，强度和刚度显著降低，尺度效应明显。强度降低速率在一定尺度以上较为显著，但超过该尺度大小的煤体的强度变化较慢，该尺度称为表征单元体（REV）。现场试验表明[176]，煤的表征单元体尺寸约为 1.5～3 m。

随着尺度的增加，煤体强度衰减较慢，如果煤体的尺寸足够大，其内部的裂隙等缺陷可认为均匀分布，此时，少量的裂隙发育就会引起结构失稳破坏，表现为脆性破坏。在工程精度要求下，通常认为强度是不变的，即达到表征单元体尺度后，煤体的强度不变。当煤颗粒足够小，小到不含裂隙的仅孔隙均匀分布的煤基质块，认为煤的强度保持不变，即原煤（煤骨架）的强度，此时的尺寸为煤的尺度效应下限。因此，学者们关注的是煤体尺寸介于尺度效应下限和表征单元体（REV）之间的 B 阶段的尺度效应规律，该阶段内由裂隙发育造成的非均质性不可忽略。煤样在 B 阶段的破坏过程中有大量裂隙发育、扩展和贯通，应力重新分布，最终演变成结构失稳，表现为准脆性破坏。该阶段内，煤样强度的尺度效应呈现公式（3-18）的指数型变化规律，如图 3-31 所示。通过实验室测试和现场试验方法，寻求该指数函数的各系数的物理变化规律，确定其数值，进而搭建试验尺度煤样与工程尺度煤体的力学属性桥梁。

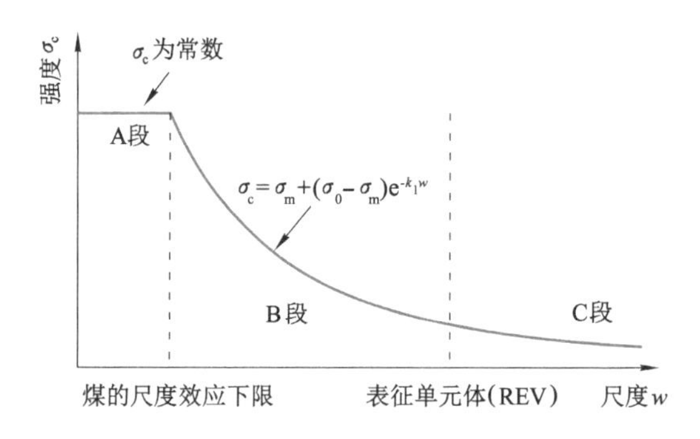

图 3-31　煤样强度与尺度的关系

尺度效应主要是由于煤中观察到的各种不连续性裂缝、层理、割理造成的。不连续性导致煤体具有强度和刚度的差异性和各向异性。在煤样中，随机分布劈裂的裂纹长度通常比其他劈裂长，尽管它们的断裂密度较小。文献[174]采用高分辨率 X 射线显微 CT 成像技术，获得了煤样中随尺度增加引起的微观孔/裂隙结构变化的 μCT 扫描三维重构图像，如图 3-32 所示。可以看出，随着试件尺寸的增大，矿物杂质体积增大，预先存在的裂隙增多。随着煤样直径从 25 mm 增加到 50 mm，初始裂隙和矿物杂质的平均体积分别从 14.52 mm^3 和 219.31 mm^3 增加到 185.48 mm^3 和 476.92 mm^3。同时，不同尺寸的煤样内矿物杂质的平均体积和体积变化均大于预先存在的裂隙。

影响煤体尺度效应的重要因素主要包括以下方面：煤的性质、应力状态、结构面、应力梯度。在煤的性质方面，煤的组分性质不同，煤基质颗粒大小、数量差异和分布不均，导致煤非均质性增强，尺度效应增大。在应力状态方面，应力集中、应力分布不均都将造成煤样的尺度效应明显。例如，煤样在弯曲破坏试验条件下的尺度效应比压缩破坏试验条件的尺度效应显著，而单轴压缩试验的

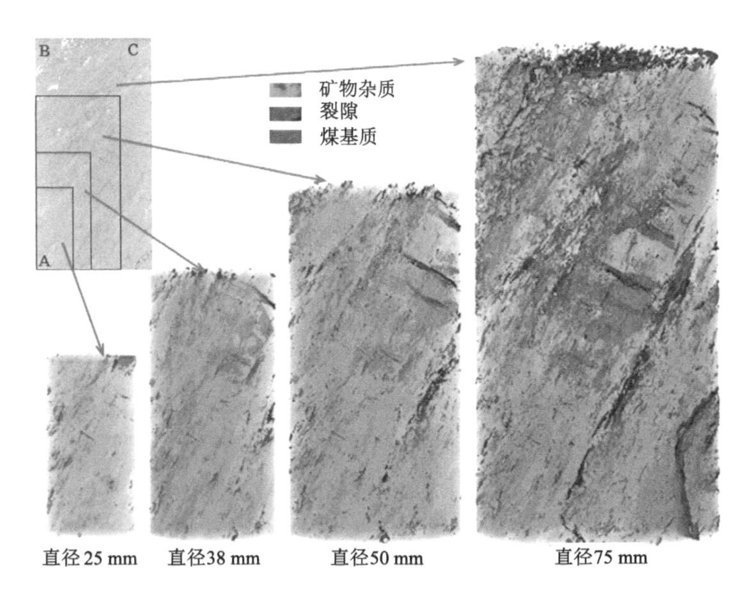

图 3-32　煤样中随尺度增加引起的微观孔/裂隙结构变化的 μCT 扫描三维重构图像

尺度效应又比三轴压缩的尺度效应显著。在结构面方面，煤体属于一种结构面地质体，含有大量的结构面，大的结构面可以是地质断层，小的结构面可以呈裂隙和细微裂纹、孔隙等。通常，煤体强度由结构弱面控制，大的结构面决定煤体的强度，小的结构面决定煤块强度性质。结构面凹凸起伏的程度或粗糙度必然影响结构面的强度。而且，结构面可以单独出现或若干条出现，也可以是大量地成组出现，有的方向性明显，有的杂乱地随机分布。成组出现的裂隙称为节理。节理裂隙的密度、长度、形态、开口、表面粗糙度、充填情况等随尺度变化较大时，尺度效应显著。在应力梯度方面，试验测试过程中通常假设应力是均匀加载的，而实际的应力可能是高度不均匀的，煤样中缺陷的存在将引起应力梯度效应，测试结果也会影响尺度效应。

3.4　突出煤破坏过程中的瓦斯渗流规律

3.4.1　试验装置及原理

煤岩体在采动条件下所处的应力状态比较复杂，表现为加载和卸载的综合作用，即在轴向方向加载而径向方向卸载。随着工作面的推进，工作面前方煤体的应力状态会发生改变，经历复杂的加载和卸载的共同作用。不同的加载和卸载条件对煤的力学特性及瓦斯在破裂煤中渗流运移规律有着不同的影响。煤与瓦斯突出的灾变过程即是一个煤岩破坏、瓦斯渗流失稳的过程。在此过程中，煤层渗透率决定了瓦斯的渗流运移速度，进而影响煤与瓦斯突出的发生进程。因此，研究煤体破坏过程中的动态渗透率演化规律是揭示突出发生机理的关键，同时也是瓦斯抽采现场工程等防突措施的重要参考。

本书采用重庆大学煤炭灾害动力学与控制国家重点实验室的含瓦斯煤热流固耦合三轴渗流试验系统进行卸载条件下煤样破裂瓦斯渗流规律的试验测试，以揭示瓦斯在煤层破坏失稳情况下的渗流机制。该试验系统主要由伺服加载系统、夹持装置、恒温系统、渗流压力控制系统、数据采集与分析系统以及管路等辅助部件等 6 个部分组成，如图 3-33 所示。

图 3-33　含瓦斯煤热流固耦合三轴渗流试验系统

试验系统的轴向加载控制方式包括应力控制和位移控制，且应力、变形、瓦斯压力、温度及流量等参数为全自动采集。主要技术参数包括[177]：① 轴压 0～100 MPa；② 围压 0～10 MPa；③ 瓦斯压力 0～3 MPa；④ 轴向位移 0～60 mm；⑤ 环向变形 0～6 mm；⑥ 温度控制范围 20～100 ℃；⑦ 试件尺寸 50 mm×100 mm(直径×高度)；⑧ 压力测试精度±1%；⑨ 压力控制精度±0.5%；⑩ 变形测试精度±1%；⑪ 温度控制误差±0.1 ℃。

夹持装置是三轴渗流试验系统的核心部件，是放置、固定煤样并形成试验所需压力条件(轴向压力、径向压力、孔隙压力)的关键部件，如图 3-34 所示。夹持装置由上座、下座两部分组成，采用螺栓连接成闭合腔体，接触位置采用“O”形密封圈防止内部流体外泄。夹持装置高度为 535 mm，外径为 215 mm，内径为 155 mm，加压活塞杆和支承轴的直径为 50.0 mm。导向装置可实现加压活塞杆和支承轴的对位，避免加压过程中煤样晃动。试验过程中，瓦斯气体均匀地从煤样断面流过。

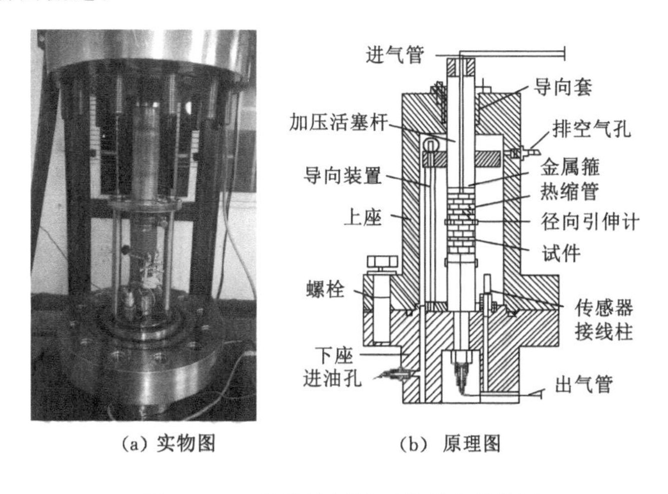

(a) 实物图　(b) 原理图

图 3-34　三轴渗流试验系统的夹持装置

假设试验中瓦斯在煤样中的运移是等温过程，瓦斯渗流符合达西定律，煤样卸载破坏过程中的渗透率采用以下公式计算[178]：

$$k = \frac{2\mu P_0 QL}{A_s(P_1^2 - P_2^2)} \tag{3-19}$$

式中：k 为煤岩渗透率，mD；μ 为甲烷黏度系数，Pa·s；P_0 为测点大气压，MPa；P_1，P_2 为夹持器入口、出口瓦斯压力，MPa；Q 为标况下的瓦斯流量，cm^3/s；L 为煤样长度，cm；A_s 为煤样截面面积，cm^2。

3.4.2　煤样制备及试验过程

本试验煤样取自新田煤矿 1402 工作面，属于突出煤层煤样。在现场取块煤后，用保鲜膜包裹好，运回实验室后，采用取芯机和切割机在实验室将煤块取芯并进行打磨，加工成 50 mm×100 mm(直径×高度)的标准煤样，且端面平整度控制在±0.05 mm。制备完成的煤样进行 24 h 烘干，用保鲜膜包好，放入密封箱备用。

煤样渗流试验的具体步骤如下：

① 在煤样表面涂抹一层 1 mm 左右硅胶，以实现良好的密封；待抹上的胶层完全干透后，把煤样小心放置于夹持装置的支承轴上，然后将热缩管套在煤样上，加热以使热缩套与煤样紧密接触。之后，将径向位移引伸计安装于煤样的中部位置，以监测试验期间的变形。

② 将夹持装置的上下底座对准，拧紧螺栓，并用密封圈密封。连接相关管路和仪表，排空充油，检测设备的气密性，确保气密性良好。打开出气阀门，使用真空泵进行脱气，脱气时间一般为 2～3 h，以保证良好的脱气效果。

③ 关闭出气阀门，启动电脑加载控制程序，通过液压加载系统在煤样上施加 2.4 MPa 的轴向压力和 3 MPa 的径向压力(围压)，获得煤样初始压力，围压应略大于轴压，以保证充气时煤样的稳定性，避免瓦斯气体从试件边缘流过夹持器；调节高压甲烷钢瓶出气阀门，保持瓦斯压力一定，向煤样充入 2 MPa 的高纯度瓦斯气体，保持气体压力，使其充分吸附。

④ 待气体平衡之后，径向压力和轴向压力分别升高到 6 MPa 和 24 MPa。然后，保持轴向压力恒定不变，并以 0.002 MPa/s 的速率卸载围压，直到煤样失稳破坏。在卸载过程中，用引伸计监测径向变形，并通过流量计采集气体流速。

⑤ 更换煤样，重复上述步骤。

试验过程中，轴向压力和径向压力的加卸载路径见图 3-35。根据试验监测得出的数据，利用公式(3-19)可以计算出煤样在卸荷过程中的渗透率演化规律。

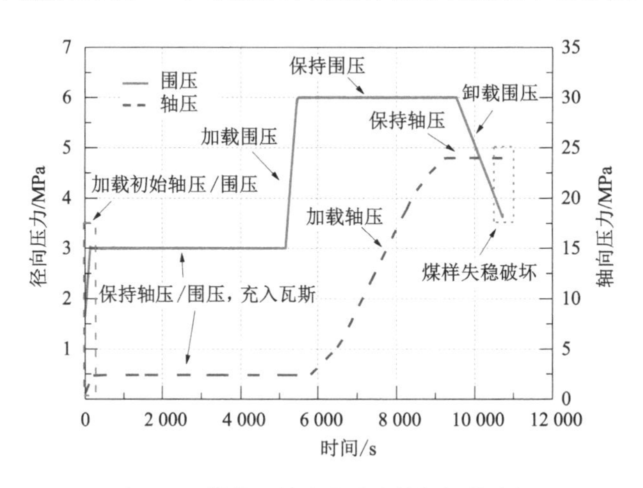

图 3-35　煤样三轴渗流试验的加卸载路径

3.4.3　突出煤破坏过程瓦斯渗流规律

1# ～ 3# 煤样卸压破坏过程中轴向应变、渗透率与卸荷量的关系如图 3-36～图 3-38 所示。从图 3-36(a)可以看出，随着围压的卸载，偏应力增大，煤样的轴向应变也逐渐增大，整个过程大致可分为 3 个阶段：弹性阶段、屈服阶段和破坏阶段。当卸荷量较小时，轴向应变缓慢增加，煤样处于弹性变形阶段，应力-应变曲线基本呈线性关系，弹性模量为一恒定值，满足胡克定律。随着卸荷量的持续增大，围压应力达到屈服强度，煤样中裂隙开始萌发并进一步扩展、贯通，导致试件产生损伤，承载能力降低，弹性模量降低，应力-应变曲线为非线性关系，煤样进入塑性屈服阶段，轴向应变增大的速度加快。当煤样的卸荷量继续增大，试件在轴向应力作用下达到强度极限，内部裂隙贯穿成宏观裂纹，煤样发生破坏，其轴向应变随卸荷量的增大而快速增加。从图 3-36(b)、(c)可以看出，弹性阶段和屈服阶段内煤样的渗透率变化缓慢；而在破坏阶段内，由于宏观裂隙的贯通，煤样的渗透率急剧上升。1# 煤样卸围压破坏后的形态如图 3-36(d)，煤样以纵向劈裂为主，宏观裂缝贯穿整个煤样，局部地方产生剪切破碎。

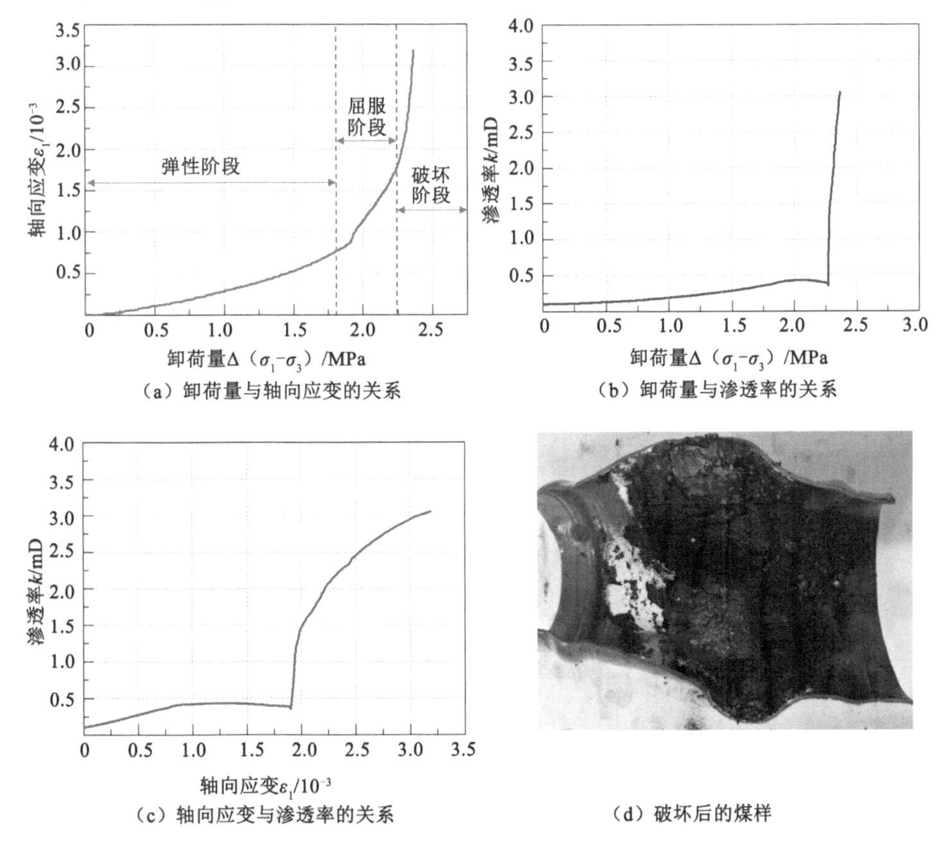

（a）卸荷量与轴向应变的关系　（b）卸荷量与渗透率的关系

（c）轴向应变与渗透率的关系　（d）破坏后的煤样

图 3-36　1# 煤样卸压破坏过程中轴向应变、渗透率与卸荷量的关系

对比图 3-36～图 3-38，煤样轴向应变、渗透率随卸荷量的变化差异性较大。在相同的轴向压力下，煤样在破坏时刻的卸围压大小依次为：2# 煤样(3.59 MPa)、3# 煤样(3.17 MPa)、1# 煤样(2.36 MPa)，说明 2# 煤样的承载能

力最高，强度最大，其次是3#煤样，1#煤样最小。同时，1#煤样在破坏时的轴向应变量最大，其次是3#煤样，2#煤样的轴向应变量最小。与非突出煤不同的是，破坏后的突出煤更容易破碎，且破碎后的煤颗粒较小，渗透率增长更快。对比1#～3#煤样的卸荷量-渗透率曲线与轴向应变-渗透率曲线，发现在破坏阶段相同煤样的卸荷量-渗透率曲线的斜率比轴向应变-渗透率曲线更大，渗透率随卸荷量变化更加敏感。在卸载结束时刻，煤样的渗透率分别为：1#煤样(3.053 mD)、3#煤样(1.032 mD)、2#煤样(0.986 mD)，煤样的轴向应变量越大，卸荷破坏过程中煤样的裂隙越发育，煤样的渗透率也越大。

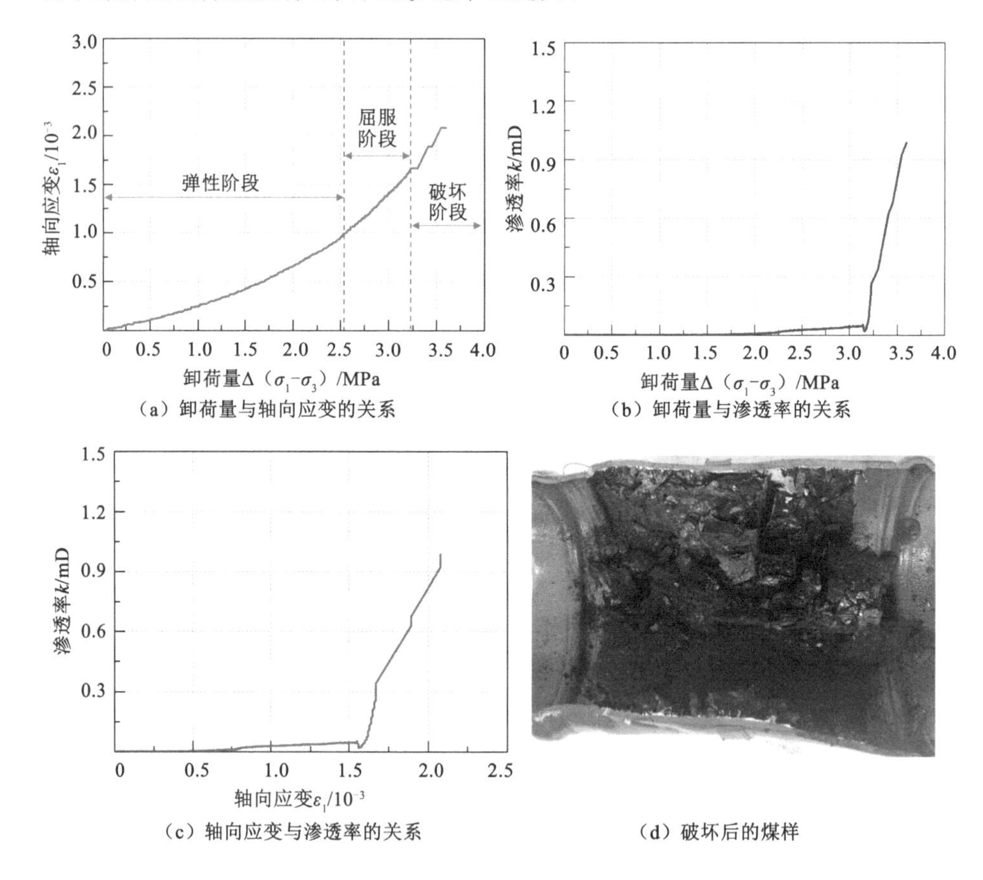

（a）卸荷量与轴向应变的关系　（b）卸荷量与渗透率的关系

（c）轴向应变与渗透率的关系　（d）破坏后的煤样

图3-37　2#煤样卸压破坏过程中轴向应变、渗透率与卸荷量的关系

渗透率比率的变化与煤样的力学性质及其内部的初始孔裂隙发育密切相关，是各因素综合作用的结果。新田煤样破坏过程中渗透率比率随卸荷时间的变化关系如图3-39所示。在相同卸荷速度下，从渗透率比率急剧增加的时刻来

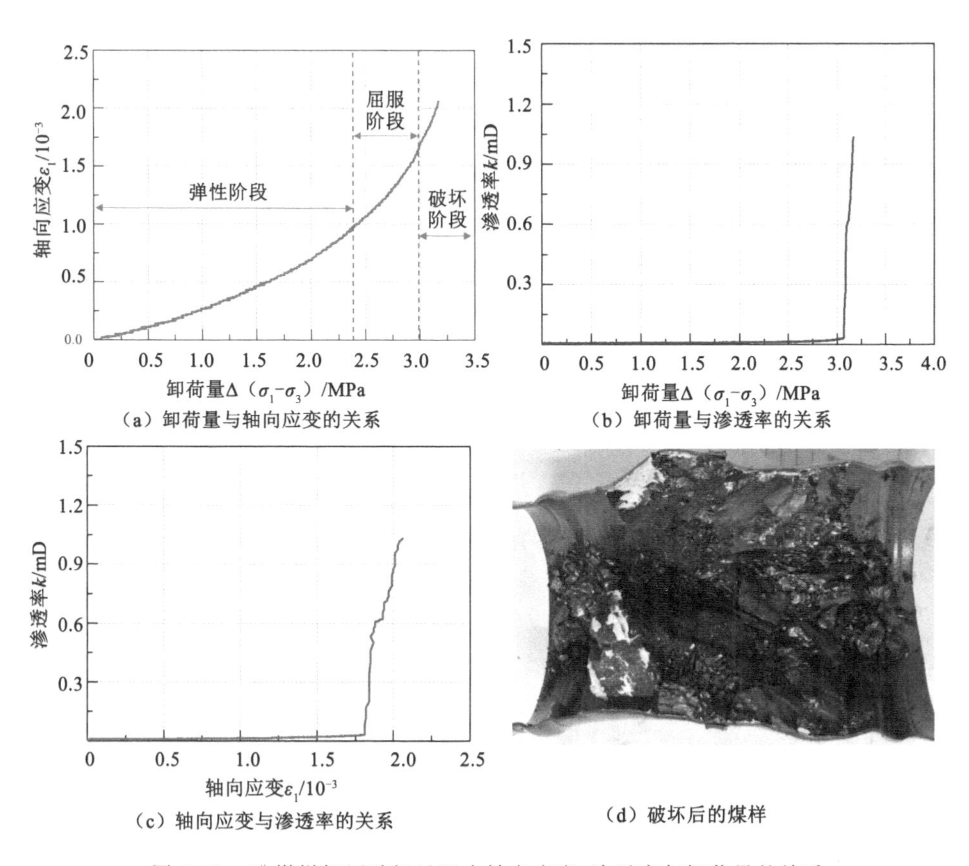

图 3-38　3# 煤样卸压破坏过程中轴向应变、渗透率与卸荷量的关系

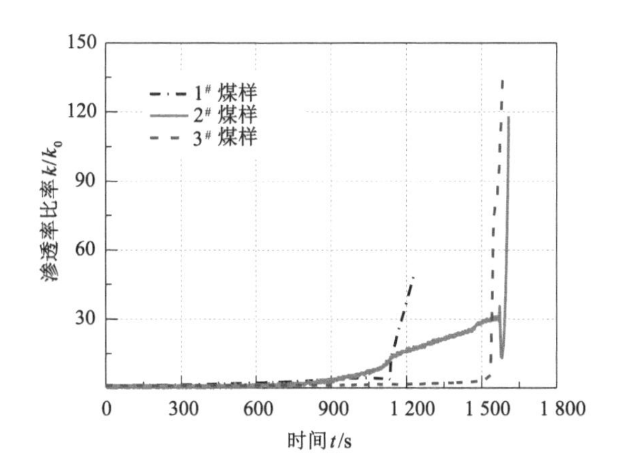

图 3-39　煤样破坏过程中渗透率比率随卸荷时间的变化关系

看,1# 煤样的渗透率比率在 1 134 s 时刻最先增加,说明 1# 煤样的承载能力弱于其他煤样,需要在较高的围压条件下才能保持稳定。而 2# 和 3# 煤样的渗透率比率急剧增大的时刻较晚,分别出现在 1 590 s 和 1 540 s,其承载能力强于 1# 煤样。破坏后煤样的最终渗透率比率分别为:3# 煤样(k/k_0=134.74)、2# 煤样(k/k_0=118.19)、1# 煤样(k/k_0=48.67)。可以看出,煤样破坏过程中渗透率远大于初始渗透率,破裂煤样渗透率可以增大到 2 个数量级以上,这与现场保护层开采时监测到卸压煤层的渗透率比率可达 3 000 倍较为吻合[179]。需要指出,煤样在破裂后期的渗透率过大,超过了流量计的能力范围,最终的破裂煤样渗透率比率将在 3 个数量级以上。

3.5 本章小结

在本章中,我们测定了突出煤的常规物理力学参数,测试了煤样在动载荷作用下的抗压强度、抗拉强度情况,分析了煤样破坏前后细观结构特征,测定了煤样的渗流特性,进一步阐明破裂煤层中瓦斯渗流规律,建立了试验尺度与工程尺度之间的含瓦斯煤的力学参数关系,为煤与瓦斯突出的数值模拟提供参数选取依据。主要结论如下:

① 突出倾向煤样(突出煤)的力学强度小于非突出倾向煤样(非突出煤),相同作用力下更易破碎;突出煤的原生结构破坏严重,显微结构以不规则扭曲形态构造裂隙及煤体韧性揉皱变形为主要特征;突出煤的退汞效率较低,孔喉数量较多,孔隙的开放程度更低;同时,突出煤的瓦斯解吸速率比非突出煤的解吸、放散速度快,累计瓦斯解吸量也更大,突出危险性更强。

② 突出煤的典型动态应力-应变曲线包括 5 个阶段:压缩、线弹性、微裂纹演化、不稳定裂纹扩展和快速卸载。与非突出煤相比,突出煤的动态增强因子更大,其应变率硬化效应更为明显,但动态强度仍小于非突出煤。相同冲击载荷下,突出煤破碎后颗粒更小。

③ 随着尺度的增大,煤样的平均抗压强度和弹性模量呈指数降低,且降低的速率随煤样尺寸的增大而减缓。煤样平均抗压强度从尺寸 60 mm×30 mm×30 mm 的 10.39 MPa 降低到尺寸 200 mm×100 mm×100 mm 的 1.93 MPa,降低了 81.4%。

④ 采用含瓦斯煤热流固耦合三轴渗流试验系统进行加载后卸载煤样破裂条件下的瓦斯渗流试验测试,结果发现:在卸载的初始阶段,煤样处于弹性变形状态,渗透率变化缓慢;当卸荷量继续增大到强度极限,煤样内部微观裂隙贯穿成宏观裂纹,煤样发生破坏,其轴向应变随卸荷量的增大而快速增加,煤样的渗透率急剧上升。煤样破坏过程中渗透率可增大到初始渗透率的 3 个数量级以上。

4　煤与瓦斯突出地质动力系统灾变机理

4.1　突出地质动力系统致灾机理的提出

4.1.1　突出地质动力系统概念

煤与瓦斯突出是煤矿井下生产过程中发生的一种极其复杂的动力现象，它能在极短的时间内由煤体向巷道或采场突然喷出大量的煤炭及瓦斯，能逆风流前进充满数十至数千米长的巷道，破坏支架、推倒矿车、损坏或移动设备设施，造成大量人员伤亡和重大的财产损失。煤与瓦斯突出的演化过程如图 4-1 所示。通常，煤与瓦斯突出具有无明显前兆、发生过程短暂、动力效应强、后果严重等特征，弄清煤与瓦斯突出发生机理是准确预测突出发生时间、地点以及强度的关键。

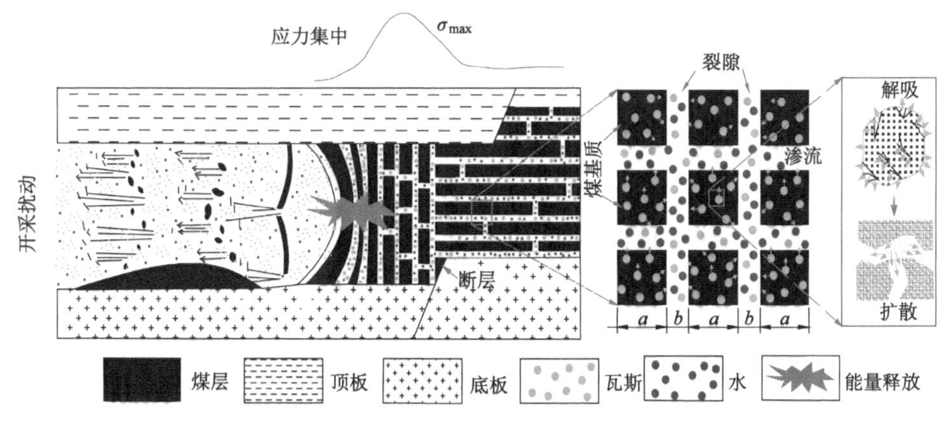

图 4-1　煤与瓦斯突出的演化过程

在总结和分析煤与瓦斯突出发生现场案例基础上，提出煤与瓦斯突出的地质动力系统灾变机理，即认为突出的发生是含瓦斯煤岩地质体的动力系统失稳现象。煤体是一种多孔介质，其中赋存着大量瓦斯气体。地质动力系统存在于一定尺度范围内的含瓦斯煤体内，而煤体经过了漫长的地质历史时期演化，受到断层、褶皱、岩浆岩侵入、构造运动等地质动力环境的改造后，形成具有突出倾向的含瓦斯煤体；而后，在煤炭开采或掘进工程活动引起的应力加载和卸载作用下，应力场、渗流场和损伤场相互耦合，局部应力集中、弹性潜能增加，损伤区骤然扩大、释放能量，局部裂纹聚集，并迫使煤体破碎，遭到破坏的煤体会快速释放其内赋存（吸附/游离）的大量瓦斯，并聚集于破坏区而形成“瓦斯聚集体”，大量的瓦斯气体和煤体快速抛出采掘空间，最终发生突出灾害。

突出地质动力系统具有三个不可或缺的要素，即含瓦斯煤体、地质动力环境和采掘扰动。其中，含瓦斯煤体是物质基础，为突出提供了煤、瓦斯等物质来源；地质动力环境是内部驱动力，在煤层沉积和聚集地质历史过程，对煤层进行了改造作用，例如封闭瓦斯、形成构造煤体、产生构造应力等；采掘扰动是外部驱动力，在突出孕育阶段提供复杂的采动加载和卸载作用，在突出演化阶段提供快速释放气体和煤岩等物质的空间条件[18]。煤与瓦斯突出地质动力系统的各个因素的联系见图 4-2。

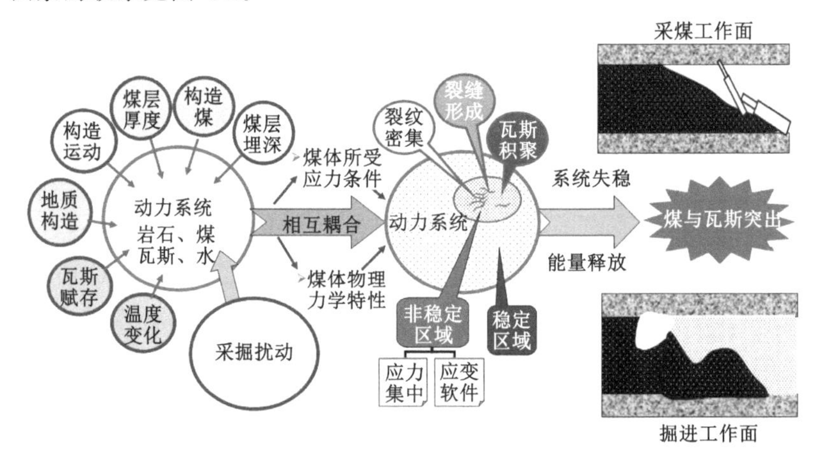

图 4-2　煤与瓦斯突出地质动力系统各个因素的联系

突出地质动力系统机理的两大核心内容分别是因素阶段性主导作用和突出尺度范围。首先，地质动力系统机理阐述了瓦斯和应力（原始地应力、采动应力）在突出过程中的作用，提出在不同阶段对突出起主导作用的因素不同，即因素的阶段性主导作用。在突出孕育阶段，应力占主导作用，地应力和采动应力造成煤体破碎，形成大量的裂隙并快速释放和密封瓦斯，形成所谓的“瓦斯聚集体”,而在突出演化阶段,由于采掘空间与“瓦斯聚集体”间的较高瓦斯压力梯度,瓦斯驱动煤体快速向前运动,并进一步破碎,形成更多的煤碎片,并解吸瓦斯,加剧突出的发生。其次,地质动力系统机理揭示了煤与瓦斯突出发生的尺度范围,指明了突出防治的对象,解决了突出防治措施的目标不明确性问题,为瓦斯抽采、煤层注水等相应防突技术提供了科学依据。

从机理的定义来讲,事物的发生机理应能够阐明事物演化过程中各要素的内在工作方式以及诸要素相互联系、相互作用的运行规则和原理,应具有普适性和实用性。针对煤与瓦斯突出机理,首先不应与公认的基本理论相悖,其次还能够解释一些其他假说不能解释的现象,在被已发生突出灾害证实后,能应用于指导工程实践,这样的突出机理才具备说服力及存在的合理性[181]。

突出地质动力系统机理认为“瓦斯聚集体”是客观存在的,在地质历史时期或在采掘扰动下,工作面前方产生范围较大的煤岩体损伤区,遭到破坏的煤体会快速释放其内赋存(吸附/游离)的大量瓦斯,并在短时间内聚集于破坏区而形成高能、封闭的“瓦斯包”。当能量积聚到足够的程度后,煤壁失稳破坏,瓦斯、煤岩快速涌向工作面作业空间,发生煤与瓦斯突出。这与瓦斯主导作用假说并不相悖,它们均强调了煤层内部存储的高压瓦斯是发生突出的主要原因。与之不同的是,突出地质动力系统机理还阐述了“瓦斯聚集体”的来源以及瓦斯的阶段性主导作用,即主要在煤岩发生破坏后,才会产生高压、高能瓦斯,并驱动突出灾害的进一步演化。

突出地质动力系统机理认为地应力(有效应力)和采动应力综合作用,使得煤体发生破坏和破碎,随之伴随大量瓦斯剧烈涌出形成突出灾害。例如,对于掘进工作面,受掘进工程活动的影响,巷道周围应力重新分布,在巷道掘进前方的煤体内,轴线方向上的应力从原岩应力降低为0,而在竖直方向上的应力从原岩应力增加到最大支撑压力再快速降低,从最大支撑压力到煤壁范围内的煤体发生塑性破坏并解吸瓦斯。这与应力主导作用假说一致,均强调了力学破坏作用在突出中的重要作用。与之不同的是,突出地质动力系统机理阐述了应力在突出孕育阶段的阶段性主导作用,认为突出的先决条件是(掘进)工作面前方煤岩体突然出现一定范围、遭到破坏的损伤区,而这一损伤区恰恰就是应力(原岩应力、采动应力)作用的结果。这与已有的应力主导作用假说具有一定差异,即不能单纯从地应力场的高低来评价煤层的突出危险性,同时要从采动应力、煤岩力学参数、瓦斯参数等全面考虑确定煤体前方的损伤区大小以及煤岩破坏、破碎程度,来评价突出危险性。

突出地质动力系统机理也认为突出的发生过程分为孕育(准备)和演化(发动、发展及终止)等阶段,突出受应力场变化、煤岩破裂、瓦斯聚集与能量释放等控制。这与综合作用假说并不相悖，即认为煤与瓦斯突出是地应力、瓦斯及煤岩体综合作用的结果。煤与瓦斯突出存在一个从量变到质变的发生、发展过程。首先，在综合作用下，工作面前方煤体的应力状态与煤岩强度接近突出发生的极限条件；然后，采掘扰动促使煤体破坏和破碎形成突出煤体及“瓦斯聚集体”；最后，“瓦斯聚集体”内的能量积聚到足够大的程度后，其内部的瓦斯裹挟破碎煤岩体突破掘进工作面煤壁的限制，快速涌向工作面作业空间，发生煤与瓦斯突出。能量体现了综合作用假说的本质，例如煤的变形潜能体现了应力和煤体力学属性的关系，而瓦斯内能则体现了瓦斯压力大小和瓦斯体积量的关系。因此，突出地质动力系统机理和综合作用假说中，能量聚集和耗散始终贯穿突出的孕育与演化整个过程。

综上所述，突出地质动力系统机理不但符合瓦斯主导作用假说、地应力主导作用假说、综合作用假说等理论的主导思想，更重要的是强调了开采扰动的重要性，提出了瓦斯、应力因素的阶段性主导作用机制，突破以往假说的定性描述，圈定了突出的尺度范围，为定量研究煤与瓦斯突出的孕育及演化过程提供了理论依据。

4.1.2 突出地质动力系统构成

(1) 含瓦斯煤体

含瓦斯煤体由煤、瓦斯、岩石、水和空气等物质构成，是煤与瓦斯突出发生的物质基础，是诱发煤与瓦斯突出的必要条件。含瓦斯煤体的自然因素包括：煤层厚度、煤坚固性系数、强度、孔隙率、渗透率、瓦斯压力、瓦斯含量、瓦斯放散初速度、地下水含量等。

构造煤是原生结构煤在构造应力作用下形成的变形煤，变形程度越大，煤体强度越低，构造煤的变形序列及宏/微观变形特征如图 4-3 所示[182]。煤体结构严重破坏的碎粒煤、糜棱煤的坚固性系数较小、煤体孔隙率发育，渗透率较低，易诱发煤与瓦斯突出。因此，构造煤孔隙度大，渗透性差，有利于瓦斯的保存，致使煤层中瓦斯压力一般也比较高，构造煤坚固性系数较原生结构煤显著低，最容易被破坏和抛出，降低了煤与瓦斯突出启动所需的能量[183]。通常，煤层厚度、孔隙率越大，煤坚固性系数、渗透率越小，突出危险性越高。同时，煤层厚度变化大，容易引起突出。

煤层中瓦斯主要以吸附态存在，吸附态瓦斯占瓦斯含量的 90%以上，而吸附瓦斯量的多少主要取决于煤的孔隙发育程度、瓦斯压力、温度等条件。煤层瓦斯是煤与瓦斯突出的重要能量来源，突出煤层中瓦斯储存有大量内能，这些瓦斯在高压力梯度下产生高速膨胀，可能将煤抛出和进一步破碎。一般而言，瓦斯压力越高、瓦斯含量越大、瓦斯放散初速度越大，发生煤与瓦斯突出的可能性越大。

煤层水包括外水（自由水）、内水（吸湿水）和束缚水。外水容易流动和蒸发，通常吸附在煤层裂隙或大孔隙表面。只有当加热到一定温度时，内水才会流失，而这个温度被小毛细管或微孔吸收。束缚水是与煤层中矿物组分结合的结晶相，不影响煤气的吸附扩散系数。煤层中水的存在会通过堵塞扩散/渗透通道，增加扩散/渗透阻力，减少吸附瓦斯，降低气体扩散系数/渗透性。当煤层中有水存在时，水分将占据煤层中的裂隙空间，对瓦斯的解吸、扩散和渗流具有抑制作用。通常，含水量越大，瓦斯解吸量越小，突出危险性越小。

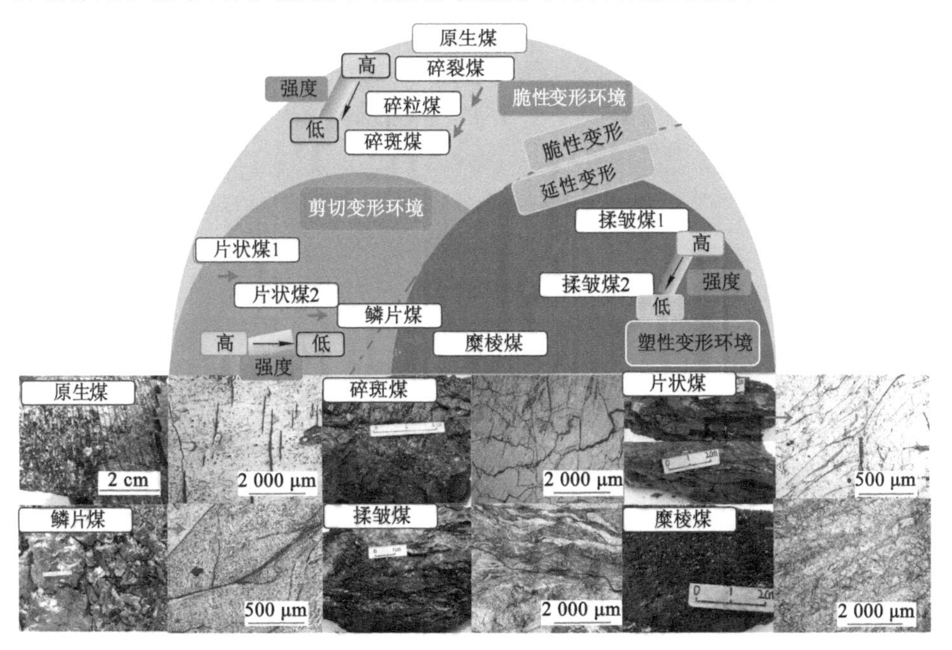

图 4-3 构造煤的变形序列及宏观/微观变形特征[182]

(2) 地质动力环境

地质动力环境是指产生力学环境并改造含瓦斯煤体的物理力学性质、应力状态的各种地质因素，包括：地质构造（断层、褶皱、岩浆岩侵入、煤层厚度变化等）、构造运动、煤层埋深等。文献[184]统计了中国 15 个矿区 106 个矿井的煤与瓦斯突出实例，在 3 082 次有准确记录的突出实例中，2 525 次突出地点有断层、褶皱、岩浆岩侵入、煤层厚度变化等地质构造，且突出强度较高，占总突出次数的 82%。地质动力环境对突出的影响体现在三个方面：第一，对含瓦斯煤体的结构与力学特性具有改造作用，使煤体强度降低；第二，地质构造复杂区构造应力往往存在局部应力集中，有利于煤体弹性潜能的增加；第三，地质构造使煤岩体中的裂隙和孔隙压密、压实、闭合，对煤层瓦斯系统起封闭作用，引起瓦斯聚集。相对于采掘扰动来说，地质动力环境是引发煤与瓦斯突出的内在动力因素，为突出提供了动力基础，并决定了突出发生的位置及尺度范围。地质动力环境与瓦斯突出的关系见图 4-4。

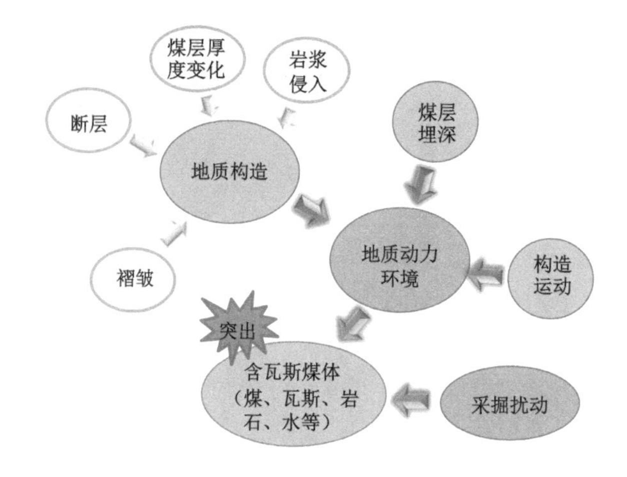

图 4-4　地质动力环境与瓦斯突出的关系

地质构造是地壳或岩石圈各个组成部分的形态及其相互结合方式和面貌特征的总称，是构造运动在岩层和岩体中遗留下来的各种构造形迹。发生煤与瓦斯突出的矿区、矿井多分布在软分层变厚及有断层、褶曲、火成岩侵入、煤层厚度变化等地质构造附近。地质构造对含瓦斯煤体的结构与力学特性具有改造作用，即损伤效应，构造复杂区的含瓦斯煤体大都经历了规模不等的构造挤压剪切作用，其结构破坏严重，往往伴生着构造煤，煤体强度低，抵抗突出的能力下降；同时，构造应力往往集中在复杂的地质构造中，增加了煤的弹性势能；地质构造可能引起瓦斯聚集，形成高压瓦斯，并使瓦斯分布不均衡，在裂隙发育的煤体内与开采空间之间形成较高的瓦斯压力梯度，容易使煤体产生拉伸破裂，增加了突出危险性。

煤与瓦斯突出受到未进行采掘工程以前存在于煤（岩）体内的构造应力场与人类工程活动引起的扰动应力场耦合作用的控制。构造运动是地球内动力引起岩石圈地质体变形、变位的机械运动。

地质构造运动引起的构造应力为煤系地层中最大主应力，水平挤压常常超过由上覆岩层重力造成的垂直挤压应力[185]。推覆构造、向斜构造、构造凹地等构造往往具有较高的水平构造应力，为煤与瓦斯突出提供了动力基础；在构造演化过程中，这些构造使煤（岩）体中的裂隙和孔隙压密、压实、闭合，限制瓦斯的运移和逸散，对煤层瓦斯系统起封闭作用。因而，构造区域内往往具有较高的瓦斯含量、瓦斯压力以及低强度的煤体，形成了煤与瓦斯突出的物质条件。

断层构造形态对构造应力影响明显，尤其是正在形成的地质构造，会在其附近范围内造成很大的应力异常。构造形迹的展布变化，对构造应力场的影响极为明显。图 4-5 给出了断层构造所形成的不同类型的应力异常区域分布示意图。构造应力也属于地应力，它和突出的发生有着特殊的联系。在断层构造如扭性断层的两侧、断层的交汇带及多断层构造的复合部位等构造区域内，容易出现局部应力集中。应力集中区域的应力可达垂直方向的自重应力的数倍，为突出发生提供有利的条件。

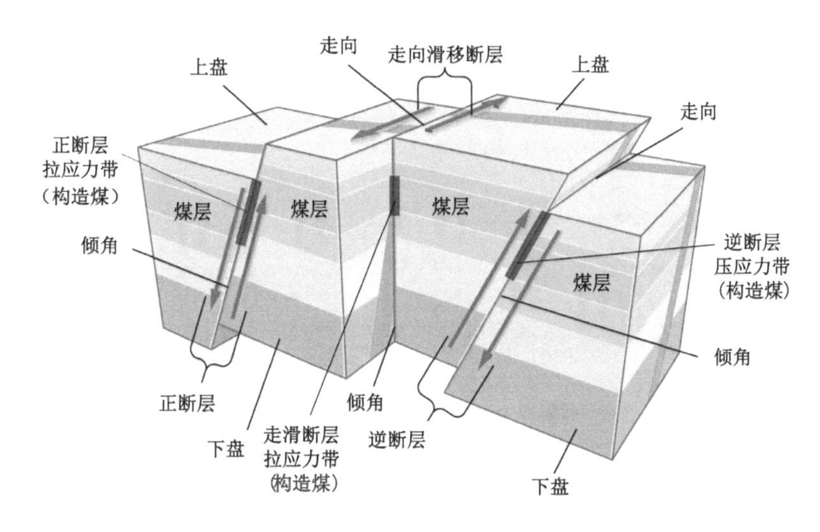

图 4-5　断层构造所形成的不同类型的应力异常区域分布示意图

需要指出的是，即使断层构造运动结束，部分积累的能量已经释放，但仍有残余构造应力存储于煤岩体中[179]。突出现场勘测结果表明，多数突出发生在采掘巷道过断层的不同阶段，断层成为煤与瓦斯突出的突破口或者通道。这说明断层附近不仅具有构造应力场，而且还具备瓦斯压力、构造煤等条件，断层构造会对突出发生产生较大影响。一般情况下，压扭性断层都是封闭性断层，断层影响带内应力集中明显、瓦斯压力大，而张性断层属于开放性断层，构造应力表现不明显、瓦斯压力相对较小，故封闭性断层的突出危险性就大于开放性断层。

煤层所处的地质构造破坏程度和煤与瓦斯突出之间有着复杂和密切的联系[185]。潘一矿 C13-1 煤层 1361(3)工作面下顺槽在距落差为 1.5 m 的逆断层上盘 3 m 的地方发生突出，突出煤量 18 t，瓦斯量 2 335 m^3。潘三矿 C13-1 煤层 1731(3)工作面进风巷在靠近 F_5 断层的上盘位置中发育有褶曲，煤层变厚，倾角增大一倍，掘进诱发突出，突出煤量 70 t，瓦斯量 22 366 m^3。金竹山矿区在 23 采区－50 m 回风石门处发育有压性断层、褶皱等紧密构造，23 采区回风上山下部石门揭煤和过煤门处发生突出，突出煤量 480 t，瓦斯量 28 440 m^3。

以向斜构造为例[60]，煤层在弯矩 M 的作用下弯曲，以中性层为界，下部受到拉应力作用，上部受到压应力作用，并且离中性层越远拉(压)应力越大，即拉(压)应力出现在距离中性层最远的上下边缘处(图 4-6)。在煤层本身弯曲所决定的应力状态中，最大和最小压应力(σ_1 和 σ_3)垂直或者平行于岩层表面，并垂直于向斜轴，而中间应力应该平行于煤层层面和向斜轴。总体上向斜构造的两翼与轴部中性层以上为高压区，中性层以下表现为拉张应力，形成相对低压区。煤层中的最大剪应力在向斜轴部最小，在翼部最大，并随煤层倾角增加而增大；距离向斜轴部越近，主应力及其梯度越大。

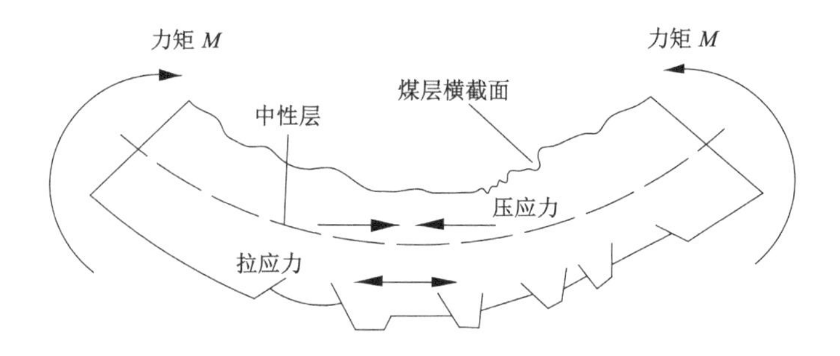

图 4-6　向斜构造的应力分布示意[60]

平顶山矿区为典型的地质构造复杂矿区，位于李口向斜西南部，矿区总体线展布方向与李口向斜平行(图 4-7)。平顶山矿区己组、戊组煤层煤与瓦斯突出严重区位于构造应力大、构造煤发育、瓦斯含量和瓦斯压力高三者叠加的区域，该区域位于平顶山矿区东部，构造形态为一系列的以褶曲构造为主的褶皱断裂，并且郭庄背斜北翼区，李口向斜、郭庄背斜、原十一矿逆断层、牛庄逆断层等组成的褶断带，辛店断层与张湾断裂的构造复合处存在 3 个严重突出带；另一个区域位于锅底山断层的上盘区，构造煤发育，煤层瓦斯含量、瓦斯压力较大，但是地应力是以垂直应力为主导，相对于其他 3 个煤与瓦斯突出带，突出强度相对较小。

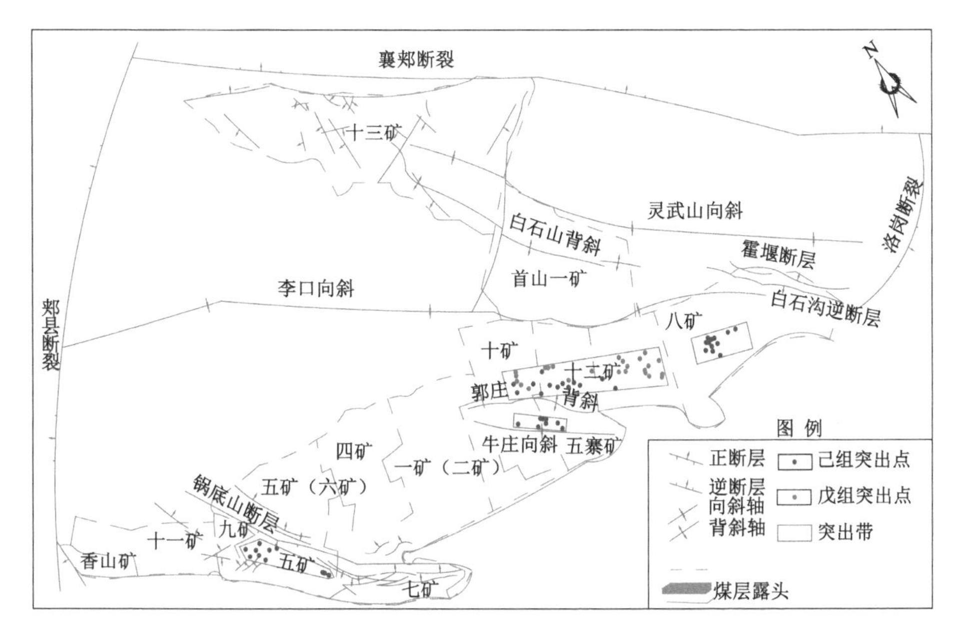

图 4-7　平顶山矿区地质构造分布情况[186]

煤与瓦斯突出受地质构造控制[186]，在构造演化过程中，煤系地层受力发生变形，形成不同类型的地质构造，地质构造的性质、规模控制着煤层瓦斯运移路径、保存条件和煤层破坏程度及范围。通常，挤压剪切构造易于形成构造煤和保存瓦斯，构造应力大；拉张裂陷构造易于瓦斯释放，构造煤不发育，构造应力小；现今构造应力场作用于现存地质构造，引起构造应力的不均衡分布，形成构造应力增高带，影响煤层瓦斯的保存条件。因此，地质构造控制着煤层瓦斯的赋存、地应力分布、构造煤的破坏程度以及厚度分布，从而控制着煤与瓦斯突出的发生。

(3) 采掘扰动

采掘扰动是指人类的采掘工程活动打破原始地层的应力平衡状态，引起采掘工程周围的煤岩体内部的应力重新分布，工作面前方煤岩支承压力区由远到近可以划分为原岩应力区、应力集中区以及卸压区，而水平应力则由原岩应力状态逐渐过渡到完全卸压状态，对煤层稳定性产生影响。采掘工作面前方煤体的支承压力分布如图 4-8 所示。

通常，含瓦斯煤体在未受到采掘工程扰动之前是稳定的，采掘扰动打破了原始地层的应力平衡状态，引起应力重分布，激发了煤与瓦斯突出。不同的采掘方法、采掘工艺会产生不同形式的扰动效应。当采掘空间较小时，煤壁暴露

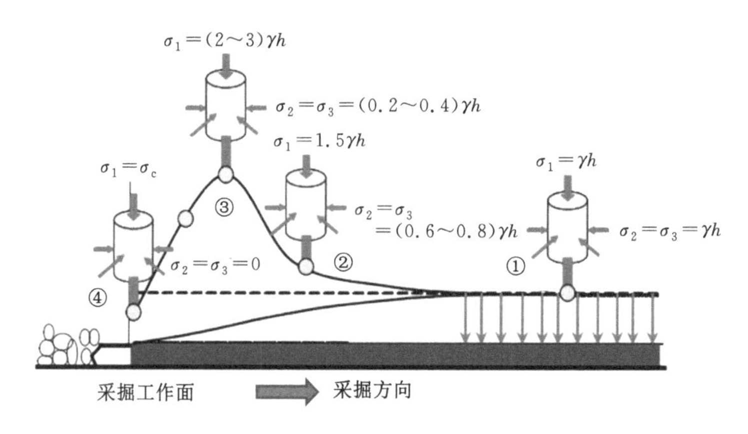

图 4-8 采掘工作面前方煤体的支承压力分布规律[187]

面积随之减少，提供给喷出煤岩和瓦斯的空间有限，突出的规模较小。

含瓦斯煤体在地应力(自重应力和构造应力)和采动应力共同作用下产生变形。当高应力区域的含瓦斯煤体应力超过峰值强度后，含瓦斯煤体形成耗能的损伤破坏区，而其周围煤岩体构成蓄能的弹性变形区。含瓦斯煤体在煤壁处卸载，引起煤体产生拉伸破坏并向深部扩展，微破裂不断发生发展，煤层渗透率急剧增加，同时煤体内大量瓦斯因降压快速解吸，局部区域形成高压瓦斯集聚，瓦斯迅速喷出时，靠近煤壁的煤体内瞬间形成高动能的气、煤颗粒混合体，并进入采掘空间，发生煤与瓦斯突出。采掘扰动是煤与瓦斯突出的外部动力，为突出提供了煤岩、瓦斯的释放空间条件。

以石门揭煤突出过程为例，地应力及瓦斯压力在突出前发生一系列变化(图 4-9)，采动影响下断层活化诱导突出前应力及瓦斯压力演化[190]。在工作面靠近突出煤层时，在采掘扰动及构造应力影响下，工作面前方煤岩体会形成应力集中带，由于煤层及断层的强度远小于岩石的强度，难以承受应力集中产生的附加应力，造成断层损伤破碎，为瓦斯运移提供通道，工作面前方围岩和煤体之间形成高瓦斯压力梯度及高应力地应力梯度的地质动力环境。若没有及时采取适当的防护措施或防护措施没有控制到影响范围，而继续推进工作面揭露煤体，应力"闸门"在煤体表面将被打开，工作面前方强度较低的煤岩受应力集中作用发生损伤破坏，煤岩体渗透率急剧增加，高瓦斯压力将破碎的煤岩体快速抛出。

突出地质动力系统机理体现了含瓦斯煤体、地质动力环境和采掘扰动三要素在突出中的重要作用，揭示了地质动力系统存在于一定的空间范围内，具有时空演化特征。煤与瓦斯突出实际上是地质动力系统各要素间的应力-损伤-渗流耦合灾变过程。

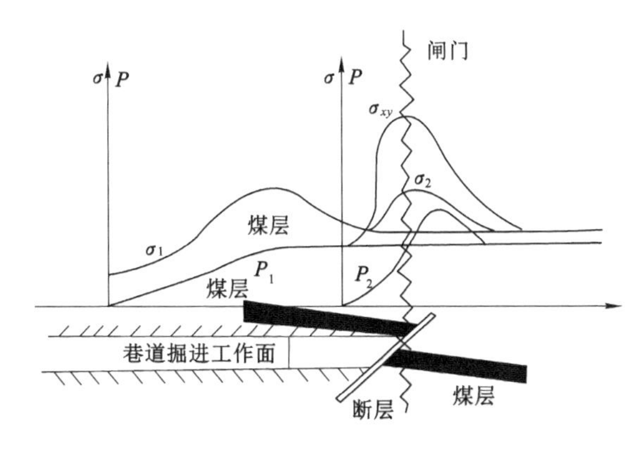

图 4-9　采掘扰动下断层附近突出的应力及瓦斯压力变化示意[188]

4.2　突出地质动力系统孕育与演化机制

任何事物都会经历孕育、形成、发展和终止的过程，煤与瓦斯突出作为一个力学发展过程，其地质动力系统发生过程也具有这四个阶段，如图 4-10 所示。

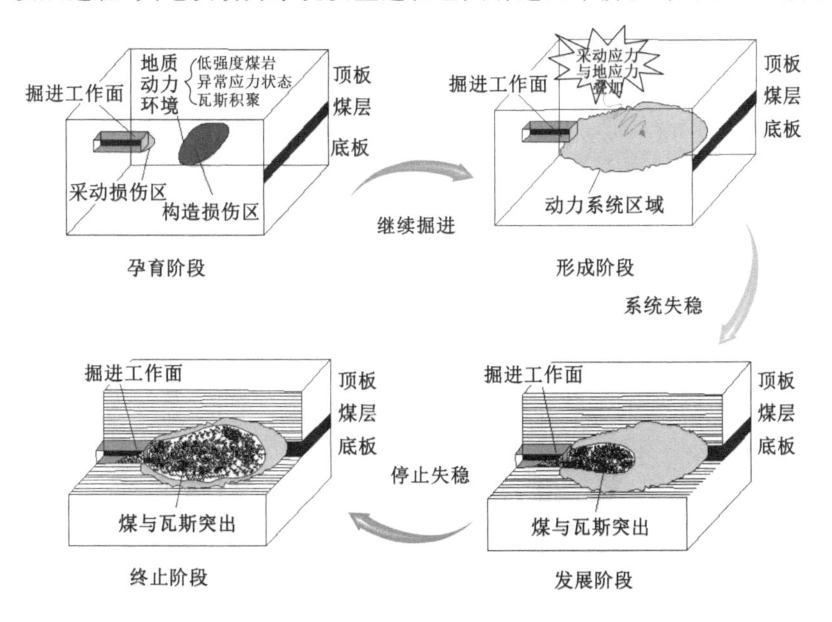

图 4-10　煤与瓦斯突出的地质动力系统演化模型

4.2.1 地质动力系统的孕育阶段

地质动力系统孕育阶段经历了从煤层沉积形成、地质构造改变煤体物理力学性质和受力状态、在煤层中进行采掘工程等一系列过程。以掘进工作面为例，受地质构造作用，在待掘工作面前方地质体中形成了构造损伤区，产生了有利于突出发生的地应力状态和瓦斯赋存的地质动力环境。在巷道开掘后，巷道周围煤岩体的力学平衡遭到破坏，在掘进工作面的前方产生采动损伤区。该阶段，由于采动损伤区与构造损伤区在空间上存在较大距离，采动应力与构造应力相互叠加影响较小，煤岩体为准静态变形破坏。

4.2.2 地质动力系统的形成阶段

地质动力系统形成阶段是指在地应力和采动应力是共同作用下，巷道前方快速产生大面积损伤区的过程。马念杰教授团队[189-190]研究发现，当应力状态发生一定条件改变，巷道前方将突然产生大范围的损伤区。借鉴该思想，当掘进工作面推进到与构造损伤区较近位置时，采动应力(采掘引起的围岩应力重新分布、爆破、采掘机械震动等动载荷)与地应力(自重应力和构造应力)动态叠加，使巷道前方含瓦斯煤岩体所受的主应力大小和方向突然改变，并满足形成一定应力条件，形成大面积的损伤区。由于受挤压应力作用，损伤区内平行于巷道轴线的层理方向的裂隙发生闭合，阻碍了瓦斯向开掘巷道空间的运移，渗透率方向发生了偏转；而垂直于巷道轴线方向的裂隙大量发育，促进了吸附瓦斯的解吸，在裂隙空间产生大量高压游离瓦斯。损伤区煤体发生破坏，降低了突出煤体的粒度，减小了瓦斯解吸并运移到裂隙中的路径，缩短了瓦斯解吸时间，使得突出过程中大量瓦斯迅速解吸成为可能。损伤区的外围弹性煤岩体未受到破坏，其渗透率较低，瓦斯很难在短暂时间内运移出来，并参与突出做功。因此，将该损伤区作为突出地质动力系统的研究范围，称为地质动力系统区，是实施防治煤与瓦斯突出措施的目标(尺度)范围。

4.2.3 地质动力系统的发展阶段

在地质动力系统发展阶段，靠近工作面的损伤区煤体发生拉伸破坏，将失去承载能力，即失稳，失稳破碎的含瓦斯煤岩体被抛出，在煤壁附近瞬间形成高动能的瓦斯、煤颗粒混合体，高压瓦斯膨胀做功，推动煤岩体继续向前抛出，形成初始孔洞。瓦斯从煤壁快速解吸，并向巷道内运移，煤壁受地应力和瓦斯压力梯度的作用，继续发生拉伸破坏并被抛出，孔洞向深部发展。在发展阶段后期，因碎煤堆积或大块硬煤堵塞突出口，孔洞壁暂时无法满足失稳条件，出现突出暂停。此时,煤壁继续发生准静态变形破坏,并向孔洞内释放瓦斯,造成巷道和孔洞内瓦斯压力梯度急剧升高,当达到一定值时,孔洞口堆积的碎煤再次被抛出。

4.2.4　地质动力系统的终止阶段

突出暂停后,当孔洞内瓦斯积聚产生的压力梯度不足以推动突出孔洞口的破碎煤岩,孔洞壁趋于稳定,煤与瓦斯突出终止。

需指出,在地质动力系统的孕育和形成阶段,采掘工作面前方的大范围损伤区可以是采掘开始之前地质动力环境造成(构造损伤),也可以是采掘开始之后开采扰动与地质动力环境综合作用造成(构造损伤区与采动损伤区叠加),极限情况下也可以由开采扰动单方面引起(采动损伤区)。此外,在地质动力系统的发展阶段,突出暂停和再次发展并非必然发生,可能在第一次暂停后就不满足再次发展条件,突出即终止。

4.3　突出地质动力系统形成和失稳判据

煤与瓦斯突出过程也是地质动力系统的失稳过程,贯穿了地质动力系统的形成、发展和终止阶段,须满足一定的力学条件和能量条件。地质动力系统失稳具有时间序列特征,首先要形成动力系统区域,然后系统区域发生失稳,并最终停止失稳。因此,地质动力系统失稳的力学判据主要由系统形成判据和系统失稳判据构成。

4.3.1　突出地质动力系统的形成判据

掘进工作面前方的构造损伤区煤岩体强度较低,并有构造应力作用在其上,如图 4-11 所示。

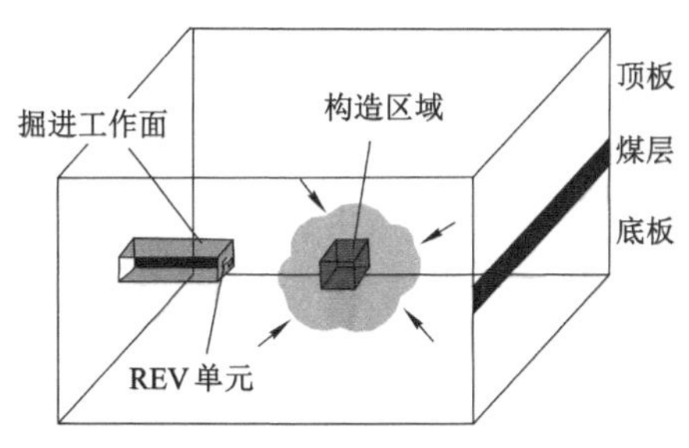

图 4-11　掘进工作面与构造区域的空间关系

当掘进工作面推进到临近构造区域位置，采动应力和构造区域周围的构造应力叠加，产生瞬间载荷，作用在构造区域周围及其与掘进工作面之间的煤岩体上。采用平面应变模型计算巷道围岩损伤区分布，如图 4-12 所示。根据莫尔-库仑强度准则，得出关于巷道围岩损伤区边界的隐性方程为[190]：

$$k_4 \frac{a^8}{R_0^8} + k_3 \frac{a^6}{R_0^6} + k_2 \frac{a^4}{R_0^4} + k_1 \frac{a^2}{R_0^2} + k_0 = 0 \tag{4-1}$$

其中

$$k_0 = (1-\lambda)^2 - \sin^2\varphi\,(1+\lambda+2c\cos\varphi/P_3\sin\varphi)^2$$

$$k_1 = -4\,(1-\lambda)^2\cos 4\theta + 2(1-\lambda^2)\cos 2\theta - 4(1-\lambda^2)\sin^2\varphi\cos 2\theta - 4c(1-\lambda)\cos 2\theta\sin 2\varphi/P_1$$

$$k_2 = 10\,(1-\lambda)^2\cos^2 2\theta - 8(1-\lambda)\sin^2\varphi\sin^2 2\theta - 2\,(1-\lambda)^2\sin^2 2\theta - 4(1-\lambda^2)\cos 2\theta + (1+\lambda)^2$$

$$k_3 = -12\,(1-\lambda)^2 + 6(1-\lambda^2)\cos 2\theta$$

$$k_4 = 9\,(1-\lambda)^2$$

式中：c 为围岩黏聚力，Pa；φ 为内摩擦角，(°)；R_0 为径向损伤区边界，m；θ 为损伤区边界的极坐标的极角，(°)；a 为巷道半径，m；λ 为主应力比，$\lambda = P_1/P_3$；P_1 和 P_3 分别为区域应力场的最大和最小主应力，Pa。

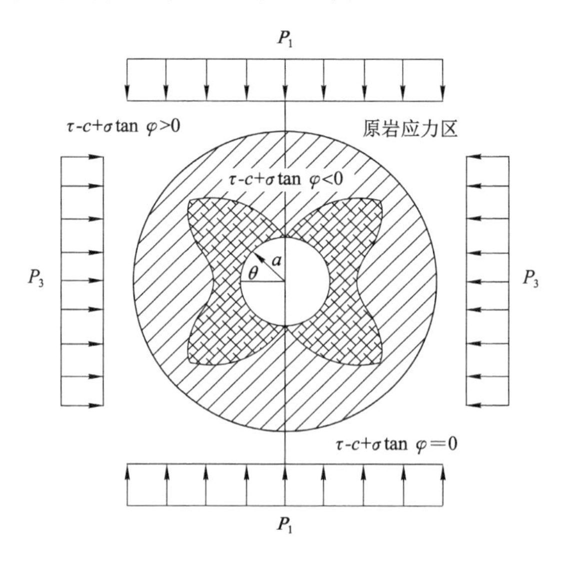

图 4-12　巷道围岩损伤区模型

由图 4-12 可以看出，最大损伤区边界位于最大和最小主应力方向夹角的角平分线附近，即最大损伤区边界位置具有方向性，并随着最大主应力方向而发生改变。假设巷道半径 a 为 2.5 m，最小主应力 P_3 为 5 MPa，将不同的巷道围岩黏聚力、内摩擦角和主应力比代入公式(4-1)，得出主应力比与最大径向损伤区边界的关系，如图 4-13 所示。

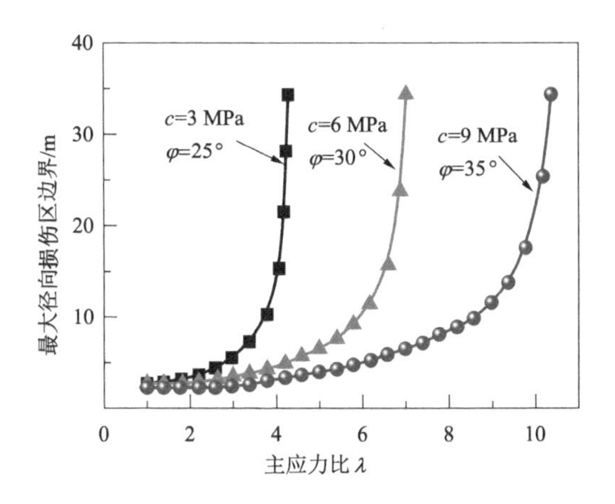

图 4-13　主应力比与最大径向损伤区边界的关系

最大径向损伤区边界随主应力比的增加而增大，且其变化速率逐渐增大。当主应力比达到临界值，最大径向损伤区边界增长趋势会发生突变，出现大面积损伤区，此时，较小的主应力比增加，可使损伤区有较大的增长。

当最大损伤区边界方向与煤层延展方向一致时，掘进工作面前方将出现大面积损伤区，形成煤与瓦斯突出的地质动力系统。因此，地质动力系统区域形成的力学判据为[190]：

$$0 < C_1 < 1 \tag{4-2}$$

其中

$$C_1 = \frac{m_2}{2m_1}$$

$$m_1 = \left[12(1-\lambda)^2 - 4(1-\lambda)^2 \sin^2\varphi\right]\left(\frac{-B+\sqrt{B^2-4AC}}{2A}\right)^2 - 8(1-\lambda)^2\left(\frac{-B+\sqrt{B^2-4AC}}{2A}\right)$$

$$m_2 = 6(1-\lambda^2)\left(\frac{-B+\sqrt{B^2-4AC}}{2A}\right)^3 - 4(1-\lambda^2)\left(\frac{-B+\sqrt{B^2-4AC}}{2A}\right)^2 + \left[2(1-\lambda^2) - 4(1-\lambda^2)\sin^2\varphi - \frac{4c(1-\lambda)\sin^2\varphi}{P_3}\right]\left(\frac{-B+\sqrt{B^2-4AC}}{2A}\right)$$

$$A=\frac{6(\lambda-1)}{1-\sin\varphi}$$

$$B=(1+\lambda)-\frac{(3\lambda-5)(1+\sin\varphi)}{1-\sin\varphi}$$

$$C=2\lambda-\frac{4c\cos\varphi}{P_3(1-\sin\varphi)}-\frac{2(1+\sin\varphi)}{1-\sin\varphi}$$

4.3.2 突出地质动力系统的失稳判据

假设巷道掘进工作面的塑性煤壁最初以滑移形式失稳，以图4-11中掘进巷道的空间位置和坐标系为基础，取煤壁中的表征单元体（REV）作力学分析，如图4-14所示。

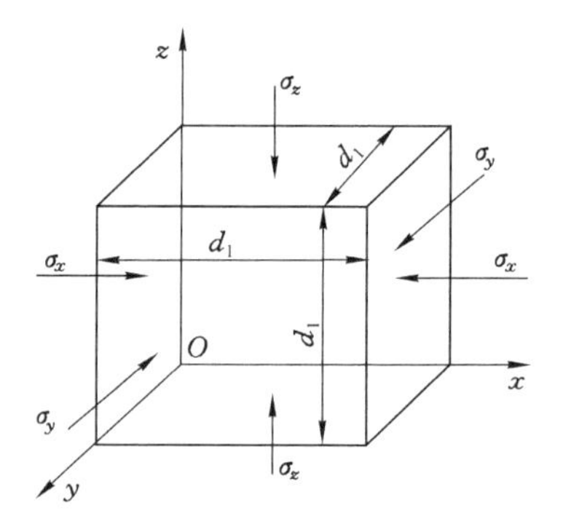

图4-14 巷道前方煤壁的表征单元体受力状态

建立力学平衡方程为[49]：

$$(\sigma_x+\Delta p)d_1^2-2(c_p+\sigma_y\tan\varphi_p)d_1^2=2(c_p+\sigma_z\tan\varphi_p)d_1^2 \qquad (4\text{-}3)$$

式中：Δp为瓦斯压力梯度，$\Delta p=p_1-p_2$；p_1为煤壁中瓦斯压力，Pa；p_2为巷道内瓦斯压力，Pa；c_p为损伤区内煤体黏聚力，Pa；φ_p为内摩擦角，(°)；d_1为代表单元体边长，m；σ_i为煤壁中i方向应力，Pa。

整理公式(4-3)，得到动力系统区域失稳的力学判据为：

$$C_2=\frac{\sigma_x+\Delta p}{4c_p+2(\sigma_y+\sigma_z)\tan\varphi_p}>1 \qquad (4\text{-}4)$$

地质动力系统的稳定性同时受应力场σ_i、瓦斯压力梯度Δp、黏聚力c_p和内摩擦角φ_p的影响。掘进巷道前方形成地质动力系统区域后，若掘进工作面停止作业，可将煤壁上巷道轴线平行方向应力σ_x视为0，将巷道轴线垂直方向应力σ_y和σ_z视为准静载作用。随着时间的增加，处于塑性状态的含瓦斯煤岩体产生蠕变，黏聚力c_p和内摩擦角φ_p逐渐降低（视蠕变为强度降低过程），根据式(4-4)，

当 c_p 和 φ_p 降低到极限值时，$C_2>1$，发生延迟突出。若掘进工作面继续作业并产生较强扰动（爆破、掘进、风镐落煤等），与巷道轴线平行方向动态载荷 σ_x 作用在煤壁上，使 C_2 急剧增大，当 $C_2<1$，煤壁发生破断和滑移垮落失稳，破碎的含瓦斯煤岩体被抛出，发生瞬时突出。

无论延迟突出或瞬间突出，在地质动力系统形成和发展过程中需满足能量条件。掘进工作面前方煤岩体出现一定范围的动力系统区域是突出发生的前提。从能量的角度分析，突出能量主要来自煤体弹性势能、顶底板弹性势能和煤体中的瓦斯内能，这些能量在突出过程中转换为煤体的破碎功、碎煤的抛出功以及其他能量。在动力系统形成过程中，力学破坏占主导作用，动力系统内煤岩体的弹性势能和开采扰动释放的势能共同作用使煤岩破碎，消耗的能量转化为煤岩体的破碎功的一部分。忽略煤岩、瓦斯流撞击巷道壁等障碍物的摩擦热、震动、声响等能量损耗，在动力系统失稳和发展过程中，区域内的瓦斯内能和煤岩体的重力势能是使煤岩体抛出并进一步破碎的主要能量来源。因此，煤与瓦斯突出动力系统发展过程应满足[44]：

$$E_g + E_p + E_e \geqslant E_k + E_f \tag{4-5}$$

式中：E_g 为动力系统内参与突出的瓦斯的内能，J；E_p 为突出煤岩体的重力势能，J；E_e 为突出煤岩体的弹性势能，J；E_f 为动力系统区域内煤岩体进一步破碎需要的破碎功，J；E_k 为突出煤体所需的抛出功，J。

根据热力学理论，从地质动力系统区域的煤体内瓦斯压力 p_1 下降到巷道内瓦斯压力 p_2，所释放的瓦斯内能为[30]：

$$E_g = \frac{\rho_s p_1 (V_f + V_a)}{n-1}\left[\left(\frac{p_1}{p_2}\right)^{\frac{n-1}{n}} - 1\right]\Delta V \tag{4-6}$$

其中

$$V_f = \frac{\varphi s_g p_1 T_0}{T p_0 \rho_s}$$

$$V_a = \frac{\eta V_L p_1}{P_L + p_1}$$

式中：V_f 是动力系统区域内游离瓦斯含量，m^3/kg；V_a 为参与突出的吸附瓦斯含量，m^3/kg；φ 为煤体孔隙率；η 为参与突出的吸附瓦斯占总吸附量的比例，与放散初速度有关；n 为过程指数，绝热过程可取 1.25；ρ_s 为煤体密度，kg/m^3；V_L 为 Langmuir 体积常数，m^3/kg；P_L 为 Langmuir 压力常数，Pa；s_g 为孔隙含气饱和度；T_0 为标况温度，K；T 为煤层实际温度，K；p_0 为标况压力，Pa；ΔV 表示地质动力系统区域的体积，体现了失稳判据的地质动力系统特征，即动力系统区域的尺度范围。

动力系统区域的煤岩体的重力势能表示为：

$$E_p = \rho_s g h \Delta V \tag{4-7}$$

式中：ρ_s 为煤岩体密度，kg/m^3；g 为重力加速度，m/s^2；h 为原始煤岩与突出后煤岩所在位置的相对高度，m。

动力系统区域的煤岩体的弹性势能表示为：

$$E_e = \frac{1}{2E}[\sigma_1^2 + \sigma_2^2 + \sigma_3^2 - 2\mu(\sigma_1\sigma_2 + \sigma_2\sigma_3 + \sigma_1\sigma_3)]\Delta V \tag{4-8}$$

式中：σ_1 为最大水平主应力，Pa；σ_2 为垂直应力，Pa；σ_3 为最小水平主应力，Pa；E 为煤岩体弹性模量，Pa；μ 为煤岩体的泊松比。

动力系统区域内煤岩体破碎需要的破碎功为[43]：

$$E_f = 46.914 f^{1.437} Y_{p1}^{1.679} \rho_s \Delta V \tag{4-9}$$

式中：Y_{p1} 为破碎成 0.2 mm 以下粒度煤样质量占总煤样质量的百分比；f 为损伤区煤体坚固性系数。

煤体的抛出功为[29]：

$$E_k = \frac{m_s v^2}{2} \tag{4-10}$$

式中：m_s 为抛出煤岩的质量，kg；v 为抛出煤岩的速度，m/s。根据苏联“红色国际工会”矿杰列卓夫卡煤层的突出实测资料[43]，可知抛出碎煤的传播速度在 17.6～55.5 m/s 范围之内，平均约为 39 m/s。

根据式(4-6)～式(4-10)，可得动力系统失稳的能量判据为：

$$C_3 = \frac{E_g + E_p + E_e}{E_k + E_f} \geqslant 1 \tag{4-11}$$

地质动力系统的失稳判据包含区域地应力、采动应力、煤岩体强度和瓦斯参数等，体现了煤岩体、固体应力和瓦斯的相互作用关系，符合综合作用假说观点。煤与瓦斯突出的发生应具备由含瓦斯煤体、地质动力环境和采掘工程扰动构成的特定地质动力系统，不能单纯从埋藏深度、应力高低、煤层力学性质和瓦斯压力及含量中某个参数来判断能否发生突出，需使用突出地质动力系统的失稳判据进行综合判定。本书建立的突出地质动力系统的形成和失稳判据适用于掘进工作面突出危险性的判定。

4.3.3 实例验证

2004 年 10 月 20 日，大平煤矿 21 轨道下山掘进工作面发生了特大型煤与瓦斯突出事故[12]，突出煤岩堆积体积 1 461 m^3，突出煤岩总量为 1 894 t，其中煤量 1 362 t，岩石量 532 t，突出瓦斯量 25 万 m^3。突出地点前方遇到一条落差约 10 m 的强烈挤压的逆断层，与现代构造应力场主压应力方向相垂直，造成构造应力集中，有利于瓦斯的封闭，受挤压和剪切作用，断层面附近煤岩体产生了构造塑性破坏区，形成了煤与瓦斯突出的地质动力环境(图 4-15)。突出通道空洞位于工作面的中上方，开口宽 2.2 m、高 1.6 m、长 7.3 m，空洞向上倾角 43°，与断层面产状基本一致。

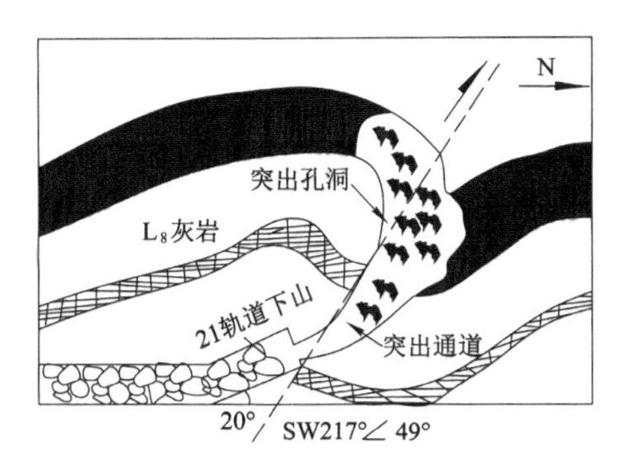

图 4-15　大平煤矿“10.20”掘进工作面突出事故示意

突出位置垂深为 612 m，垂直地应力为 15.3 MPa，最大水平主应力按垂直应力的 1.23 倍计算，区域主应力分别为 18.8 MPa、15.3 MPa。将构造塑性破坏区视为假想巷道，其围岩黏聚力 c 为 1.2 MPa、内摩擦角 φ 为 18°，代入式(4-2)得 $C_1=0.841$，满足力学判据 $0<C_1<1$。

经测定，地质动力系统区域中煤壁内瓦斯压力 p_1 为 2 MPa，巷道内瓦斯压力 p_2 为 0.1 MPa，煤体强度较低，黏聚力 c_p 为 0.1 MPa、内摩擦角 φ_p 为 5°。由于应力得到释放，支承压力已转移到煤体深部，巷道前方煤体所受应力 $\sigma_z=3$ MPa，$\sigma_y=4$ MPa，$\sigma_x=0.2$ MPa。根据式(4-4)，可得 $C_2=1.292$，满足力学判据 $C_2>1$。

煤体密度 ρ_s 为 1 470 kg/m³，煤体孔隙率 φ 为 0.064，孔隙含气饱和度 s_g 为 0.65，参与突出的吸附瓦斯的比例 η 为 0.02，Langmuir 体积常数 V_L 为 0.025 6 m³/kg，Langmuir 压力常数 P_L 为 2.07 MPa，Y_{p1} 取 20，坚固性系数 f 取 0.3，抛出煤岩体速度取 50 m/s，地质动力系统区域的体积 ΔV 近似等于突出煤岩堆积体积，为 1 461 m³。将以上参数代入式(4-11)，计算可得 $C_3=3.635$，满足能量判据 $C_3>1$。且多余的能量将转化为煤岩的震动能、热量、声能，以及剩余瓦斯动能等。

综上分析，该突出事故满足地质动力系统的失稳判据 C_1、C_2 和 C_3，具有突出发生的充分条件。需要指出的是，为了验证本书提出的地质动力系统形成和失稳判据,实例中用到了现场突出煤岩体的体积参数。

通常情况下,在预测煤与瓦斯突出危险时,并不知道突出煤岩体的体积量,这就需要采用数值模拟手段来计算突出体尺度大小。在第5章和第6章,将建立突出地质动力系统内含瓦斯煤岩体的应力-损伤-渗流耦合模型,并模拟煤与瓦斯突出孕育及演化过程,并采用本节中给出的地质动力系统形成和失稳判据,确定动力系统和突出地质体所在的位置和尺度大小,为进一步采取消突措施提供参考。

4.4 本章小结

① 本章提出了煤与瓦斯突出地质动力系统灾变机理,该地质动力系统由含瓦斯煤体、地质动力环境和采掘扰动三要素构成。含瓦斯煤体是突出的物质基础,地质动力环境营造了利于突出发生的高构造应力、低强度煤岩体和高瓦斯赋存环境,决定了突出发生的位置,而采掘扰动为突出提供了激发动力和空间条件。

② 本章构建了地质动力系统演化模型,指出突出的发生需经历地质动力系统的孕育、形成、发展和终止等演化过程。采掘工作面前方煤岩体出现一定范围的动力系统区域是突出发生的前提;该区域确定了突出发生的尺度范围,为防治突出提供了空间依据。

③ 煤与瓦斯突出的发生需满足地质动力系统的形成力学判据 C_1、地质动力系统的力学失稳判据 C_2 和能量失稳判据 C_3。判据中包含区域应力、煤岩体强度、瓦斯压力含量等参数,体现了地应力和煤体、瓦斯的相互作用关系,同时包含系统区域体积,揭示了失稳判据的地质动力系统机理特征。

④ 大平煤矿"10.20"突出事故发生在掘进巷道前方遇到强烈挤压逆断层附近,具备突出地质动力环境,采用地质动力系统失稳判据对突出现象进行分析,揭示了典型突出事故的发生机理。

5 突出煤层多尺度应力-损伤-渗流耦合模型

5.1 基本假设与耦合机制

5.1.1 基本假设

煤与瓦斯突出是地质动力系统失稳的结果，涉及煤层变形破坏、瓦斯快速解吸和渗流等失稳演化过程。基于煤岩损伤力学、多孔介质弹性力学以及渗流力学理论，简化煤体孔隙-裂隙双重介质物理结构模型，结合采动应力损伤作用下煤岩力学性质的弱化作用，以及煤在不同变形破坏阶段的渗透率演化模型，建立突出地质动力系统内煤层应力-损伤-渗流耦合模型，通过有限元软件编程计算，以实现模型的数值求解，并通过算例验证模型的正确性，以期利用应力-损伤-渗流耦合模型模拟再现煤与瓦斯突出过程。

煤层是结构复杂的多孔介质，具有非均质性、各向异性特征，煤层的变形破坏差异性较大，同时煤层中瓦斯、水运移规律十分复杂。因此，在研究之前，进行合理的基本假设，忽略对结果影响较小的因素，抓住关键因素，简化复杂问题。首先将煤体的孔隙结构简化为孔隙-裂隙双重介质模型，将煤体视为由基质体和裂隙网络共同构成，如图 5-1 所示[191]。裂隙网络将基质体切割并分离，是瓦斯、水赋存的场所以及与外界物质交换的主要通道；煤基质体中含有煤骨架和大量的微小孔隙，这些微孔隙形成的内表面积可吸附大量的瓦斯气体，微孔隙空间内也赋存有游离的瓦斯气体。

整个煤体结构被理想化为孔隙裂隙双重介质模型，由于基质渗透率极低，仅考虑裂隙渗透率。地下水仅赋存、运移于裂隙中，瓦斯同时以吸附态和游离态赋存、运移于孔隙和裂隙中，裂隙由水和瓦斯所饱和，瓦斯吸附/解吸过程在瞬间完成。当煤层没有受到采掘或者抽采工程的扰动时，煤层中裂隙网络和基质孔隙间的瓦斯交换处于动态平衡状态。但是，当煤层受到采掘或者抽采工程

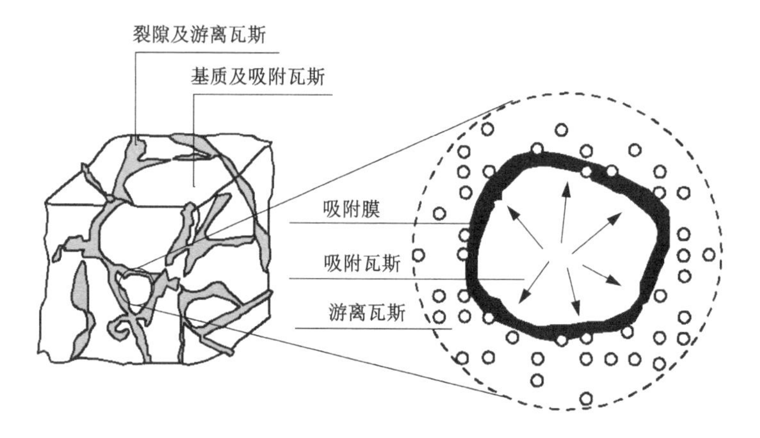

图 5-1 煤层双孔(孔隙、裂隙)单渗透结构模型

的扰动后,在煤层和煤壁(钻孔)之间压力梯度或浓度梯度的驱使下,煤层中赋存的(吸附、游离)瓦斯向煤壁(钻孔)方向运移。瓦斯运移与煤层的孔隙结构密切相关,并被假设为串联的 3 个步骤(图 5-2):第一,瓦斯从煤基质的孔隙壁解吸,满足 Langmuir 吸附定律;第二,在浓度梯度作用下瓦斯从煤基质的孔隙扩散到裂隙中,满足 Fick 扩散定律;第三,瓦斯从裂隙渗流到采掘空间中,满足 Darcy 渗流定律[192]。

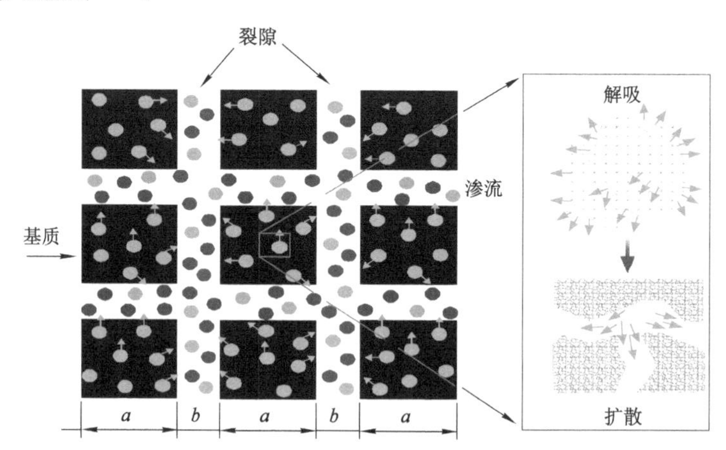

图 5-2 煤层中瓦斯、水的运移机制

煤层中含有矿物颗粒、胶结物以及大量的孔隙裂隙缺陷,宏观煤岩可假想成由大量的细观表征单元体(REV)组成,细观 REV 尺寸相对于宏观尺寸极小,而相对于微观尺寸极大。煤层的非均质性可由不同细观单元的属性参数在材

料空间上的分布来表征。煤岩材料的非均匀性是模拟煤岩局部化破裂现象的关键。为了表征岩石、混凝土和煤等地质材料的非均质性，假设地质材料是由多种矿物成分组成的，采用概率密度函数描述煤岩材料力学物理参数的非均质性。假定细观 REV 的力学性质服从 Weibull 分布，其分布密度函数定义为：

$$f(u)=\frac{m}{u_0}\left(\frac{u}{u_0}\right)^{m-1}\exp\left[-\left(\frac{u}{u_0}\right)^m\right] \tag{5-1}$$

式中：u 为满足 Weibull 分布函数的数值；u_0 为该力学参数的平均值；m 为形状参数，即均质度。

根据式(5-1)，不同均质度条件下，煤体细观 REV 的力学参数在材料空间中的分布规律如图 5-3 所示。可以看出，均质度 m 越大，煤层的力学参数分布越均匀，材料的均质性越好，反之，煤层单元力学参数分布越离散。以式(5-1)为基础，采用 Matlab 软件编程，可以生成煤岩材料的非均质性参数，如弹性模量、黏聚力等，该参数的非均质性分布更符合真实煤样的参数分布情况。

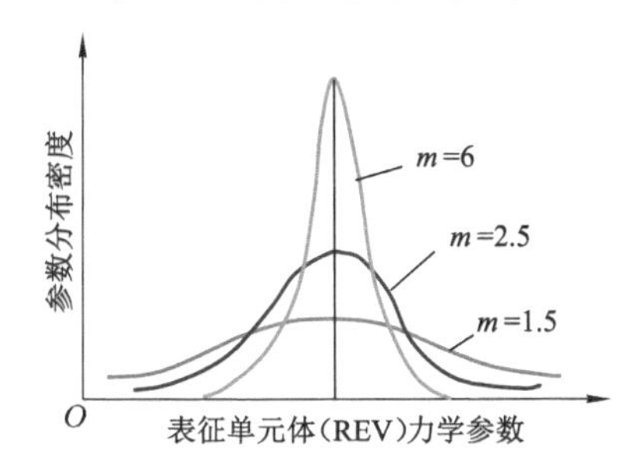

图 5-3　煤体表征单元体(REV)力学参数的 Weibull 密度分布规律

此外，突出的孕育和演化过程中，煤、瓦斯和水等物质间的相互作用极为复杂，在构建应力-损伤-渗流耦合模型的控制方程时，需对该物理过程做合理的简化处理。借鉴学者们研究煤与瓦斯耦合过程的成果，本书所做的简化假设如下[144,179,191-194]：

① 煤层为各向同性介质，忽略煤层的各向异性对渗透率方向性的影响；

② 忽略煤层瓦斯、水运移的能量交换，以及瓦斯解吸过程释放的热量，煤层在突出演化过程中的温度变化较小，将瓦斯、水在煤层中的运移视为等温过程；

③ 将瓦斯视为理想气体，水和瓦斯的动力学黏度保持不变，并且水密度保持不变；

④ 双孔弹性理论适用于煤与瓦斯、水之间的流固耦合作用。

⑤ 忽略瓦斯的体积力，煤层所受作用力以拉应力为正，压应力为负。

5.1.2 耦合机制

当含瓦斯煤层受到开采扰动等外界因素影响时，将会诱发内部微裂纹萌生、扩展和贯通，煤体出现损伤破裂。损伤在造成煤体力学性能退化的同时，也会造成其渗透率的显著改变。此外，煤体力学强度和渗透率的变化将影响着瓦斯和水在煤体中的渗流行为，进而对煤体中有效应力和孔隙压力的分布造成影响；反过来，煤体应力和孔隙压力的改变会导致有效应力的变化，进而导致煤体内部损伤的进一步发展，这种渗流、应力和损伤之间相互影响、相互耦合的作用即为煤体应力-损伤-渗流耦合(其模型见图 5-4)。

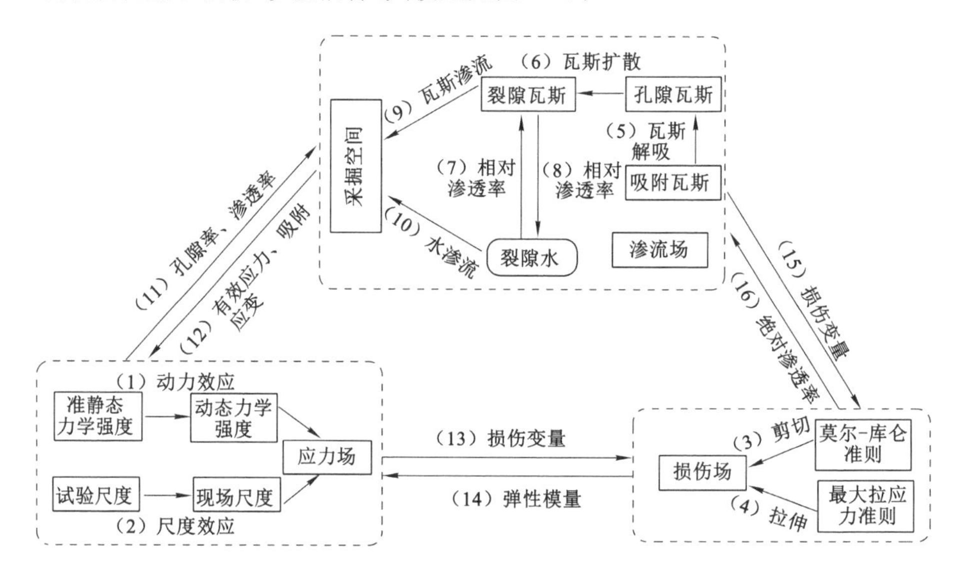

图 5-4　考虑尺度效应和动力效应的煤层应力-损伤-渗流耦合模型

耦合过程具体包括以下几个方面：第一，应力场主要由煤体与瓦斯吸附和裂隙渗流场之间相互耦合的力学变形方程控制，考虑煤岩力学性质的尺度效应和动力效应，即本书 3.2 试验测试获得的煤样准静态强度与动态强度的关系(动力效应)，以及本书 3.3 试验拟合获得的试验尺度煤样的力学属性与工程尺度煤体的关系(尺度效应)。第二，在损伤场中，基于损伤力学，考虑应力场和瓦斯压力场共同作用，分别采用莫尔-库仑强度准则和最大拉伸应力强度准则判断煤岩体是否产生剪切和拉伸破坏，获得损伤变量值，以及对煤层弹性模量和渗透率的改变量。第三，在渗流场中，瓦斯渗流场主要包括基质瓦斯解吸与扩散、裂隙瓦斯和水渗流两部分，考虑裂隙中瓦斯-水的两相流，以及瓦斯解吸-扩散-渗流的串联运移过程，煤基质与裂隙质量交互，为裂隙瓦斯流动提供“源项”，瓦斯吸附解吸与扩散主要受 Langmuir 吸附方程和孔隙扩散模型控制，裂隙瓦斯和水渗流受裂隙渗透率演化方程控制。应力场与损伤场间通过损伤变量和弹性模量相互耦合，应力场与渗流场间通过孔隙率、绝对渗透率、有效应力和吸附应变相互耦合，而损伤场与渗流场通过绝对渗透率、损伤变量相互耦合。可知，本书建立的突出动力系统应力-损伤-渗流耦合模型不仅实现了应力场、损伤场、渗流之间的双向耦合，而且综合考虑了煤岩力学性质的尺度效应和动力效应。突出动力系统应力-损伤-渗流耦合模型的控制方程由含瓦斯煤体变形方程、含瓦斯煤体损伤方程、煤基质瓦斯解吸-扩散方程、煤裂隙瓦斯与水渗流方程组成，通过孔隙率和渗透率的动态演化将煤体变形、损伤以及煤体中(多孔介质)物质传递耦合起来。

5.2 应力-损伤-渗流耦合模型控制方程

5.2.1 含瓦斯煤体变形方程

煤体是一种双重孔隙介质，其力学特性受到孔隙和裂隙的影响。根据多孔介质弹性力学理论，煤体的总应变包括固体应力引起的煤体应变，孔隙和裂隙中瓦斯和水压力引起的应变，以及瓦斯吸附/解吸引起的应变，可表示为[192]：

$$\varepsilon_{ij}=\frac{1}{2G}\sigma_{ij}-\left(\frac{1}{6G}-\frac{1}{9K}\right)\sigma_{kk}\delta_{ij}+\frac{\alpha_m p_m+\alpha_f p_f}{3K}\delta_{ij}+\frac{\varepsilon_s}{3}\delta_{ij} \tag{5-2}$$

式中：δ_{ij}为 Kronecker 张量；G 为煤体剪切模量，GPa；K 为煤体体积模量，GPa；α_m和 α_f分别为孔隙和裂隙对应的 Biot 有效应力系数；ε_s为煤骨架吸附瓦斯应变；p_m为基质孔隙压力，MPa；p_f 为裂隙流体压力，MPa；σ_{ij}为 ij 面法线方向的应力，Pa；ε_{ij}为 ij 面法线方向的应变；σ_{kk}为外力作用在煤体上的正应力总和，Pa；$\sigma_{kk}=\sigma_{xx}+\sigma_{yy}+\sigma_{zz}$；$\sigma_{xx}$、$\sigma_{yy}$、$\sigma_{zz}$分别为空间坐标 x、y、z 方向上外力作用在煤体上的正应力，Pa。

孔隙和裂隙对应的 Biot 有效应力系数可分别用下式计算[195]：

$$\begin{cases}\alpha_m=\dfrac{K}{K_m}-\dfrac{K}{K_s}\\[2ex]\alpha_f=1-\dfrac{K}{K_m}\end{cases} \tag{5-3}$$

式中：K 为煤体的体积模量，$K=E/3(1-2\nu)$，GPa；E 为煤体的弹性模量，GPa；ν 为泊松比；K_m为煤基质的弹性模量，$K_m=E_m/3(1-2\nu)$，GPa；E_m为煤基质的体积模量，GPa；K_s 为煤骨架的体积模量，GPa。

煤骨架的体积模量很难直接测量，该值与煤基质及基质中孔隙度有关，通常使用理论计算方法得到，可表示为：

$$K_s = \frac{K_m}{1 - 3\varphi_m(1-\nu)/[2(1-2\nu)]} \tag{5-4}$$

大量煤样吸附瓦斯过程中应变测试试验证明，煤吸附瓦斯后，会产生体积膨胀现象，其应变量随瓦斯压力变化可用 Langmuir 方程拟合。因此，煤骨架吸附瓦斯应变被定义为[191]：

$$\varepsilon_s = \frac{\varepsilon_{max} p_m}{p_s + p_m} \tag{5-5}$$

式中：ε_{max} 为煤骨架吸附瓦斯极限膨胀应变量；p_s 为煤骨架吸附瓦斯产生应变达到 50%极限膨胀应变量时的瓦斯压力，MPa。

裂隙流体压力被定义为水相压力和气相压力与其对应体积分数乘积之和：

$$p_f = s_w p_{fw} + s_g p_{fg} \tag{5-6}$$

式中：p_{fg} 为裂隙中瓦斯压力，MPa；p_{fw} 为裂隙中水压力，MPa；s_w 为水饱和度，s_g 为瓦斯饱和度，且 $s_w + s_g = 1$。

基于弹性力学理论，煤体 REV 的静力平衡方程为：

$$\sigma_{ij,j} + F_i = 0 \tag{5-7}$$

式中：$\sigma_{ij,j} = \partial\sigma_{ij}/\partial x_j$ 为煤体单元所受的总应力张量的分量，MPa；F_i 为煤体 i 方向上所受体积力，MPa；x_j 为 j 方向坐标。

假设煤体为连续变形，煤体单元的位移与应变满足几何方程：

$$\varepsilon_{ij} = \frac{1}{2}(u_{i,j} + u_{j,i}) \tag{5-8}$$

式中：ε_{ij} 为煤体的总应变量；u_i 为 i 方向上的位移，m；$u_{i,j}$ 为 i 方向上的位移在 j 方向求偏导数；$u_{j,i}$ 为 j 方向上的位移在 i 方向求偏导数。

将式(5-3)～式(5-6)代入式(5-2)，并联立式(5-7)和式(5-8)，可以得到考虑孔隙/裂隙压力和瓦斯吸附应变的修正 Navier 方程，即应力场控制方程：

$$Gu_{i,jj} + \frac{G}{1-2\nu}u_{j,ji} - \alpha_m p_{m,i} - \alpha_f p_{f,i} - K\varepsilon_{s,i} + F_i = 0 \tag{5-9}$$

5.2.2 含瓦斯煤体损伤方程

受采掘扰动和地质动力环境的作用，采掘工作面前方地质动力系统中煤体裂隙发育，产生损伤破坏。基于损伤力学理论，煤体的弹性模量随着损伤的出现而降低，根据图 5-5，煤体的弹性模量可表示为[179]：

$$E = E_0(1-D) \tag{5-10}$$

式中：E 和 E_0 分别为损伤后和损伤前煤体的弹性模量，GPa；D 为损伤变量。

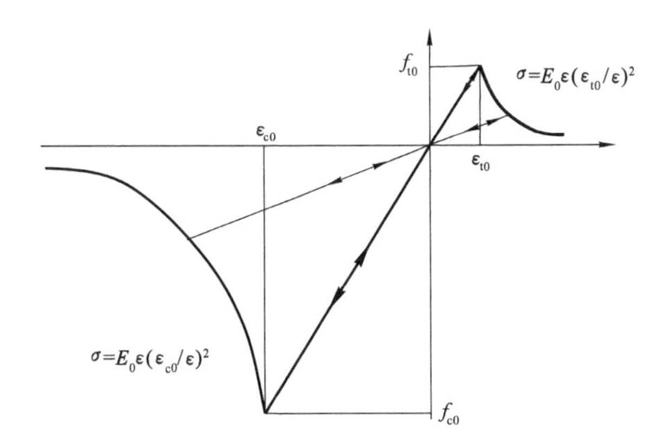

图 5-5 煤体应力-应变关系曲线

我们分别采用最大拉应力准则和莫尔-库仑准则判断煤体受力后是否发生拉伸和剪切损伤破坏，可以分别表示为[196]：

$$F_1 = \sigma_1 - \sigma_t = 0 \tag{5-11}$$

$$F_2 = -\sigma_3 + \sigma_1 \frac{1+\sin\theta}{1-\sin\theta} - \sigma_c = 0 \tag{5-12}$$

式中：σ_1 为最大主应力，MPa；σ_3 为最小主应力，MPa；σ_t 和 σ_c 分别为煤体的单轴抗拉和单轴抗压强度，MPa；θ 为煤的内摩擦角；F_1 和 F_2 分别为拉伸和剪切损伤的阈值函数。

在损伤计算过程中，首先运用最大拉应力准则判断煤体单元在拉应力作用下是否发生损伤，如果未发生损伤，再利用莫尔-库仑准则判断煤体单元在剪切应力作用下是否发生剪切损伤。

根据 3.2 节，煤样强度随冲击强度增大而增大，考虑动力效应的煤岩强度可表示为：

$$\sigma_d = (a\dot{\varepsilon} + b)\sigma_s \tag{5-13}$$

式中：σ_d 和 σ_s 分别为煤样在动力冲击和准静态应力作用下的力学强度，MPa；$\dot{\varepsilon}$ 为煤样的应变率；a 和 b 为煤样强度动力效应的试验拟合系数。

根据 3.3 节，煤岩强度随试件的尺寸的增大而减小，煤样强度的尺度效应可定义为：

$$\sigma_m = \sigma_M + (\sigma_0 - \sigma_M)e^{-k_1 w} \tag{5-14}$$

式中：σ_m 为煤样的力学强度，MPa；σ_M 和 σ_0 分别为煤体在尺寸为无限大和煤基质骨架的力学强度，MPa；w 为煤样尺度，即长方体煤样的宽度，m；k_1 为煤样强度尺度效应的试验拟合系数。

假设 $\sigma_s = \sigma_m$，根据式(5-13)和式(5-14)，综合考虑尺度效应和动力效应的煤岩力学强度被定义为：

$$\sigma_{md} = [\sigma_M + (\sigma_0 - \sigma_M)e^{-k_1 w}](a\dot{\varepsilon} + b) \tag{5-15}$$

式中：σ_{md} 为综合考虑煤体尺度效应和动力效应的力学强度，MPa。

因此，煤体在动力载荷作用下的抗压、抗拉强度可由式(5-15)求得。

将式(5-15)代入式(5-11)和式(5-12)，可得到考虑尺度效应和动力效应强度准则[196]：

$$F_1 = \sigma_1 - [\sigma_{tM} + (\sigma_{t0} - \sigma_{tM})e^{-k_{t1} w}](a_t\dot{\varepsilon} + b_t) = 0 \tag{5-16}$$

$$F_2 = -\sigma_3 + \sigma_1 \frac{1 + \sin\theta}{1 - \sin\theta} - [\sigma_{cM} + (\sigma_{c0} - \sigma_{cM})e^{-k_{c1} w}](a_c\dot{\varepsilon} + b_c) = 0 \tag{5-17}$$

式中：下标“c”表示压应力作用，下标“t”表示拉应力作用。

煤体单元的损伤变量采用下式表示[194]：

$$D = \begin{cases} 0 & F_1 < 0, F_2 < 0 \\ 1 - \left(\dfrac{\varepsilon_{t0}}{\varepsilon_t}\right)^2 & F_1 = 0, \mathrm{d}F_1 > 0 \\ 1 - \left(\dfrac{\varepsilon_{c0}}{\varepsilon_c}\right)^2 & F_2 = 0, \mathrm{d}F_2 > 0 \end{cases} \tag{5-18}$$

式中：ε_t 为煤体单元的最大主应变；ε_c 为煤体单元的最小主应变；ε_{t0} 表示当煤体单元发生拉伸损伤时煤体的极限拉伸应变；ε_{c0} 表示当煤体单元发生剪切损伤时煤体的极限压缩应变。

当煤体受三轴应力作用时，拉伸等效主应变和压缩等效主应变分别表示为[197]：

$$\varepsilon_t = \sqrt{\langle\varepsilon_1\rangle^2 + \langle\varepsilon_2\rangle^2 + \langle\varepsilon_3\rangle^2} \tag{5-19}$$

$$\varepsilon_c = \min\{\varepsilon_1, \varepsilon_2, \varepsilon_3\} \tag{5-20}$$

式中：ε_1，ε_2 和 ε_3 为主应变；$\langle x\rangle$ 为符号函数，当 $x \geqslant 0$ 时，取值 x；当 $x < 0$ 时，取值 0。

5.2.3 煤基质中瓦斯解吸-扩散方程

当地质动力系统内含瓦斯煤体受到采掘扰动后，煤层中裂隙发育和扩展，赋存的瓦斯将向煤壁方向运移，并涌入采掘空间。根据 4.1 节的假设，瓦斯运移过程被假设为串联的步骤，首先瓦斯从煤基质的孔隙壁解吸，然后在浓度梯度作用下从煤基质的孔隙空间扩散到裂隙中，再从裂隙中渗流到采掘空间。

煤层中瓦斯被视为理想气体，其压力、温度和体积间关系满足理想气体状态方程。游离瓦斯满足理想气体状态方程，其密度可定义为[198]：

$$\rho_g = \frac{M_g}{RT}p \tag{5-21}$$

式中：M_g 为瓦斯摩尔质量，kg/mol；R 为气体摩尔常量，J/(mol · k)；p 为瓦斯压力，MPa；T 为煤层温度，K。

煤体裂隙中瓦斯以游离状态为主，单位体积煤体裂隙中瓦斯质量可表示为[199]：

$$m_f = \varphi_f \rho_{fg} = \varphi_f \frac{M_g}{RT}p_{fg} \tag{5-22}$$

式中：m_f 为单位体积煤体裂隙赋存的游离瓦斯量，kg；ρ_{fg} 为裂隙瓦斯密度，kg/m^3；φ_f 为裂隙的孔隙率；p_{fg} 为裂隙瓦斯压力，MPa。

煤基质中瓦斯由吸附和游离态气组成，单位体积的煤基质中瓦斯质量为[200]：

$$m_m = \varphi_m \rho_{mg} + V_{sg} \rho_s \rho_{gs} \tag{5-23}$$

式中：m_m 为单位体积煤体基质体赋存的瓦斯量，kg；φ_m 为煤基质的孔隙率；ρ_{mg} 为瓦斯的密度，kg/m^3；V_{sg} 为吸附瓦斯含量，m^3/kg；ρ_s 为煤骨架的密度，kg/m^3；ρ_{gs} 为标准状态下瓦斯密度，kg/m^3。

煤基质中孔隙表面吸附瓦斯含量，吸附态的瓦斯满足 Langmuir 吸附定律[201]：

$$V_{sg} = \frac{V_L p_m}{P_L + p_m} \tag{5-24}$$

式中：V_L 为 Langmuir 体积常数，即瓦斯最大吸附量，m^3/kg；P_L 为 Langmuir 压力常数，即吸附量为最大吸附量 50%时的瓦斯压力，MPa；p_m 为煤基质中瓦斯压力，MPa。

煤体中赋存的瓦斯量是孔隙系统和裂隙系统瓦斯的总和，单位体积的煤体中赋存瓦斯总质量为：

$$m_t = \varphi_f \frac{M_g}{RT}p_{fg} + \varphi_m \frac{M_g}{RT}p_{mg} + \rho_s \rho_{gs} \frac{V_L p_m}{P_L + p_m} \tag{5-25}$$

根据假设，瓦斯最开始处于吸附和解吸动态平衡状态，基质内孔隙瓦斯压力等于裂隙瓦斯压力，当平衡状态因采掘扰动或瓦斯抽采而被打破，吸附状态的瓦斯解吸，并在浓度梯度的作用下以扩散为主导地运移到裂隙系统中。煤基质中瓦斯运移的质量守恒方程为：

$$\frac{\partial}{\partial t}(\varphi_m \rho_{mgi} + V_{sgi} \rho_c \rho_{gsi}) = Q_{si} \tag{5-26}$$

式中：ρ_c 为煤骨架密度，kg/m^3；ρ_{gsi} 为标况下瓦斯密度，kg/m^3。

煤基质中的气体输运是一个以扩散为主导的过程，受浓度梯度驱动，遵循 Fick 扩散定律。因此，基质和裂隙间的瓦斯质量交换可表示为[192]：

$$Q_s = -D_1\delta\frac{M_g}{RT}(p_{mg} - p_{fg}) \tag{5-27}$$

式中：δ 为基质的形状因子；D_1 为瓦斯扩散系数，m^2/s，可由下式表示[199]：

$$D_1 = D_0 e^{\alpha_{D1} D} \tag{5-28}$$

式中：α_{D1} 为损伤对解吸速度影响系数，D_0 为初始煤层瓦斯扩散系数，m^2/s。

瓦斯解吸时间被定义为当基质解吸 63.2%的吸附瓦斯所用的时间，反映了煤基质孔隙和裂隙间的瓦斯扩散能力，可表示为[193]：

$$\tau = \frac{1}{D_1\delta} \tag{5-29}$$

将式(5-27)～式(5-29)和式(5-23)代入式(5-26)，可得到煤基质中瓦斯运移方程[200-202]：

$$\frac{\partial}{\partial t}\left(\frac{V_L p_{mg}}{P_L + p_{mg}}\rho_c\rho_{gsi} + \varphi_m\frac{M_g}{RT}p_{mg}\right) = -\frac{M_g}{\tau RT}(p_{mg} - p_{fg}) \tag{5-30}$$

5.2.4 煤裂隙中瓦斯与水渗流方程

突出孕育和演化过程中，煤体损伤破坏产生大量的裂隙，煤体内裂隙系统中的瓦斯渗流速度远大于基质孔隙系统中的瓦斯扩散速度，破坏了瓦斯在基质孔隙壁上的动态吸附平衡状态。孔隙瓦斯浓度要大于裂隙瓦斯浓度，致使孔隙中的瓦斯扩散进入裂隙，并产生物质传递。相对于孔隙来说，瓦斯向裂隙流出，属于源项；相对于裂隙来说，瓦斯从孔隙流入，属于汇项。孔隙系统可以理解为裂隙系统的质量源。煤层裂隙中赋存有地下水，与瓦斯一起占据了裂隙空间，瓦斯和水以气-水两相流形式运移通过裂隙渗流到巷道或钻孔中。

裂隙系统的气相质量守恒方程为[154]：

$$\frac{\partial(s_g\varphi_f\rho_g)}{\partial t} + \nabla\cdot(\rho_g\vec{q}_g) = (1-\varphi_f)\frac{M_g}{\tau RT}(p_m - p_{fg}) \tag{5-31}$$

式中：s_g 为气相饱和度；$\vec{q}_g$ 为瓦斯流速，m/s。

考虑气体滑脱效应，结合气-水两相渗流的广义 Darcy 定律，裂隙中瓦斯流速为：

$$\vec{q}_g = -\frac{kk_{rg}}{\mu_g}\left(1 + \frac{b_k}{p_{fg}}\right)\nabla p_{fg} \tag{5-32}$$

式中：k 为裂隙绝对渗透率，m^2；k_{rg} 为气相的相对渗透率；μ_g 为气相动力黏度，Pa·s；b_k 为滑脱因子，Pa。

裂隙系统的水相质量守恒方程可表示为[154]：

$$\frac{\partial(s_w \varphi_f \rho_w)}{\partial t} + \nabla \cdot (\rho_w \vec{q}_w) = 0 \tag{5-33}$$

式中：s_w 为水相饱和度；ρ_w 为水密度，kg/m^3；$\vec{q}_w$ 为水流速，m/s。

根据气-水两相渗流的广义 Darcy 定律，裂隙中水的流速为：

$$\vec{q}_w = -\frac{kk_{rw}}{\mu_w} \nabla p_{fw} \tag{5-34}$$

式中：k_{rw} 为水相的相对渗透率；μ_w 水相动力黏度，Pa · s；p_{fw} 为裂隙中水压力，MPa。

基于毛细管压力曲线，Corey[203] 提出了气-水两相流的相对渗透率模型，之后被证实能准确反映煤层的水和瓦斯的运移规律。该模型为[203-204]：

$$\begin{cases} k_{rg} = k_{rg0}\left[1-\left(\dfrac{s_w - s_{wr}}{1-s_{wr}-s_{gr}}\right)\right]^2\left[1-\left(\dfrac{s_w - s_{wr}}{1-s_{wr}}\right)^2\right] \\ k_{rw} = k_{rw0}\left(\dfrac{s_w - s_{wr}}{1-s_{wr}}\right)^4 \end{cases} \tag{5-35}$$

式中：s_{wr} 为束缚水饱和度；s_{gr} 为残余气饱和度；k_{rg0} 为气相端点相对渗透率；k_{rw0} 为水相端点相对渗透率。

将式(5-32)、式(5-35)代入式(5-31)，可得到瓦斯渗流场控制方程：

$$\frac{\partial}{\partial t}\left(s_g \varphi_f \frac{M_g}{RT} p_{fg}\right) + \nabla \cdot \left\{-\frac{M_g(p_{fg}+b_1)}{RT}\frac{kk_{rg0}}{\mu_g}\left[1-\left(\frac{s_w - s_{wr}}{1-s_{wr}-s_{gr}}\right)\right]^2 \left[1-\left(\frac{s_w - s_{wr}}{1-s_{wr}}\right)^2\right]\nabla p_{fg}\right\} = (1-\varphi_f)\frac{M_g}{\tau RT}(p_m - p_{fg}) \tag{5-36}$$

将式(5-34)、式(5-35)代入式(5-33)，可得到水渗流场控制方程：

$$\frac{\partial}{\partial t}(s_w \varphi_f \rho_w) + \nabla \cdot \left[-\rho_w \frac{kk_{rw0}}{\mu_w}\left(\frac{s_w - s_{wr}}{1-s_{wr}}\right)^4 \nabla p_{fw}\right] = 0 \tag{5-37}$$

设毛细管压力为 p_{cgw}，渗流场中瓦斯压力和水压力间关系以及水相饱和度和气相饱和度间关系分别为：

$$p_{fw} = p_{fg} - p_{cgw} \tag{5-38}$$

$$s_w + s_g = 1 \tag{5-39}$$

可知，煤层裂隙中瓦斯与水渗流场控制方程是由式(5-36)～式(5-39)共同组成的方程组，包括 4 个方程和 4 个场变量(p_{fg}，p_{fw}，s_g，s_w)。

5.3 含瓦斯煤体渗透率的演化模型

5.3.1 弹性变形阶段煤体渗透率

众多学者在建立渗透率模型时，对于煤层所处应力状态和煤体物理模型的简化假设往往匹配出现，如：在单轴应变假设条件下，以火柴杆模型为裂隙原型，Gray[205]、Palmer 等[206-207]等建立了煤体的渗透率理论模型(PM 模型)，Shi 等[208]、Cui 等[209]、Zhang 等[210]对此类模型进行了完善，建立了 SD 模型、CB 模型；在三轴应变假设条件下，以立方体模型为裂隙原型，Warren 等[211]建立了渗透率理论模型，Robertson 等[212]、Connell 等[213]、Wang 等[214]对此类模型进行了完善，建立了 RC 模型。

工程实践表明，煤矿井下生产中，掘进回采扰动将导致煤层瓦斯从煤壁大量溢出，甚至发生瓦斯突出灾害。煤层在未受到采掘扰动时，三轴受力条件下的煤体通常处于弹性变形状态。然而，当煤层开采和巷道掘进扰动后，工作面前方煤体的应力环境发生明显变化，该区域内煤体往往处于损伤破坏状态。根据煤体变形破坏状态，工作面前方煤岩体的渗透率可以划分为损伤破坏阶段渗透率(破裂区、塑性区)和弹性变形阶段渗透率(弹性区)，如图 5-6 所示。

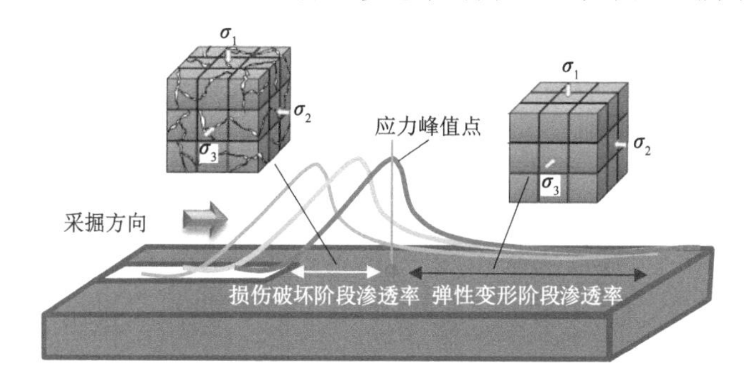

图 5-6　工作面前方煤岩体的应力分布与渗透率分区

根据基本假设，地质动力系统中含瓦斯煤体被视为一种不连续介质，包括煤基质和裂隙(劈理)，煤基质内分布有微小孔隙，煤体的渗透率由于裂隙在各个方向的开度不同而具有各向异性特征，其模型如图 5-7 所示。煤体的孔隙率和渗透率控制着瓦斯和水的赋存空间和运移通道，是突出孕育、演化过程中的关键性参数。

煤体的裂隙是沟通基质和外界自由空间的主要通道，煤基质的渗透率极小，煤基质与裂隙间的物质交换以浓度差引起的扩散运移为主。在此我们忽略基质渗透率的影响，认为裂隙渗透率与煤体渗透率相等。煤体渗透率的变化与裂隙的开度变化有关，与煤体内裂隙体积改变有关，在线弹性阶段，裂隙体积变化主要由有效应力产生应变、煤吸附瓦斯应变的综合作用造成。

因此，在构建煤的渗透率模型时，必须对由有效应力和煤的基质吸附变形引起的煤的体积应变和裂隙应变进行研究。弹性阶段煤体渗透率模型基于以

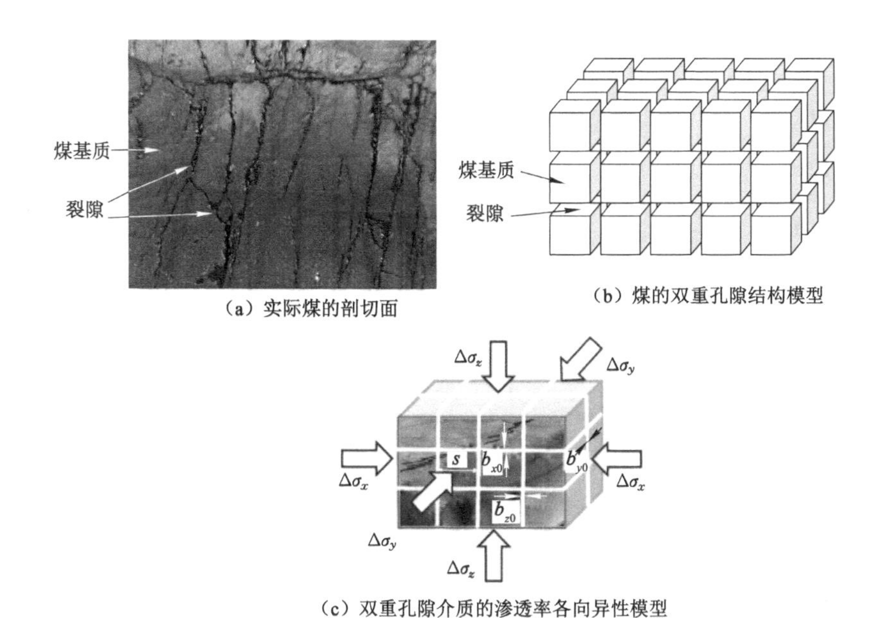

图 5-7 煤层的双重孔隙结构与各向异性渗透率模型

下假设:第一,煤体被视为非连续介质,包括尺寸大小相同、宽度为 a 的煤基质,以及尺寸不等、宽度分别为 b_x、b_y 和 b_z 的裂隙,煤基质用立方体表示,并且在吸附膨胀/收缩、热膨胀和应力变形性方面表现为各向同性;第二,裂隙由三个方向正交的割理组成,在不同方向上具有不同的开度和力学性质;第三,不同方向上有效应力($\Delta\sigma_x$、$\Delta\sigma_y$、$\Delta\sigma_z$)的重新分布将引起不同应变改变量($\Delta\varepsilon_x$、$\Delta\varepsilon_y$、$\Delta\varepsilon_z$),并导致各向异性渗透性(k_x、k_y、k_z);第四,裂隙和煤基质的变形为线弹性,裂隙的闭合与张开主导渗透率的变化,煤的渗透性变化可以定义为相应方向裂隙开度变化(Δb_x、Δb_y 和 Δb_z)的函数,并通过弹性模量折减系数 R_m 建立渗透率与煤体裂隙开度的变化的关系。

根据前期研究,煤基质中孔隙度可表示为[199]:

$$\varphi_m = \varphi_{m0} + \frac{(\alpha_m - \varphi_{m0})(\varepsilon_e - \varepsilon_{e0})}{(1+\varepsilon_e)} \tag{5-40}$$

式中:$\varepsilon_e = \varepsilon_v + p_{mg}/K_s - \varepsilon_s$;$\varepsilon_v$ 为煤的体积应变;下标“0”代表初始值。

有效应力引起的裂隙开度的变化可表示为[215]:

$$\Delta b_i = (b_i + a)\frac{\Delta\sigma_{ei}}{E} - a\frac{\Delta\sigma_{ei}}{E_m} \tag{5-41}$$

假设煤体弹性模量折减系数为 $R_m = E/E_m$,上式可改写成:

$$\Delta b_i = a(1-R_{\mathrm{m}})\frac{\Delta\sigma_{ei}}{E} - b_i\frac{\Delta\sigma_{ei}}{E} \tag{5-42}$$

煤体的应变改变量与有效应力、弹性模量有关，可表示为：

$$\Delta\varepsilon_{ei} = \frac{\Delta\sigma_{ei}}{E} \tag{5-43}$$

将式(5-43)代入式(5-42)，可以得到：

$$\Delta\varepsilon_{fi} = \frac{\Delta b_i}{b} = \left[\frac{a(1-R_{\mathrm{m}})}{b}+1\right]\Delta\varepsilon_{ei} \tag{5-44}$$

由于裂隙宽度 b 远小于煤基质宽度 a，上式可简化为：

$$\Delta\varepsilon_{fi} = \frac{a(1-R_{\mathrm{m}})}{b}\Delta\varepsilon_{ei} \tag{5-45}$$

式中：$\Delta\varepsilon_{ei}$ 为 i 方向上的有效应变改变量。

考虑吸附瓦斯引起的煤基质膨胀，式(5-45)可表示为：

$$\Delta\varepsilon_{fi} = \frac{a(1-R_{\mathrm{m}})}{b}\left(\Delta\varepsilon_{ti} - \frac{1}{3}f_{\mathrm{m}}\Delta\varepsilon_{\mathrm{s}}\right) \tag{5-46}$$

式中：$\Delta\varepsilon_{ti}$ 为 i 方向上的总应变改变量；$\Delta\varepsilon_{\mathrm{s}}$ 为基质吸附瓦斯引起的膨胀应变改变量，可由式(5-5)求得；f_{m} 为基质吸附瓦斯的内膨胀系数。

在图 5-7(c)中，煤体的裂隙孔隙率可定义为：

$$\varphi_{\mathrm{f}} = \frac{(a+b)^3-a^3}{(a+b)^3} \doteq \frac{3b}{a} = \frac{3b_0(1+\Delta\varepsilon_{\mathrm{f}})}{a} \tag{5-47}$$

渗透率与裂隙孔隙率变化满足如下关系[202]：

$$\frac{k}{k_0} = \left(\frac{a}{a_0}\right)^2\left(\frac{\varphi_{\mathrm{f}}}{\varphi_{\mathrm{f0}}}\right)^3 \tag{5-48}$$

相对于煤基质宽度来说，其变形量较小，可认为 $a \approx a_0$。因此，上式可简化为广泛应用的立方定律，即：

$$\frac{k}{k_0} = \left(\frac{\varphi_{\mathrm{f}}}{\varphi_{\mathrm{f0}}}\right)^3 \tag{5-49}$$

将式(5-46)和式(5-47)代入式(5-49)，可以得到渗透率为：

$$\frac{k}{k_0} = \left[1+\frac{3(1-R_{\mathrm{m}})}{\varphi_{\mathrm{f0}}}\left(\Delta\varepsilon_{ti} - \frac{1}{3}f_{\mathrm{m}}\Delta\varepsilon_{\mathrm{s}}\right)\right]^3 \tag{5-50}$$

考虑渗透率的各向异性，煤体某一方向的渗透率受另外两个方向的裂隙变化的影响，则煤在弹性状态下的不同方向的渗透率(k_x、k_y、k_z)表达式为：

$$\frac{k_{ei}}{k_{i0}} = \sum_{i\neq j}\frac{1}{2}\left[1+\frac{3(1-R_{\mathrm{m}})}{\varphi_{\mathrm{f0}}}\left(\Delta\varepsilon_{tj} - \frac{1}{3}f_{\mathrm{m}}\Delta\varepsilon_{\mathrm{s}}\right)\right]^3 \tag{5-51}$$

式中：k_{i0} 为煤体 i 方向上的初始渗透率。

煤体在弹性状态下的渗透率演化模型综合考虑了煤体承受的地应力、孔隙压力以及瓦斯吸附引起的变形，具有煤体的双重孔隙结构特征，同时模型中的相关参数具有实际的物理意义，可通过试验和现场测试获得，表征完整且未受采动影响煤体的渗透率演化规律。

5.3.2　损伤破坏阶段煤体渗透率

采掘扰动下，工作面前方煤体外部力学环境发生变化，煤体承受着反复加卸载作用，煤体发生损伤破坏，煤体中原生裂隙发生扩展，同时新裂纹萌发、扩张、贯通，甚至煤基质也产生不同程度的损伤破坏。煤体内部裂隙的发育和贯通极大地改变了瓦斯和水的运移通道和运移速度。煤岩体渗透率演化模型可以分为两个阶段来表征。煤岩体处于弹性变形阶段，煤体裂隙开度的变化可以恢复，其渗透率随轴向应变的增加而缓慢递减，可以利用前文中建立的弹性变形阶段的渗透率模型来描述；在损伤破坏阶段，当煤岩体进入峰后损伤破坏阶段，煤体出现不可恢复的内部损伤，煤中裂隙的数量快速增加，煤体基质出现损伤破裂，渗透率随轴向应变的增加而迅速增大，其增幅甚至可达若干个数量级以上，郭海军[194]通过测试得到原煤渗透率可增加 300～500 倍。因此，在分析煤体峰后状态下的裂隙度和渗透率时，不仅需要考虑有效应力的影响，还需要考虑内部损伤的影响。

由于没有考虑损伤对煤岩裂隙及渗透率的影响，式(5-51)仅适用于弹性变形阶段，不能有效地评估实际采掘或突出过程中煤岩峰后损伤破坏的渗透率演化特征。图 5-8 给出了渗透率随有效应力的变化关系。在峰前阶段，煤体处于弹性状态，有效应力的增加使得煤体裂隙发生闭合，渗透率与有效应力呈幂函数降低关系，可利用式(5-51)表征；在峰后损伤破坏阶段，试件的承载能力不断下降，并且煤体内裂隙大量发育，渗透率随有效应力呈指数增加变化。

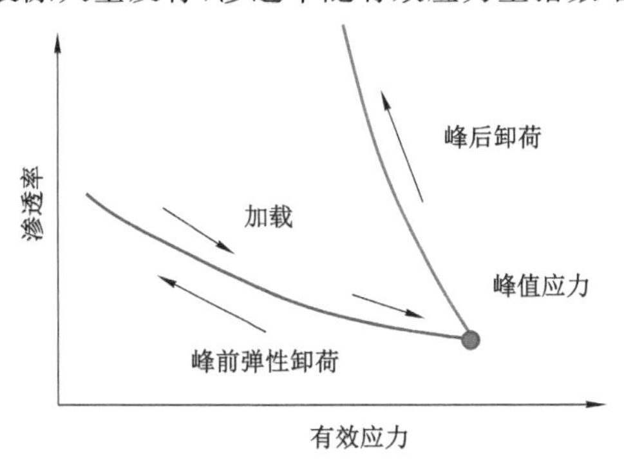

图 5-8　渗透率与有效应力的变化关系

煤与瓦斯突出的孕育和演化过程是应力-损伤-渗流耦合过程，在煤体损伤破坏阶段，可忽略瓦斯吸附解吸引起的渗透率变化，认为渗透率的变化主要由有效应力引起的煤体损伤、裂隙演化造成。在 Cui-Bustin 提出的渗透率模型基础上，我们将渗透率突增系数 ζ 引入煤体渗透率模型中，用来表示损伤引起的渗透率的变化[209,215]。煤体在损伤破坏阶段的渗透率模型被定义为：

$$k_{di} = \zeta k_{i0} \sum_{i \neq j} \frac{1}{2} \left[1 + \frac{3(1-R_m)}{\varphi_{f0}} \left(\Delta\varepsilon_{tj} - \frac{1}{3} f_m \Delta\varepsilon_s \right) \right]^3 \tag{5-52}$$

式中：ζ 为渗透率突增系数。

煤体渗透率突增系数与损伤变量呈指数增加关系，可表示为[216]：

$$\xi = e^{\alpha_D D} \tag{5-53}$$

式中：α_D 为损伤系数；D 为损伤变量。

考虑孔隙压力和损伤演化，将式(5-53)代入式(5-52)，可以得到的煤体损伤破坏阶段的绝对渗透率模型[217]：

$$k_{di} = k_{i0} \sum_{i \neq j} \frac{1}{2} \left[1 + \frac{3(1-R_m)}{\varphi_{f0}} \left(\Delta\varepsilon_{tj} - \frac{1}{3} f_m \Delta\varepsilon_s \right) \right]^3 e^{\alpha_D D} \tag{5-54}$$

可以看出，渗透率演化是一个复杂的耦合过程，损伤系数 α_D、弹性模量折减系数 R_m 和基质吸附瓦斯的内膨胀系数 f_m 是控制渗透率演化进程的关键控制变量。损伤系数 α_D 越大，渗透率增加得越快；而弹性模量折减系数 R_m 和基质吸附瓦斯的内膨胀系数 f_m 越大，渗透率增加得越慢。煤体损伤破坏后渗透率呈指数增加规律变化，公式(5-54)与 2.4 节的煤体渗透率试验结果较为吻合。

根据煤体弹性变形阶段和损伤破坏阶段的渗透率模型，即式(5-51)和式(5-54)，可得到煤体从受力变形到损伤破坏全过程的渗透率模型：

$$\begin{cases} k_i = k_{i0} \sum\limits_{i \neq j} \frac{1}{2} \left[1 + \frac{3(1-R_m)}{\varphi_{f0}} \left(\Delta\varepsilon_{tj} - \frac{1}{3} f_m \Delta\varepsilon_s \right) \right]^3, F_1 < 0, F_2 < 0 \\ k_i = k_{i0} \sum\limits_{i \neq j} \frac{1}{2} \left[1 + \frac{3(1-R_m)}{\varphi_{f0}} \left(\Delta\varepsilon_{tj} - \frac{1}{3} f_m \Delta\varepsilon_s \right) \right]^3 e^{\alpha_D [1-(\varepsilon_{t0}/\varepsilon_t)^2]},\ F_1 = 0, dF_1 > 0 \\ k_i = k_{i0} \sum\limits_{i \neq j} \frac{1}{2} \left[1 + \frac{3(1-R_m)}{\varphi_{f0}} \left(\Delta\varepsilon_{tj} - \frac{1}{3} f_m \Delta\varepsilon_s \right) \right]^3 e^{\alpha_D [1-(\varepsilon_{c0}/\varepsilon_c)^2]},\ F_2 = 0, dF_2 > 0 \end{cases} \tag{5-55}$$

因此，煤层瓦斯运移过程中的渗透率由应力状态变化和流体渗流作用共同控制。这两种因素在影响程度和作用时间上有着明显的差别，采掘应力扰动使煤体渗透率快速并显著改变，瓦斯和水渗流作用对煤体渗透率的影响漫长而微弱，在突出发生的短暂过程中，采掘应力扰动在影响程度上占主导作用，损伤破坏、裂隙扩展控制着突出发展阶段渗透率的演化。

5.4　模型求解与验证

5.4.1　模型求解方法

联立式(5-9)、式(5-10)、式(5-18)、式(5-30)、式(5-36)～式(5-39)以及式(5-55),得到突出动力系统含瓦斯煤体应力-损伤-渗流耦合模型,双向耦合了煤体变形、瓦斯吸附、瓦斯渗流、水渗流的相互作用,实现了含瓦斯煤体中应力、损伤、扩散、渗流等关键物理场的全耦合。煤体与流体(瓦斯、水)之间通过有效应力、吸附变形建立内在联系,在固体应力、流体(瓦斯和水)压力作用下,煤体发生损伤,引起煤体裂隙率和渗透率的变化,进而影响瓦斯、水流场分布,瓦斯和水流场反过来影响应力场和损伤场,形成了动力系统含瓦斯煤体的应力-损伤-渗流耦合动力学过程。

众所周知,对于数学物理中的问题,要获得其定量解,应首先根据问题的物理本质构建数学模型,进而根据实际情况提炼出初始条件及边界条件,最后根据模型的复杂程度选择解析方法或数值方法进行解算[192]。含瓦斯煤体应力-损伤-渗流耦合模型由多个复杂的二阶偏微分方程组(PDEs)构成,由于其时空非线性,很难用解析方法求解[193]。

Comsol 软件提供了一个强大的基于偏微分方程组(PDEs)的多物理场耦合建模环境,目前已在科学和工程领域中得到了广泛应用,包含 AC/DC、声学、化学物质传递、电化学、流体流动、传热、光学、等离子体、半导体、结构力学和数学等诸多模块。Comsol 软件可求解多阶、多变量偏微分方程组,使得我们能够采用有限元方法来获得含瓦斯煤体中应力-损伤-渗流耦合模型的数值解。采用固体力学模块计算煤体的应力变形,采用 PDE 模块计算瓦斯解吸、扩散以及气-水两相渗流运移规律。在实现以上应力-渗流耦合方程组求解之外,还需要实时模拟煤体损伤破坏过程,以再现瓦斯突出演化规律。通过 Matlab 编写损伤变量和渗透率演化函数程序,并通过接口实现与 Comsol 软件的数据交换,进而达到控制动力系统煤体中裂隙的发育、发展以及瓦斯快速解吸、渗流的灾变过程。

PDE 模块主要包括系数型、一般型和弱解型三种偏微分方程。对于煤基质孔隙瓦斯解吸-扩散和煤裂隙中瓦斯、水渗流方程,可以采用系数型偏微分方程求解:

$$e_a \frac{\partial^2 u}{\partial t^2} + d_a \frac{\partial u}{\partial t} + \nabla \cdot (-c \nabla u - \alpha u + \gamma) + \beta \cdot \nabla u + au = f \tag{5-56}$$

式中:u 为场变量;e_a 为方程质量系数;d_a 为阻尼质量系数;c 为扩散系数;α 和 β

为对流系数；a 为吸收系数；γ 和 f 为质量源项。

模型需要设定求解条件才能求解，包括边界条件和初始条件，其中边界条件可表示为：

$$\begin{cases} n(c\,\nabla u+\alpha u-\gamma)+qu=g-h^{T}\mu & \text{Neumann 边界} \\ u=r & \text{Dirichlet 边界} \end{cases} \tag{5-57}$$

式中：qu 为边界系数项；g 为边界源项。

含瓦斯煤体应力-损伤-渗流耦合过程包含了煤体损伤演化、瓦斯和水运移等，这些均与时间有关，只能采用瞬态求解。在应力加载过程中，煤体所承受的载荷逐步增加，在时刻 t_i 的极短时间增量 Δt_i 内，煤体内应力场、损伤场和渗流场是稳定的，可以视为一个准静态过程。以煤样压缩-渗流耦合过程的数值模拟为例，与实验室试验机加载方式相同，煤样从零载荷逐步加载到目标载荷，其求解流程见图 5-9。具体如下：步骤一，启动 Comsol with Matlab 程序，构建模拟几何模型，建立固体力学模块和 PDE 模块，输入瓦斯解吸、扩散、渗流以及水渗流方程；步骤二，赋予煤体非均质弹性模量，输入参数的初始值，并设置应力和瓦斯、水运移的边界条件；步骤三，划分网格单元，设置计算步，并加载第一步载荷，在此基础上进行流固耦合模拟，求解煤体应力应变、瓦斯压力、含水饱和度等变量；步骤四，提取单元有效应力、应变等参数，获取损伤变量分布，并判断单元的应力状态是否满足新损伤发生，如果有新损伤，则对该单元进行损伤弱化处理，修改弹性模量、单轴抗压强度、煤体渗透率等物理力学参数，修改完成后，再次展开流固耦合模拟计算，试件内部的应力场将随之发生调整，如此循环计算直至没有新的损伤产生，此时，认为损伤达到稳定，该加载步计算完毕；步骤五，增大求解步，施加下一步载荷，继续进行步骤三和步骤四，如此循环，直至加载到目标载荷；步骤六，绘制图像，分析数据，最后关闭 Comsol with Matlab 程序。

随着载荷逐渐增加，可观察到煤样中应力场、损伤场和渗流场演化过程，从而模拟煤样破坏过程的渗流规律。相比其他学者建立的流-固耦合数学模型和求解方法，动力系统含瓦斯煤体应力-损伤-渗流耦合模型及其求解过程具有以下特点：

① 尺度效应。由于煤层的双重孔隙结构（孔隙与裂隙）具有明显的多尺度特征，含瓦斯煤体应力-损伤-渗流耦合模型考虑了瓦斯由孔隙壁解吸、扩散至基质孔隙空间，并与裂隙进行物质交换，在裂隙中渗流运移至采掘工作面，尺度在逐步增加，具有尺度效应。现场中煤体的强度低于实验室煤样的力学强度，本模型同时考虑了试验尺度煤样强度与工程尺度煤体强度的关系，能够很好地模拟现场突出的孕育和演化规律。

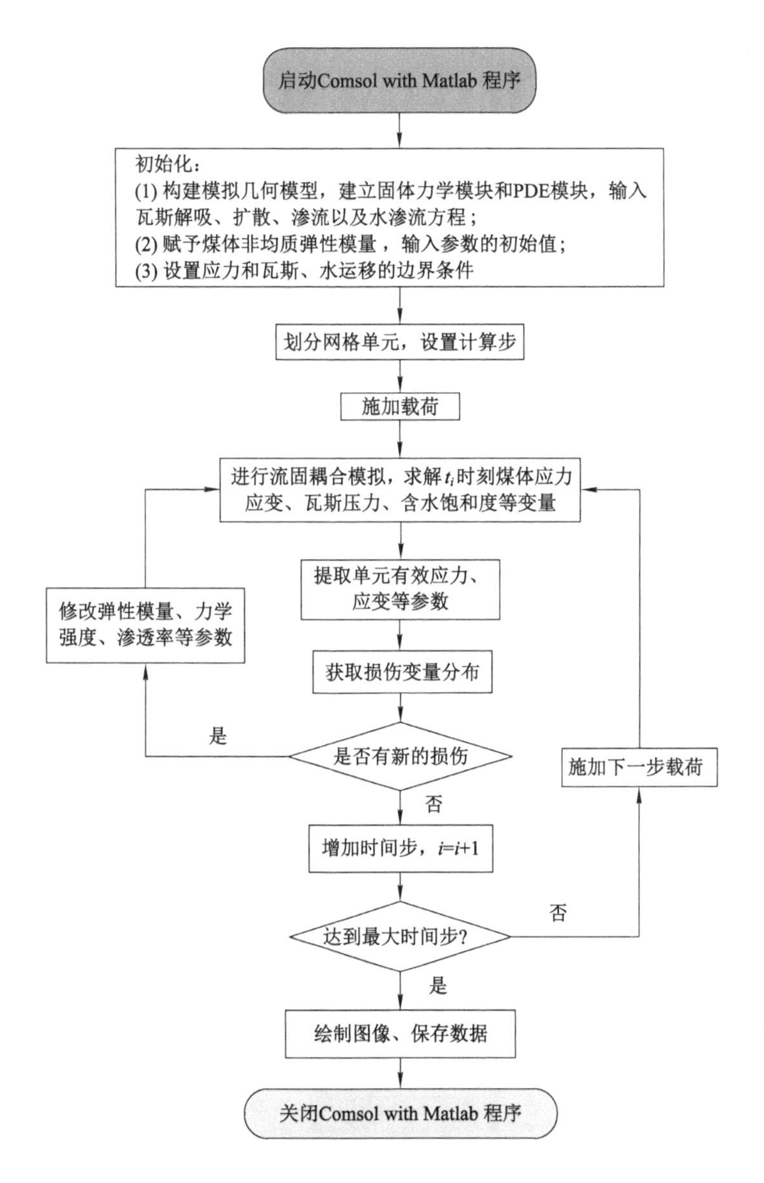

图 5-9 含瓦斯煤体应力-损伤-渗流耦合模型求解流程

② 动力效应。煤与瓦斯突出是一个煤岩体快速破坏和瓦斯快速解吸和渗流的动力过程，具有明显的动力效应特征。含瓦斯煤体应力-损伤-渗流耦合模型考虑了高应变率条件和准静态煤体破坏的关系，将尺度效应关系式融入应力场和损伤场的强度准则中，实现了之前模型未考虑到的动力破坏特征。

③ 损伤破坏煤体渗透率急剧增加。传统的煤体渗透率模型是基于弹性状态下推导获得的，仅适用于没有受到采掘扰动或没有断层等地质构造损伤的原始煤层。然而，煤与瓦斯突出通常是人类工程扰动和地质构造损伤条件下才发生的，因此，传统的渗透率模型不能描述这样大面积高强度破坏的突出孕育和演化过程。含瓦斯煤体应力-损伤-渗流耦合模型考虑了煤体力学变形、损伤破坏全过程的渗透率演化规律，具有渗透率在破坏区域快速急剧升高的特性，能够有效模拟损伤（采掘扰动或断层等地质构造引起）导致的煤层应力场和瓦斯、水渗流场的空间变异性，同时也考虑了渗透率演化的方向性。

④ 煤体内应力场、损伤场和渗流场全耦合动态求解。基于 Matlab 软件编写耦合计算程序，动态链接 Comsol 软件进行耦合求解，能够实时获取煤层内应力、损伤、瓦斯压力、水饱和度等参数演化，进而分析煤体内裂隙的发育、强度的弱化、渗透率的急剧升高，以及煤体变形破坏加速等物理过程，实现了含瓦斯煤体内动静应力、损伤和渗流等多个物理场耦合的动态数值求解。

5.4.2 模型验证

根据上述含瓦斯煤体应力-损伤-渗流耦合模型求解方法，我们首先进行标准煤样的压缩-渗流耦合数值模拟，以验证该模型在数值模拟突出动力系统孕育与演化中含瓦斯煤体破坏及其中流体（瓦斯、水）渗流等过程的有效性。本次模型验证采用的煤样的尺寸为 ϕ50 mm×100 mm，几何模型和边界条件如图 5-10所示。

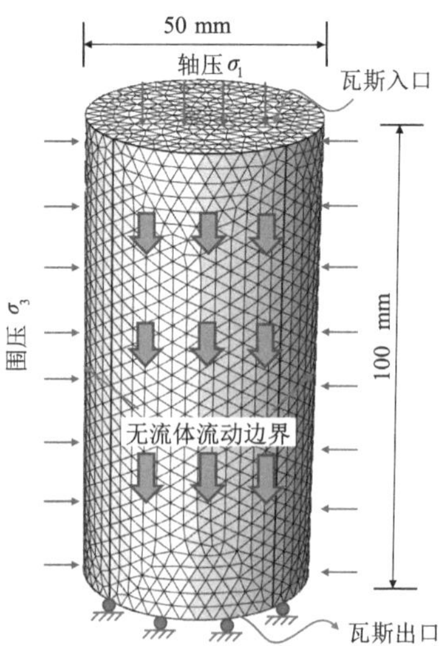

图 5-10 煤样压缩-渗流模拟的几何模型和边界条件

我们采用与3.4节中三轴卸载条件下煤样破裂瓦斯渗流规律试验过程一致的加卸载方式。首先，在几何模型的四周边界施加比孔隙压力稍大的给定围压3.0 MPa，在几何模型的底部边界设置为固支边界，在几何模型的顶部施加轴向载荷边界2.4 MPa；然后，向煤样中充入2 MPa的瓦斯气体，使得煤样基质瓦斯压力达到2 MPa后，停止注气；之后，径向压力和轴向压力分别升高到6 MPa和24 MPa，保持轴向压力恒定不变，并以0.002 MPa/s的速率卸载围压，直到煤样失稳破坏。煤样的四周边界采用无流体流动边界，模型顶部边界施加恒定的瓦斯压力p_{in}(2.0 MPa)，底部边界设置为大气压力p_a(0.1 MPa)。煤样的基本参数以及模拟中所用的相关参数设置见表5-1。

表5-1 模拟相关参数

参数名称	数值	参数名称	数值
煤样单轴抗压强度σ_c/MPa	4.76	初始裂隙度φ_{f0}	0.012
煤样单轴抗压强度σ_t/MPa	0.68	瓦斯动力黏度μ_g/Pa·s	1.84×10^{-5}
煤样平均弹性模量E/GPa	2.34	水动力黏度μ_w/Pa·s	1.03×10^{-3}
煤样泊松比ν	0.28	瓦斯吸附体积常数V_L/(m^3/kg)	0.025 6
初始渗透率k_0/m^2	2.27×10^{-17}	瓦斯吸附压力常数P_L/MPa	2.07
均质度/m	10	初始水饱和度s_{wi}	0.6
初始孔隙度φ_{m0}	0.065	束缚水饱和度s_{wr}	0.32
大气压力p_a/MPa	0.1	瓦斯压力p_{in}/MPa	2.0

煤样材料在空间上具有非均质性，根据公式(5-1)，煤样的初始力学参数符合Weibull分布，采用Monte-Carlo随机生成针对细观REV的煤样初始力学参数。煤样弹性模量的空间分布见图5-11。选取煤样弹性模量的均质度为10，根据上述的初始和边界条件，研究煤样卸围压过程中煤样的损伤破坏和渗透率的演化，并对比数值模拟和试验测试的结果。

图5-12给出了卸载过程中煤样损伤分布图。煤样在卸载过程中，偏应力增大，煤样的轴向应变也逐渐增大，整个过程大致可分为3个阶段：弹性阶段、屈服阶段和破坏阶段，且每一个阶段都与煤样变形及内部裂纹萌生发育有关。当卸荷量较小时，轴向应变缓慢增加，煤样处于弹性变形阶段，应力-应变曲线基本呈线性关系。当卸荷量持续增大到一定值时，煤样中裂隙开始萌发并进一步扩展、贯通，导致试件产生损伤，承载能力降低，弹性模量降低，应力-应变曲线呈非线性关系，煤样进入塑性屈服阶段。当煤样的卸荷量继续增大，煤样在偏应力作用下达到强度极限，内部裂隙贯穿成宏观裂纹，煤样发生破坏。

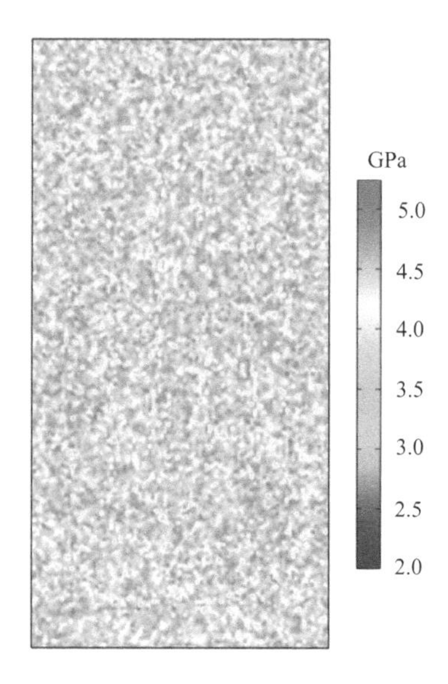

图 5-11　煤样弹性模量的空间分布

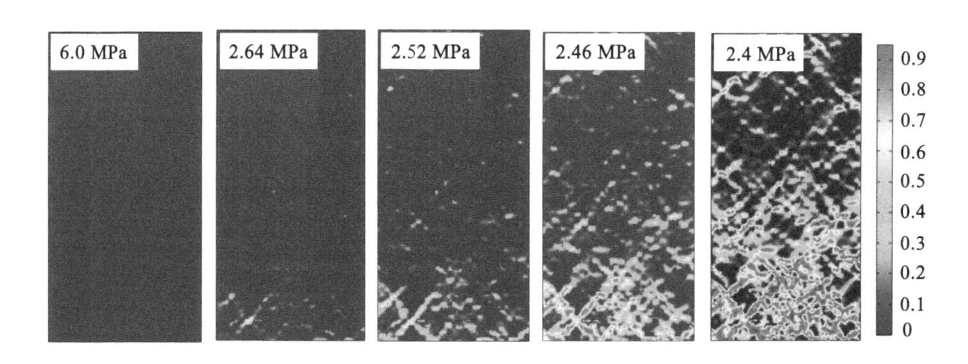

图 5-12　煤样卸载过程中损伤变量分布

煤样卸载过程中弹性模量分布和裂隙萌生情况如图 5-13 所示。在围压卸载的初始阶段,煤样内部弹性模量随机分布。当围压持续卸载,偏应力增加,裂隙开始扩展合并,交汇贯通,随机分布的弹性模量在损伤区域逐渐降低。在围压卸载条件下,煤样以剪切破坏为主。当围压卸载到 2.4 MPa,煤样中细观单元破裂区域贯通,形成宏观的破裂带,这与煤样卸载破坏试验过程中观察到的现象一致(图 5-14)。由于煤样下部瓦斯压力的降低,煤体骨架承受的有效应力大于煤样上部,因此,在卸载过程中,煤样下部区域首先发生损伤破裂,弹性模量降低,之后逐渐扩展,并贯通整个煤样。可知,应力-损伤-渗流耦合模型可以较好地模拟再现卸载过程下的煤层渗流破坏演化过程。

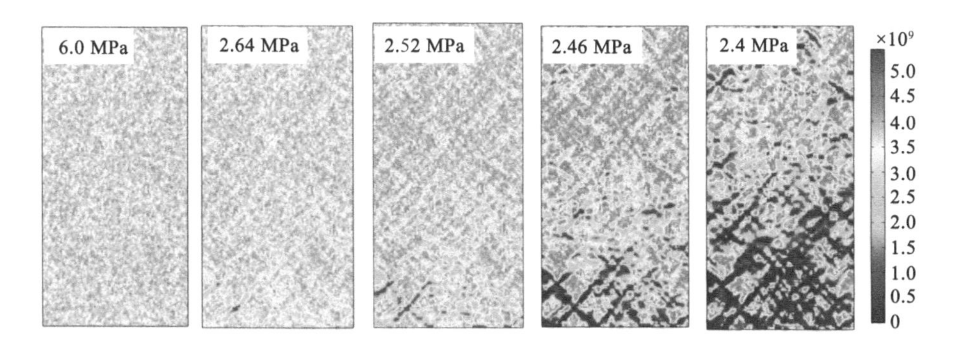

图 5-13　煤样卸载过程中弹性模量分布和裂隙萌生

图 5-14　试验卸载破坏后的煤样

从图 5-15 可以看出，煤样围压从 6 MPa 卸压到 2.64 MPa，弹性阶段和屈服阶段内煤样并没有明显的贯通裂隙出现，渗透率变化缓慢；而煤样围压从 2.64 MPa 卸压到 2.4 MPa，在破坏阶段内，损伤破坏造成了渗透率增加，由于宏观裂隙的贯通，煤样的渗透率急剧上升。当围压卸载到 2.4 MPa 时，渗透率与初始渗透率之比（渗透率比率）最大值接近 300。

图 5-16 给出了卸载破裂煤样中渗流矢量场分布情况，箭头表示渗流场中瓦斯运移速度大小和方向。可以发现，在宏观剪切破坏带内渗透率较高，瓦斯运移速度较快，而在未发生破裂的区域，煤样的渗透率较小（初始渗透率），瓦斯的运移速度较为缓慢。

通过卸压煤样破裂过程中瓦斯渗流规律数值模拟，我们较为真实地再现了煤样弹性模量、渗透率在细观损伤到宏观破裂的演化过程，以及在整个卸载破

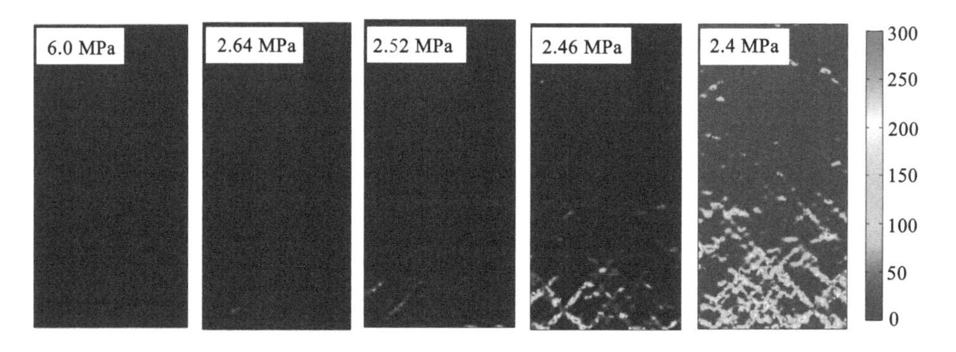

图 5-15　煤样卸载过程中渗透率比率分布

图 5-16　卸载破裂煤样中渗流矢量场分布

裂过程中瓦斯运移的局部化特征，充分证实了本书建立的含瓦斯煤体应力-损伤-渗流耦合模型对于煤层渗流破坏全过程模拟的有效性，为模拟煤与瓦斯突出地质动力系统的孕育和演化过程提供了较好的手段。

5.5　本章小结

① 在煤体损伤破坏的峰后阶段，煤体渗透率随着应力呈现指数增长的趋势，如果继续采用峰前渗透率模型进行计算会带来较大的误差。本书根据工作面前方煤岩体的应力状态（弹性区、塑性区、破裂区），将渗透率模型划分为弹性

变形阶段渗透率模型和损伤破坏阶段渗透率模型。综合煤体承受的地应力、孔隙压力以及瓦斯吸附引起的变形，构建了煤体在弹性状态下的渗透率演化模型。在此基础上，通过考虑开挖损伤效应对煤体渗透率的影响，建立损伤效应的煤体破坏阶段渗透率模型。

② 根据弹性损伤力学和渗流力学理论，认为损伤对煤岩力学性质的弱化作用以及促进裂隙发育增加渗流的影响，在考虑了煤体变形、瓦斯吸附、瓦斯渗流、水渗流的相互作用基础上，建立了突出动力系统含瓦斯煤体应力-损伤-渗流耦合模型。模型可用于动态模拟含瓦斯煤体从细观损伤演化至宏观破裂全过程，以及煤体破裂过程中瓦斯、水运移规律。

③ 通过 Matlab 编写损伤变量和渗透率演化计算程序，并动态链接Comsol软件，实现了含瓦斯煤体应力-损伤-渗流耦合模型的数值求解。通过卸压煤样破裂过程中瓦斯渗流规律数值模拟，真实地再现了煤样弹性模量、渗透率从细观损伤到宏观破裂的演化过程，以及在整个卸载破裂过程中瓦斯运移的局部化特征，充分证实了该模型对于模拟突出地质动力系统中煤层快速渗流破坏全过程的有效性。

6 突出地质动力系统孕育及演化数值模拟

6.1 三维模型构建与定解条件

6.1.1 物理模型构建

以大平煤矿“10.20”突出事故为研究背景[12,217]，根据本书建立的突出动力系统应力-损伤-渗流耦合数学模型，将模型的控制方程编程代入有限元软件实现煤岩体应力、瓦斯和水渗流耦合，并编写损伤变量和渗透率演化函数程序，实时模拟突出地质动力系统内煤岩体中损伤破坏以及瓦斯快速解吸、渗流的灾变过程，获得突出过程中系统内应力传递、瓦斯运移、能量释放和损伤区域发展规律，定量确定突出地质动力系统和突出地质体的尺度大小，以揭示突出地质动力系统的孕育及演化机理。

2004 年 10 月 20 日，大平煤矿 21 轨道下山掘进工作面发生了特大型煤与瓦斯突出事故，突出瓦斯遇火引发瓦斯爆炸，造成 148 人死亡，32 人受伤[12]。巷道在掘进过程中遭遇落差 10 m 左右的挤压逆断层，在即将揭开逆断层下盘煤层时发生了煤与瓦斯突出，煤岩堆积体积达 1 461 m^3，煤岩总量为 1 894 t，其中煤量 1 362 t，岩石量 532 t，突出瓦斯量 25 万 m^3。如图 6-1 所示，掘进巷道的迎头距离逆断层下盘煤层约 5 m，煤层所在标高为 −282.4 m，在垂直方向上煤层埋深为 612 m。突出通道空洞位于掘进工作面的中上方，开口宽 2.2 m、高 1.6 m、长 7.3 m，空洞向上倾角 43°，与断层面产状基本一致[217]。根据图 6-1 所示的掘进工作面突出空间位置和煤岩层产状，建立体现本突出地层的三维立体几何模型，如图 6-2 所示，采用该物理模型进行煤与瓦斯突出地质动力系统孕育及演化过程的数值模拟研究。

三维立体几何模型的尺寸为 65 m×33 m×55 m(长度×宽度×高度)，长、宽、高分别对应为 x、y、z 方向，在 y 方向模型中部开掘巷道，巷道轴线方向平行

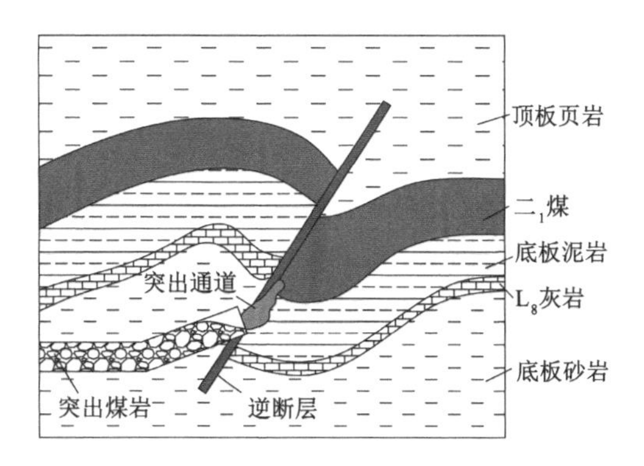

图 6-1　大平煤矿 21 轨道下山掘进突出位置及煤岩层产状剖面

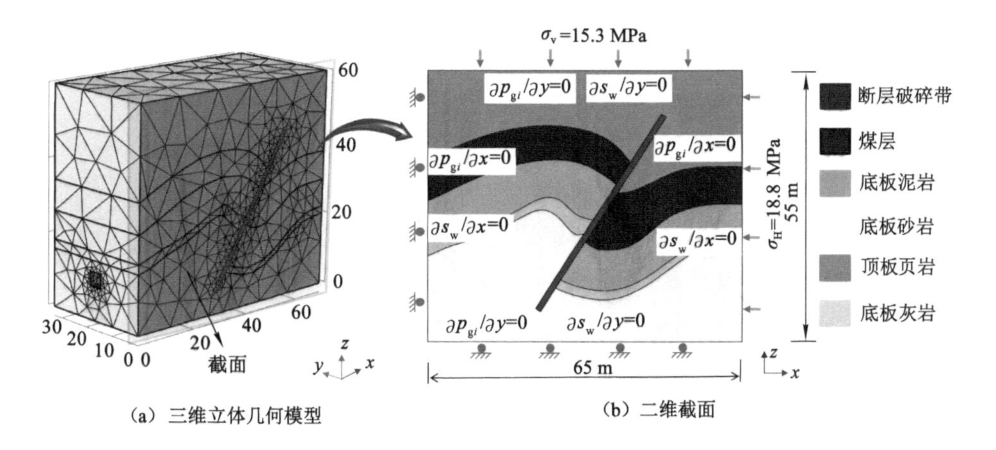

图 6-2　突出地质动力系统数值模拟的几何模型

注：模型单位为 m，下同。

于 x 方向，巷道截面为边长 4 m 的正方形。根据三维几何模型得到体现地层关系的二维截面[图 6-2(b)]，地层从上至下分别为顶板页岩、二$_1$ 煤层、底板泥岩、底板 L_8 灰岩、底板砂岩，以及宽度为 1.2 m 的断层破碎带。

研究分为以下步骤：① 模拟分析未受采掘扰动影响的地质历史时期（10 万年）瓦斯煤岩层中的迁移过程，得到现今煤岩层中瓦斯压力和含量分布。② 逐级增加地层的垂直和水平地应力，从原始地应力（垂直 9.3 MPa、水平 8.8 MPa）增加到现今地应力（垂直 15.3 MPa、最大水平 18.8 MPa、最小水平 12.8 MPa），以体现水平构造活动过程，构建突出发生需具备的瓦斯和地应力等地质动力环境。③ 模拟巷道掘进过程中地层中瓦斯和应力的变化规律，得到的二维几何模型如图 6-3 所示。巷道起初沿水平 x 方向掘进，当掘进到 15 m 时，沿着

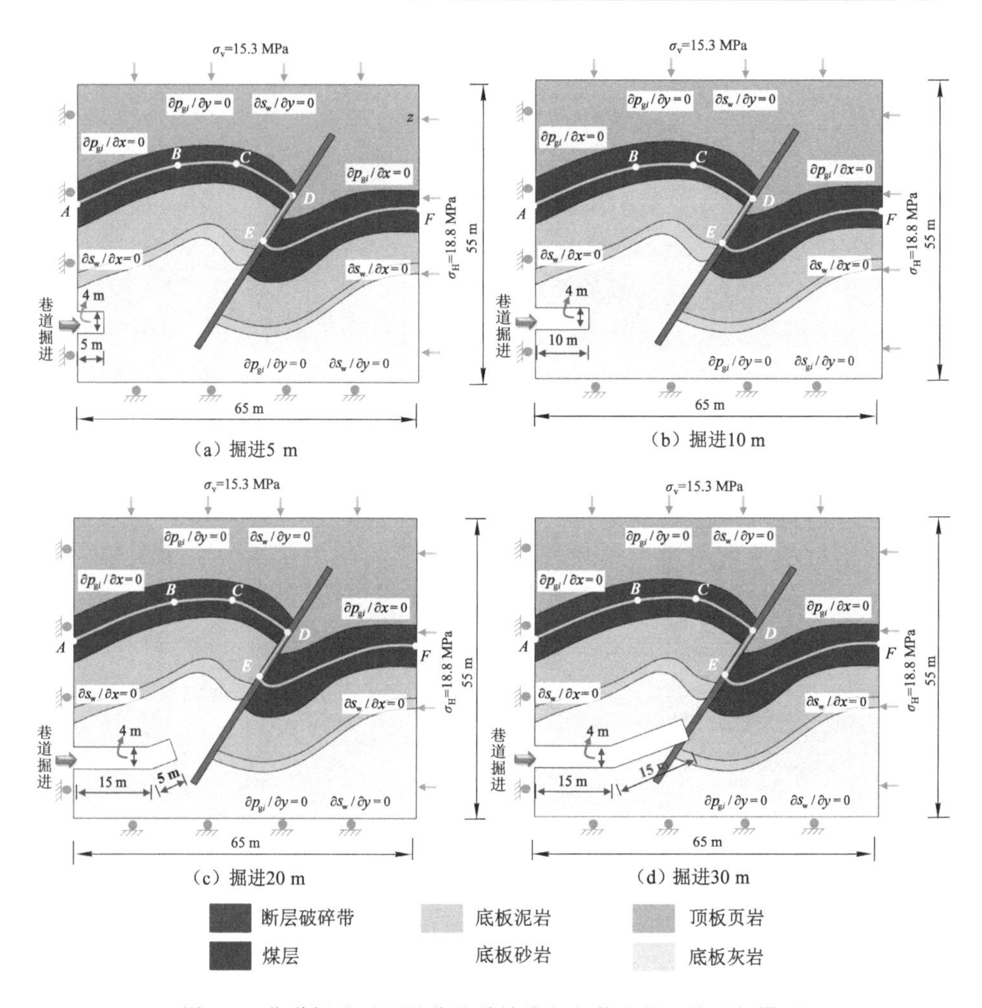

（a）掘进5 m

（b）掘进10 m

（c）掘进20 m

（d）掘进30 m

图 6-3　巷道掘进过程沿着巷道轴线方向截取的二维几何模型

与水平呈 20°方向倾斜向上掘进 15 m，停止掘进，此时巷道迎头距离逆断层下盘煤层约 5 m 左右。在此过程中，每掘进 5 m 后模拟计算模型中应力、应变、瓦斯和损伤区分布。为便于研究，选取掘进 5 m、10 m、20 m 和 30 m 后的计算结果进行分析，分别如图 6-3(a)～(d)所示。图中，参考线 A—B—C—D—E—F 设置在煤层顶底板间的中部位置，用于监测煤层中相关参数的变化，其中 B 点、C 点和 D 点的 x 坐标分别为 20 m、30 m 和 40 m。④ 模拟巷道掘进到 30 m 时，断层附近发生的煤与瓦斯突出过程，获得突出过程中系统内应力传递、瓦斯运移、能量释放和损伤区域发展规律，定量确定突出地质动力系统和突出地质体的尺度大小。

6.1.2 定解条件及参数设置

在模型顶部施加 z 方向的上覆岩层重力 15.3 MPa，x 方向施加 18.8 MPa 水平应力，y 方向施加 12.8 MPa 水平应力，底部边界设置为无位移的固支边界，即水平、垂直位移均设置为零，其余两个水平方向为限制水平位移的滑动边界。模型的四周为不渗透边界，即边界处无瓦斯和水等流体的流动。煤体的单轴抗压强度 σ_c 和抗拉强度 σ_t 采用公式(5-14)计算，根据 2.3.2 中测试结果，取原煤抗压强度 $\sigma_0 = 53.48$ MPa，煤体抗压强度 $\sigma_M = 2.11$ MPa，衰减系数 $k_1 = 0.036\,7$，煤岩体的 REV 尺寸设置为 0.2 m，得出煤层的静态抗压强度为 2.143 MPa。煤层的动态强度随模拟过程中煤层应变率的变化而变化，该赋值过程由软件在计算过程中更新计算得出。在突出前，煤岩体的应变率变化较小，在突出过程中，煤岩体的应变率快速增大，其动态强度也随之增大。煤层初始瓦斯压力为 2.5 MPa，初始渗透率为 2.27×10^{-17} m^2，初始水饱和度为 0.35。突出地质动力系统孕育及演化过程模拟用到的相关参数如表 6-1 和表 6-2 所示。煤岩体力学性质在空间上具有非均质性，采用 Monte-Carlo 随机生成针对煤岩体的初始力学参数，物理模型中煤岩体的弹性模量空间分布如图 6-4 所示。

表 6-1 突出地质动力系统孕育及演化过程模拟的相关参数

参数名称	参数值	参数名称	参数值
煤层初始瓦斯压力 p_0/MPa	2.5	地层温度 T_0/K	300
瓦斯吸附体积常数 V_L/(m^3/kg)	0.025 6	煤吸附瓦斯极限应变 ε_{max}	0.012 8
瓦斯吸附压力常数 P_L/MPa	2.07	瓦斯摩尔质量 M_g/(g/mol)	16
瓦斯动力黏度 μ_g/Pa·s	1.84×10^{-5}	摩尔气体常数 R/[J/(mol·K)]	8.314
水动力黏度 μ_w/Pa·s	1.03×10^{-3}	标况温度 T_s/K	273.5
初始水饱和度 s_{wi}	0.35	标况大气压力 p_s/kPa	101
束缚水饱和度 s_{wr}	0.32	基质吸附瓦斯内膨胀系数 f_m	0.5
瓦斯解吸时间 τ/d	2.21	损伤对渗透率影响系数 α_D	12
损伤对解吸速度影响系数 α_{D1}	6	岩体孔隙度 φ_{f10}	0.05
煤体初始孔隙度 φ_{m0}	0.065	断层孔隙度 φ_{f20}	0.2
煤体初始裂隙度 φ_{f0}	0.012	岩体密度 ρ_r/(kg/m^3)	2 500
过程系数 n	1.25	煤体密度 ρ_c/(kg/m^3)	1 470
滑脱因子 b_k/MPa	0.76	煤体基质初始宽度 a_0/m	0.01
毛细管压力 p_{cgw}/MPa	0.05	煤体裂隙初始宽度 b_0/m	0.000 1

表 6-2　煤岩体的力学和渗透参数

参数名称	顶板页岩	煤体	底板泥岩	底板灰岩	底板砂岩	断层破碎带
抗压强度 σ_c/MPa	8.93	1.34	2.06	12.61	6.03	1.13
抗拉强度 σ_t/MPa	2.16	0.48	0.68	2.624	1.16	0.32
弹性模量 E/GPa	18.34	4.34	10.93	35.34	16.05	1.84
均质度/m	8	6	8	12	10	4
泊松比 ν	0.30	0.35	0.30	0.25	0.28	0.38
初始渗透率 k_0/m^2	5.70×10^{-19}	2.27×10^{-17}	1.27×10^{-18}	1.25×10^{-18}	8.57×10^{-17}	8.21×10^{-18}
内摩擦角 θ/(°)	25.96	12.70	20.24	30.73	23.10	9.57

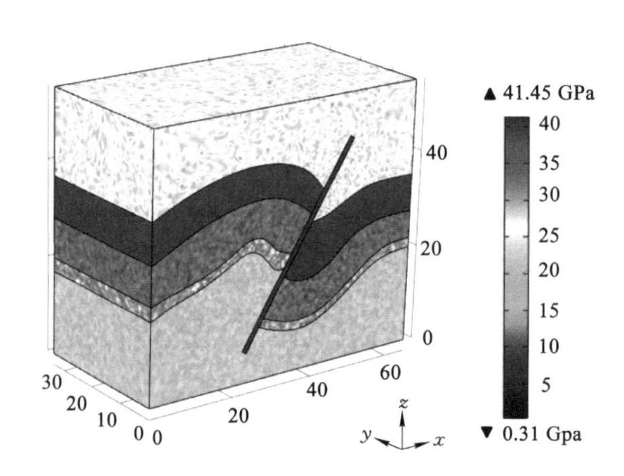

图 6-4　物理模型中煤岩体的弹性模量空间分布

6.2　突出地质动力系统孕育及形成过程模拟分析

6.2.1　未受采掘扰动下地质动力环境演化过程

(1) 瓦斯地质迁移

煤层是一种多孔吸附性介质，其中赋存着大量瓦斯气体，经过了漫长的地质历史时期演化，受到断层、褶皱、岩浆岩侵入、构造运动等地质动力环境的构造应力的改造后，形成具有突出倾向的含瓦斯煤体。瓦斯运移始于煤层的沉积和变质过程，据统计[218]，现今煤层中赋存的瓦斯含量占煤层产生的总瓦斯量比重较小，绝大部分生成的瓦斯(90%以上)都逸散至周围岩层。为获得突出发生的瓦斯赋存地质动力环境，本节根据建立的三维几何模型，模拟研究了逆断层形成后瓦斯的迁移特征，分析了煤岩层中瓦斯压力、瓦斯吸附和游离含量分布规律。

图 6-5(a)～(f)分别给出了瓦斯地质迁移 500 年、3 000 年、1 万年、3 万年、6 万年和 10 万年后的瓦斯压力分布情况。可以看出，随着时间的增加，煤层中瓦斯压力逐渐降低，而围岩中瓦斯压力逐渐增大。由于煤层顶底板的渗透率较低，当瓦斯迁移 500 年后，仅顶底板较小区域范围内的瓦斯压力升高；当瓦斯迁移 10 万年后，围岩中瓦斯压力增大较明显，增加范围集中在底板 5～10 m、顶板 3～5 m 左右，在底板泥岩中瓦斯压力达到了 1 MPa 以上。挤压逆断层的渗透率较低，具有封闭瓦斯的作用。

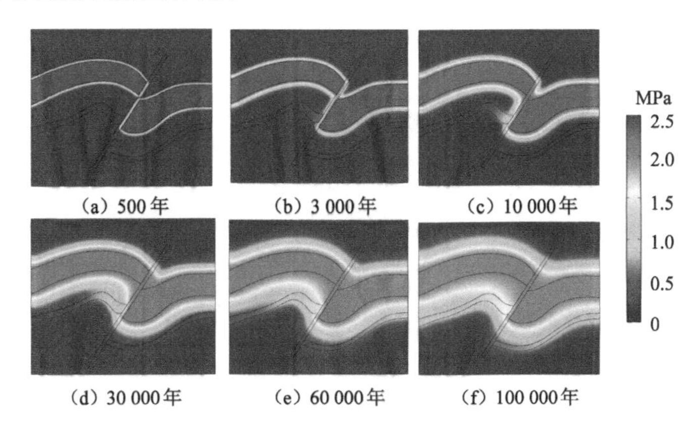

图 6-5 瓦斯地质迁移过程中瓦斯压力分布

瓦斯地质迁移不同时间后的吸附态瓦斯含量分布情况如图 6-6 所示。随着时间的增加，煤层中瓦斯含量逐渐降低，根据 Languir 瓦斯吸附方程，当瓦斯处于高压状态时，瓦斯压力变化对瓦斯含量变化的影响较小。因此，瓦斯压力从 2.5 MPa 降低到迁移 10 万年时的 2.01 MPa，瓦斯含量从 14.01 m^3/t 降低到 12.72 m^3/t，仅降低了 9.2%。

图 6-7 给出了瓦斯迁移过程中游离态瓦斯含量分布情况。可以看出，相对于吸附态瓦斯含量而言，游离态瓦斯含量较小，在 0～1.2 m^3/t 之间。游离态瓦斯含量与煤岩体的孔隙率、瓦斯压力密切相关。煤层中瓦斯压力和孔隙度大于顶底板岩层，因此，游离态瓦斯主要分布在煤层中。当瓦斯迁移 10 万年时，与煤层相邻的顶板页岩和底板泥岩游离态瓦斯含量为 0.4～0.6 m^3/t。

综合瓦斯地质迁移过程中压力和含量分布特征，认为挤压逆断层的存在不能导通煤层瓦斯与开放空间的联系，低渗透率致使瓦斯赋存于煤层中，不能得

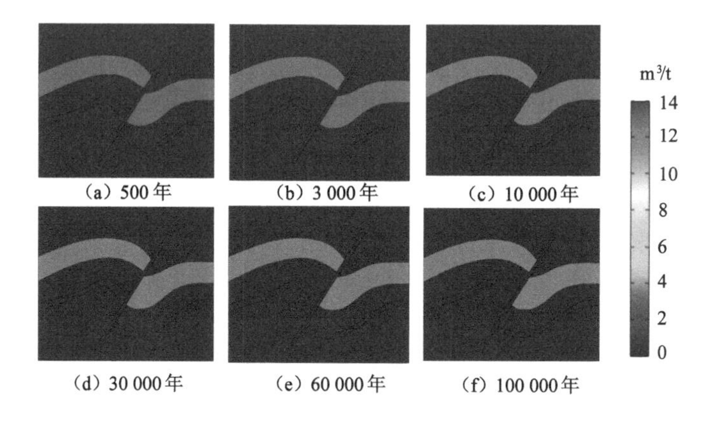

图 6-6　瓦斯地质迁移过程中吸附态瓦斯含量分布

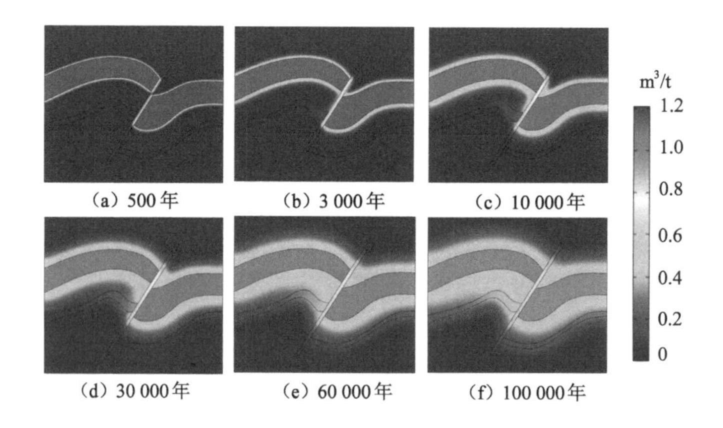

图 6-7　瓦斯地质迁移过程中游离态瓦斯含量分布

到有效释放，为孕育突出灾害的发生提供了有利的地质动力环境。

(2) 煤岩体内地应力与物理力学性质演变

当煤岩体仅受自重应力的作用时，煤层中垂直地应力往往大于水平地应力。然而，在受到地质构造运动的影响后，实际煤层中地应力往往是水平应力大于垂直应力，最大主应力方向发生了偏转，煤岩层将产生挤压或拉伸破坏。构造应力异常区域为孕育煤与瓦斯突出提供了动力源，一方面使该区域内未受采掘扰动的煤岩体在高应力下产生破坏，形成地质构造弱化带，即具有突出倾向的含瓦斯煤岩体；另一方面使该区域处于高应力状态的煤岩体，在采掘扰动卸压作用下，能量快速释放，引起煤岩体损伤破坏。因此，研究煤岩体内地应力和物理力学性质演变规律为揭示地质动力环境对煤与瓦斯突出的控制作用提供了依据。

首先，将原始地层压力分别设置为最大水平应力(H)8.8 MPa、最小水平应力(h)8.8 MPa、垂直方向应力(v)9.3 MPa。然后，逐步提高水平和垂直方向的地应力大小，最大水平方向、最小水平方向和垂直方向的地应力增加速率分别为 1.0 MPa/步、0.4 MPa/步和 0.7 MPa/步，共进行 11 个加载步。在每一步计算后如果没有单元继续发生损伤破坏时，可认为该加载步计算达到平衡状态，可以继续加载下一步载荷，直到最大水平应力(H)、最小水平应力(h)和垂直应力(v)分别达到 18.8 MPa、12.8 MPa 和 15.3 MPa。

不同加载步下，煤岩体内部最大主应力随地应力变化的分布情况见图 6-8。可以看出，坚硬岩层内的最大主应力较大，而软弱的煤层和断层破碎带的最大主应力较小，说明应力主要集中在承载能力更强的坚硬岩层上。随着应力水平的提高，煤层内部的最大主应力也增大。在第 1 加载步，最大主应力在 0～15 MPa 之间，而随着加载步的增加，煤岩层承受来自垂直和水平方向的地应力均增大，最大主应力也较大程度地增大，可以看出在构造带附近应力分布极不均匀，部分应力值甚至低于原岩应力值，这一方面是由于强度较低，另一方面是由于构造应力引起了煤岩体损伤破坏。

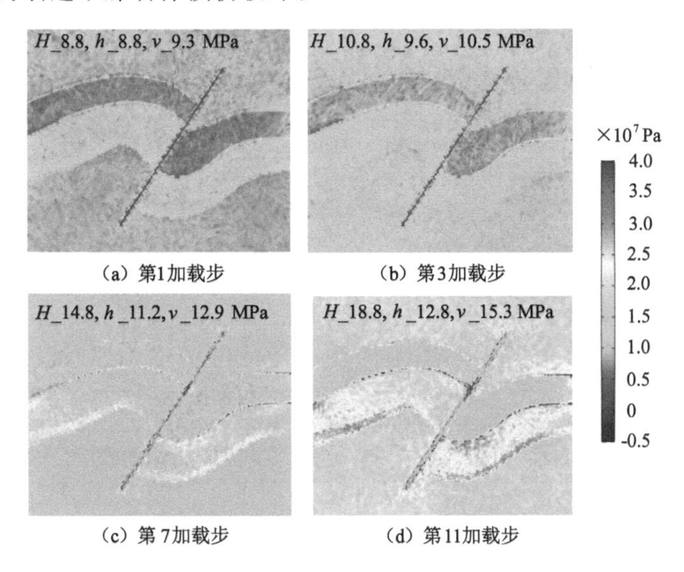

图 6-8 煤岩体内部最大主应力随地应力变化的分布

不同加载步下，不同地应力条件下煤岩体损伤区域分布情况如图 6-9 所示。随着地应力的增加，特别是水平应力的增加，煤岩体内的损伤区域逐渐增大，损伤区域主要集中在断层破碎带附近，在坚硬岩层与断层、煤层等较软弱岩层相交处容易造成损伤破坏。因此，高构造应力区域附近通常赋存着较大范围的已经破碎的煤岩体，形成了突出发生的地质动力环境。当巷道掘进到该区域时，这些破碎的煤岩体就容易在瓦斯和地应力作用下涌向巷道空间，引发煤与瓦斯突出。

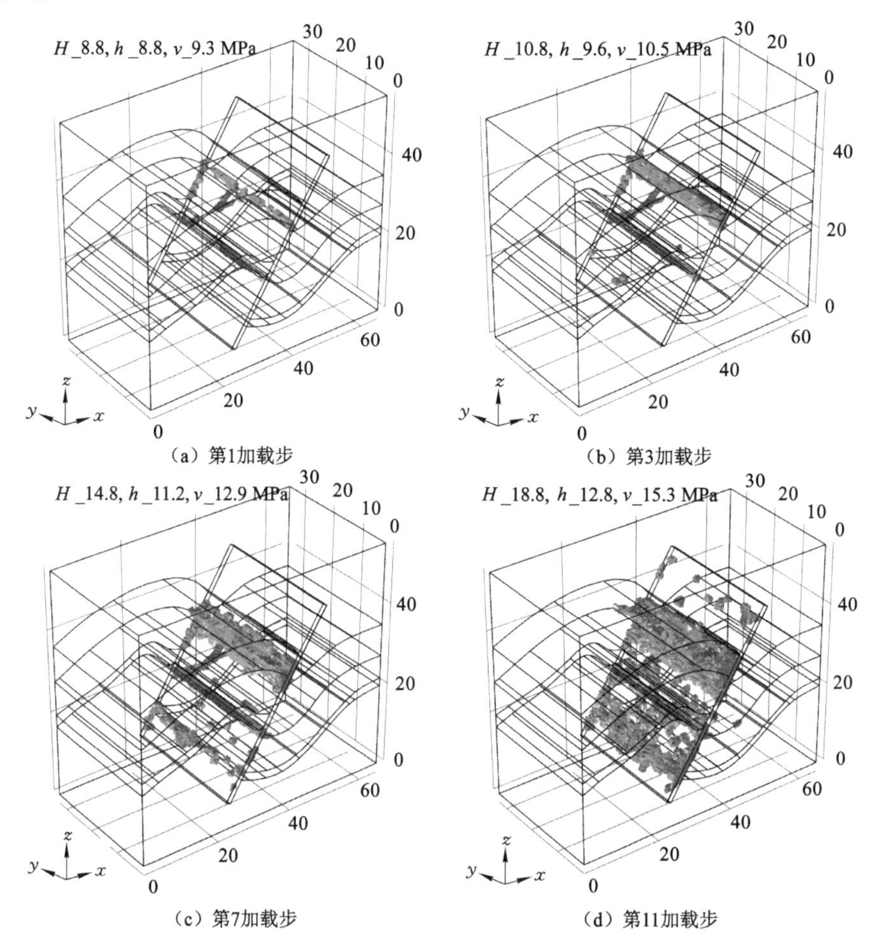

图 6-9 不同地应力条件下煤岩体损伤区域分布

6.2.2 采掘扰动下地质动力系统形成过程

突出地质动力系统具有三个不可或缺的要素，即含瓦斯煤体、地质动力环境和采掘扰动。含瓦斯煤体和地质动力环境是在漫长的地质构造历史时期就形成的。而采掘扰动是人类现今工程活动(巷道掘进、工作面开采)对含瓦斯煤岩体的作用,是突出的外部驱动力,在突出孕育阶段提供采动加载和卸载驱动煤岩损伤破坏作用,在突出演化阶段提供快速释放气体和煤岩等物质的空间条件[2]。本节将在之前获得的瓦斯和地应力的地质动力环境基础上,研究采掘扰动作用下煤岩体内应力和损伤破坏区域的变化规律,以进一步揭示突出地质动力系统的形成过程,模拟再现采掘工程诱发煤与瓦斯突出的整个过程。

巷道工作面掘进 5 m、10 m、20 m 和 30 m 时煤岩体内最大主应力分布云图如图 6-10(a)～(d)所示。当巷道掘进 5 m 时,巷道前方 2～4 m 范围内应力增加;断层附近损伤区域与图 6-9(d)第 11 加载步得出的损伤区域基本一致,说明此时巷道掘进工作面在空间上距离断层较远,对断层损伤区域变化的作用较小。随着巷道继续向前掘进,巷道围岩发生损伤破坏,巷道的顶底板内产生了卸压区,且随着巷道掘进长度的增加,该卸压区在巷道顶底板内扩展区域增大。巷道越接近断层破碎带,掘进工程对断层附近煤岩损伤破坏的影响越大,可以发现,当工作面掘进到 30 m 时,断层与上盘煤层相交处出现了较大范围的损伤,破碎煤岩体内的最大主应力极大地降低。

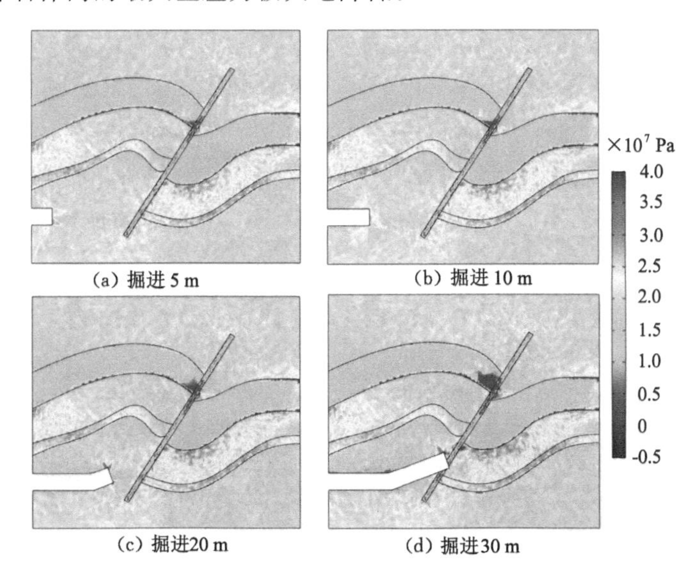

图 6-10　巷道掘进过程中煤岩体内最大主应力分布云图

通过数据提取和重构方法,我们得到了不同掘进工作面进尺下煤岩体内损伤区分布情况,如图 6-11 和图 6-12 所示。可以看出,煤岩体中损伤区可划分为巷道围岩损伤区、断层构造损伤区,以及两者相交处的损伤叠加区。巷道在掘进到 30 m 时，断层构造损伤区与巷道围岩(工作面前方)损伤区发生叠加相交，说明此时断层破碎带与巷道掘进工作面煤岩体损伤发生连通，初步形成了突出发生的地质动力系统区域。

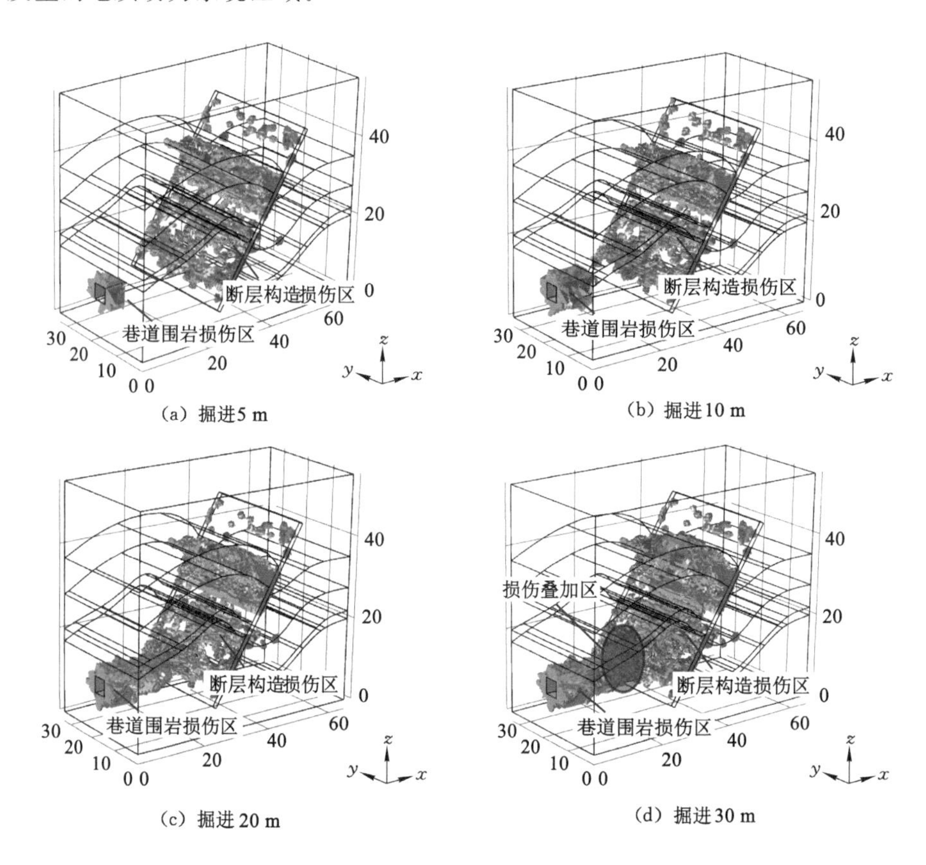

(a) 掘进5 m　(b) 掘进10 m

(c) 掘进20 m　(d) 掘进30 m

图 6-11　巷道掘进过程中煤岩体内损伤区三维分布

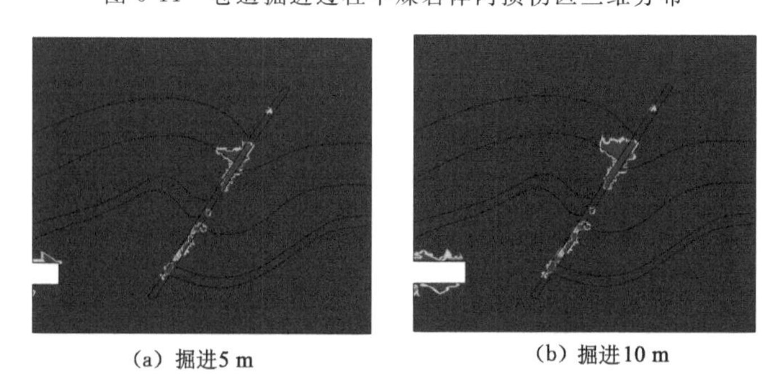

(a) 掘进5 m　(b) 掘进10 m

图 6-12　巷道掘进过程中煤岩体内损伤区分布云图

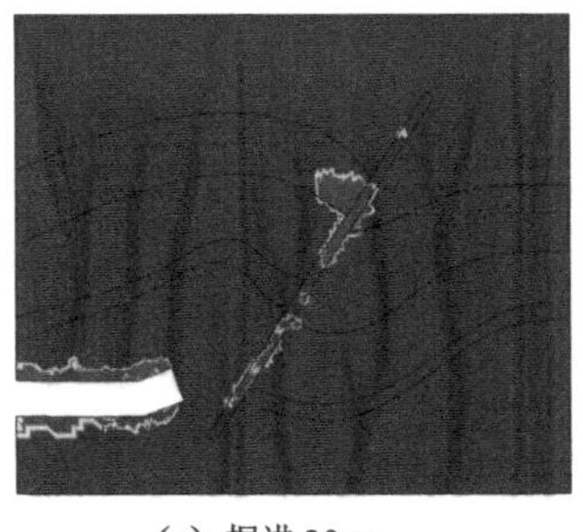
(c) 掘进 20 m

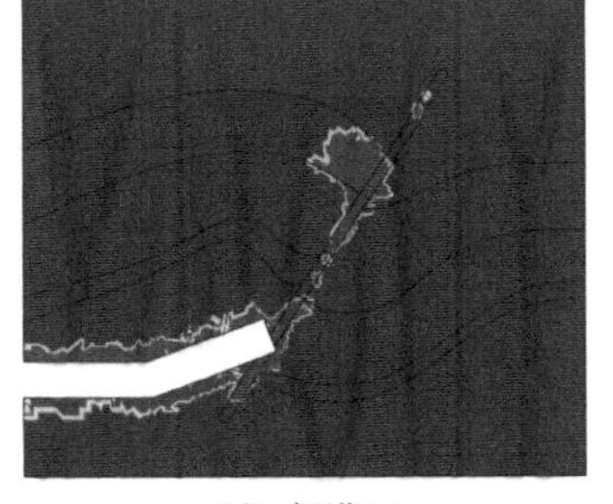
(d) 掘进 30 m

图 6-12(续)

6.3 突出地质动力系统失稳过程中应力、瓦斯和能量演化规律

6.3.1 应力传递规律

巷道掘进到断层破碎带附近，巷道围岩损伤区与断层破碎带损伤区贯通，说明该区域内的含瓦斯煤岩体满足了 4.3 节中地质动力系统的形成判据 C_1，产生了初始条件下的突出地质动力系统范围。此时，当地质动力系统内含瓦斯煤岩体同时满足力学失稳判据 C_2 和能量失稳判据 C_3，巷道前方和断层破碎带内煤岩体将伴随瓦斯涌入巷道，进而产生煤与瓦斯突出灾害。当巷道掘进到 30 m 后，保持边界条件不变的情况下，继续增加模拟时间，分析“10・20”突出事故过程，研究地质动力系统内含瓦斯煤岩体失稳灾变过程中应力传递、瓦斯运移和能量释放的变化规律。

在图 6-13 中，随着突出发生时间的增加，煤岩体内最大主应力降低区域增大。当突出发生 30 s 时，应力降低区主要分布在逆断层上盘煤层和断层破碎带内，以及水平巷道与倾斜巷道相交处的顶底板岩层内。在掘进工作面上前方起初最大主应力为升高区，随着突出时间增大，该区域内煤岩体发生损伤破坏，应力也随之降低。当突出发生 60 s 时，断层下盘煤层中开始出现低应力区域，且该区域随着突出的发展不断扩大，在突出发生 180 s 时达到最大。

提取图 6-13 中参考曲线 $A—B—C—D—E—F$ 和参考点 B、C、D 上的最大主应力数据，并分别绘制在图 6-14 中。根据图 6-14(a)，在断层附近应力分布较为复杂，随突出发生时间的增大，断层附近煤岩体内应力降低范围越大，特别是 30～120 s 内变化最为剧烈，由于卸压区域的应力需要由其周围的煤岩体来承受，在应力降低区域之外的煤岩体内应力有升高趋势，且围岩具有较大的空间

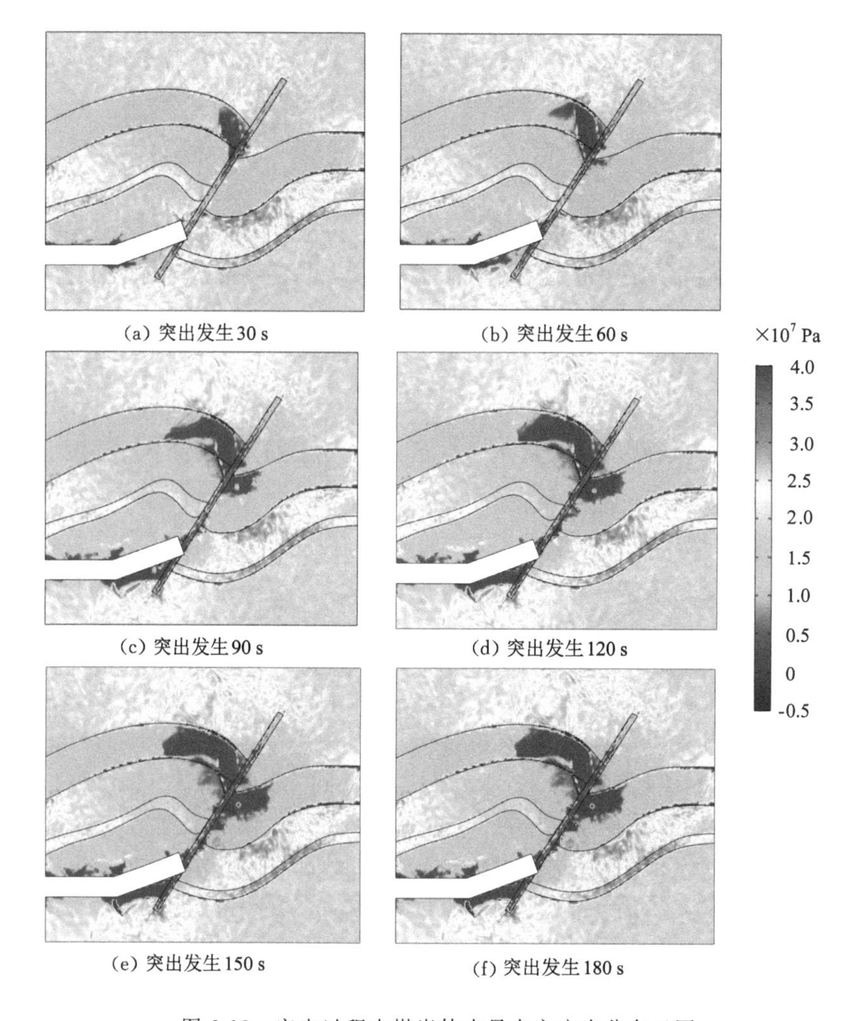

图 6-13　突出过程中煤岩体内最大主应力分布云图

展布，应力升高值并不明显。图 6-14(b)给出了不同参考点位置的应力分布。参考点 B 所在位置远离逆断层，在整个突出过程受到的影响较小，应力随时间增加缓慢提高。而参考点 C 受到较为强烈的影响，在突出发生前 30 s，其最大主应力为 17.73 MPa，而当突出继续发生，应力快速释放，并降低达到 1.7 MPa 左右，说明该点上煤岩体起初为完整煤岩，在突出过程中发生了损伤破坏，其承受地应力的能力下降。参考点 D 位于上盘煤层和断层相交处，该位置的煤岩体在突出发生的初期就已经损伤破坏，在突出过程中，损伤程度进一步增加，应力发生缓慢降低，从突出 30 s 时的 2.83 MPa 降低到 180 s 时的 1.08 MPa。需要

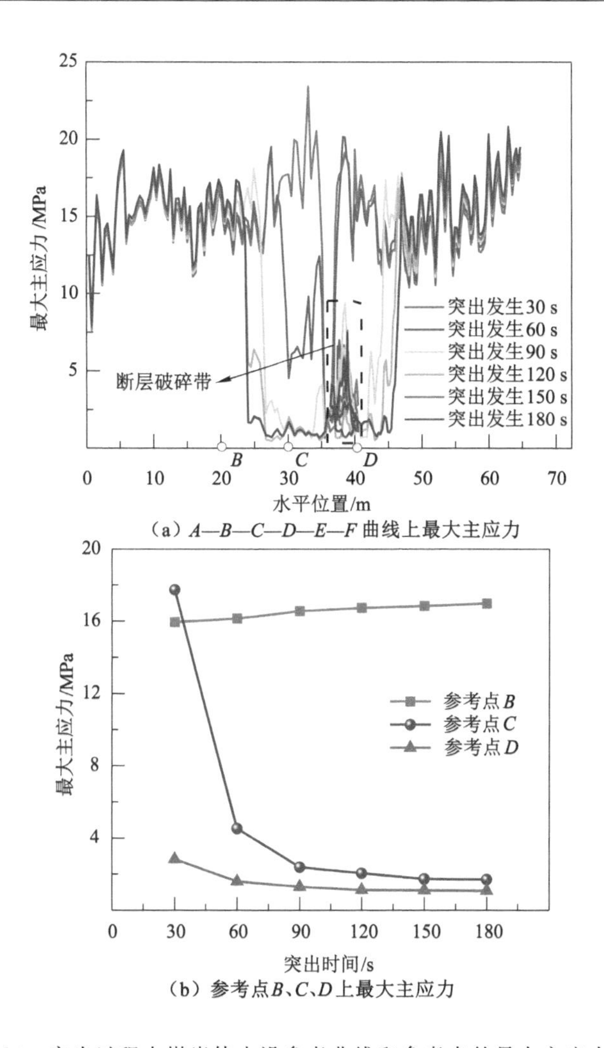

图 6-14 突出过程中煤岩体内沿参考曲线和参考点的最大主应力变化

说明的是,断层附近上盘煤层和下盘煤层的中线(参考线)x 坐标有重叠,因此曲线上水平位置 35～40 m 区间的最大主应力有重叠迂回的现象。

图 6-15 给出了不同突出时刻地质动力系统内损伤区三维空间分布。可以看出,巷道围岩出现大面积的损伤破坏,不同位置损伤程度不同,总体来说破坏深度为 3～6 m。随突出时间的增加,断层构造损伤区快速扩大,而巷道围岩损伤区扩大较为缓慢。当突出发生 60 s 时,断层构造损伤区域最小,主要集中在上盘煤层与断层相交位置附近。当突出时间增加到 120 s 和 180 s,断层下盘煤层发生大面积损伤破坏,并且上盘煤层附近的岩体也开始发生损伤破坏。从主

视图可以发现，断层构造损伤区对应于巷道轴线方向发展，最终在空间上接近于椭球形状。在6.4节，我们将计算出不同突出时刻损伤区域的体积量。

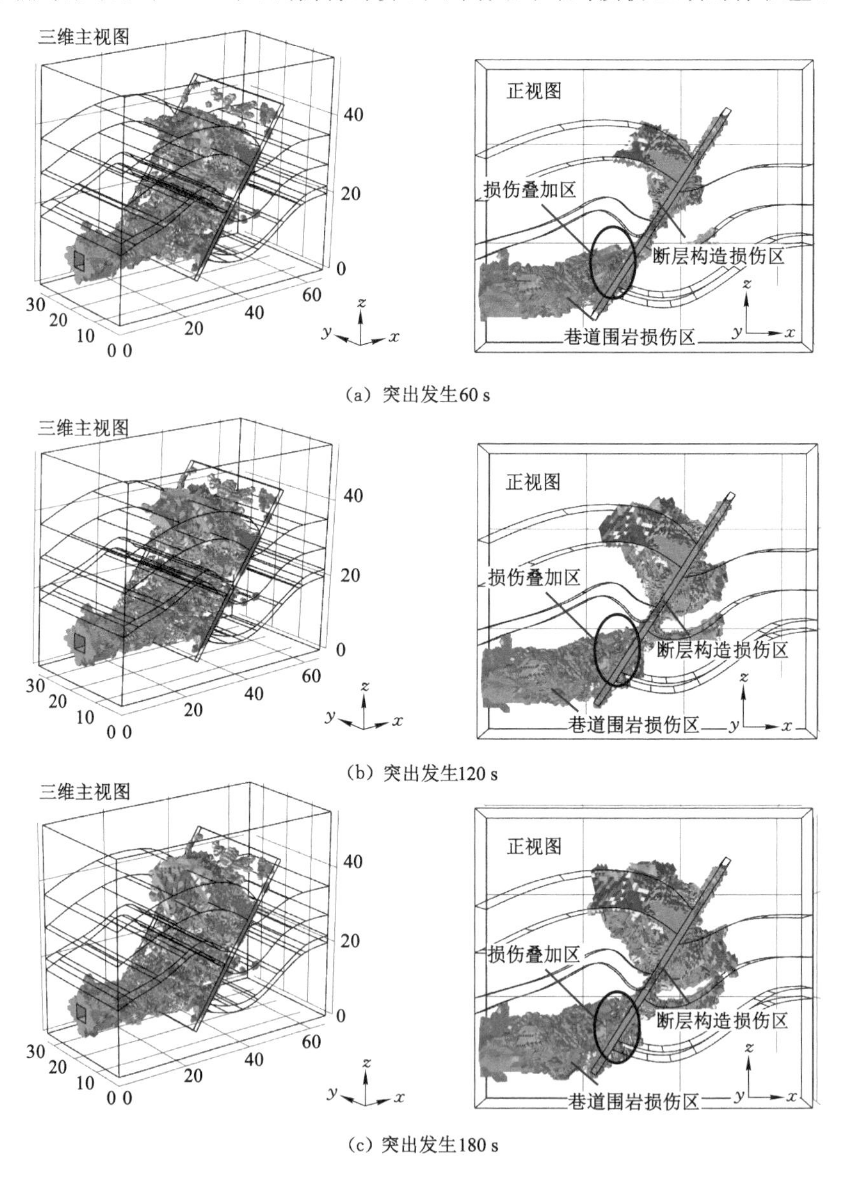

(a) 突出发生60 s

(b) 突出发生120 s

(c) 突出发生180 s

图6-15　突出过程中煤岩体内损伤区三维空间分布

以巷道轴线方向的截面为参考，得到突出过程中煤岩体内损伤区的二维分布，如图6-16所示。与图6-15损伤区三维分布一致，随着突出时间的增加，煤

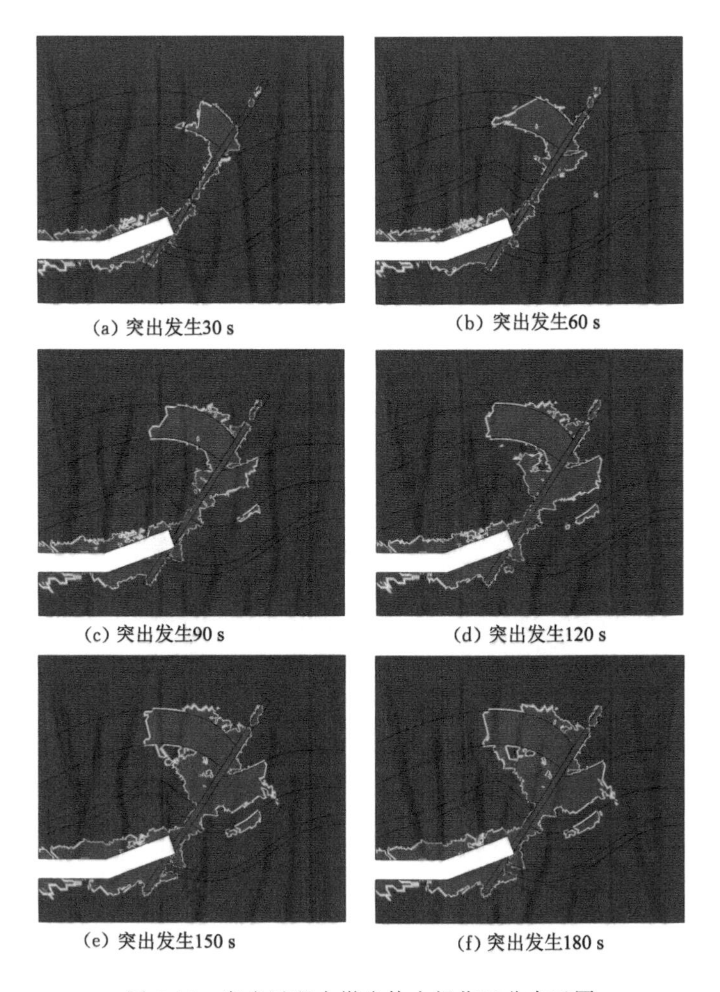

(a) 突出发生30 s　(b) 突出发生60 s

(c) 突出发生90 s　(d) 突出发生120 s

(e) 突出发生150 s　(f) 突出发生180 s

图 6-16　突出过程中煤岩体内损伤区分布云图

岩体内损伤区不断扩大，尤其是断层构造损伤区域。当突出发生 60 s 以内，断层构造损伤区未完全贯通，满足失稳条件 C_2 和 C_3 的巷道前方和断层下部的煤岩体涌入巷道内，突出的煤岩量相对较少，说明突出前 60 s 为突出发生的初始阶段；而当突出进行 90 s 时，断层构造损伤区贯通，渗透率急剧增大，大量的瓦斯伴随煤岩体涌入巷道，动力系统内煤岩体应力急剧降低，导致周围完整的煤岩体继续发生损伤破坏，地质动力系统不断扩大。突出发生 90～150 s 的损伤区扩大速度最快，二维断层构造损伤区面积增加了近 60%，说明突出过程较为剧烈，该时间为突出发生的主要阶段，即突出发展阶段。对比突出发生 150 s 和 180 s 的结果，煤岩体内损伤区增加缓慢，进入突出终止阶段。

6.3.2 瓦斯运移规律

瓦斯的参与是煤与瓦斯突出发生最主要的特征之一。在煤层中的瓦斯吸附、解吸平衡未被打破之前，瓦斯最初以吸附状态为主赋存在煤体内，游离态瓦斯仅占总瓦斯量的10%左右。当煤体发生损伤破坏，煤体内裂隙空间增大，吸附平衡被打破，吸附态瓦斯将解吸并运移至裂隙空间，并参与煤与瓦斯突出过程，为突出发展提供源源不断的能量。高压瓦斯在快速降压时，发生体积膨胀，并对煤岩体做功，促进煤岩体裂隙扩展，甚至使煤体粉碎破坏[219,220]。因此，研究突出过程中瓦斯运移规律对揭示突出发生机理有重要意义。

突出发生30 s、60 s、90 s、120 s、150 s、180 s时煤岩体内裂隙瓦斯压力分布情况如图6-17所示。在突出发生前60 s内，动力系统内瓦斯压力下降缓慢，瓦斯压力降低区集中在巷道迎头前方以及断层下部，这与图6-16的损伤区分布密

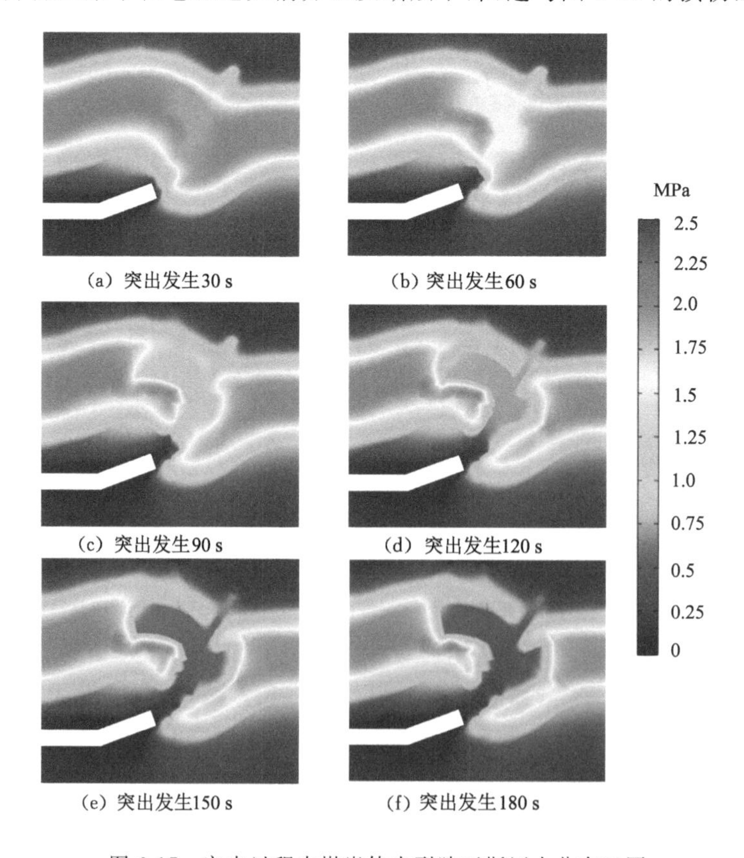

图6-17 突出过程中煤岩体内裂隙瓦斯压力分布云图

切相关。在突出发生 60 s 之前，断层损伤区未贯通，高渗透率区未有效沟通，瓦斯运移缓慢；在突出发生 60 s 之后，损伤区发生贯通，裂隙瓦斯在压力梯度和高渗透率的驱动下，快速向巷道自由空间运移，动力系统内瓦斯压力急剧下降。

提取图 6-17 中参考曲线和参考点上的裂隙瓦斯压力数据，并绘制瓦斯压力分布曲线，如图 6-18 所示。

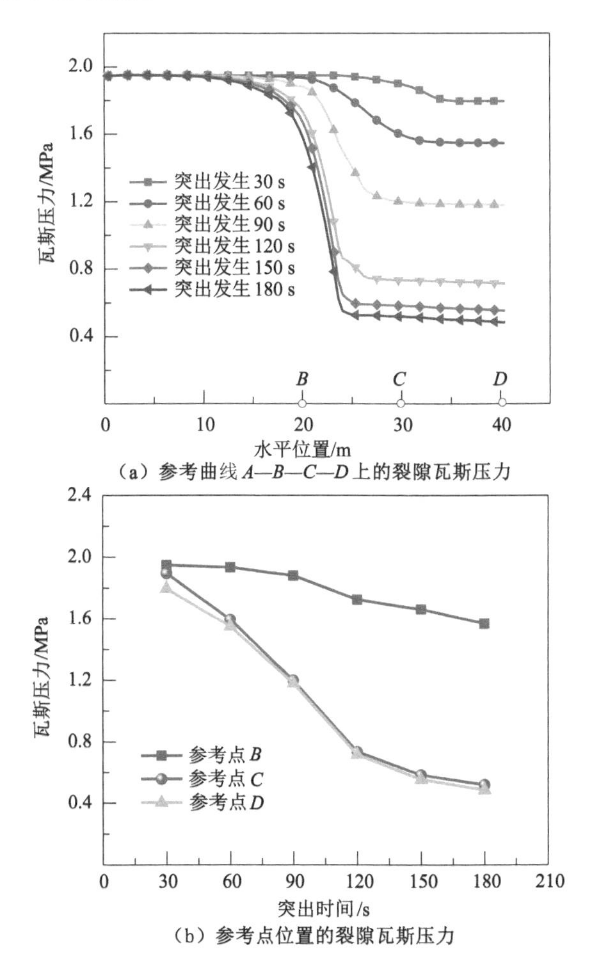

图 6-18　突出过程中参考曲线和参考点上的裂隙瓦斯压力分布

在图 6-18(a)中，曲线上水平位置小于 15 m 时，裂隙瓦斯压力几乎没有变化。当水平位置大于 15 m 时，裂隙瓦斯随突出发生时间的增加而降低，且水平位置越大(越靠近断层)，瓦斯压力降低越明显。在突出发生 60～150 s 内，煤层瓦斯压力降低速度最大，说明该时间区间内瓦斯突出量很大，突出较为剧烈。

在图 6-18(b)中，参考点 C 和 D 处的瓦斯压力变化基本一致，但与参考点 B 处的瓦斯压力变化明显不同。在突出发生 30 s 时，参考点 B、C、D 处的瓦斯压力分别为 1.95 MPa、1.89 MPa、1.80 MPa，在数值上相差较小。在突出发生180 s 时，参考点 B、C、D 处的瓦斯压力分别为 1.57 MPa、0.52 MPa、0.48 MPa，与初始瓦斯压力 2.04 MPa 相比，分别降低了 23%、74.5%和 76.5%。

煤岩体内基质瓦斯压力分布情况如图 6-19 所示。与裂隙瓦斯压力相比，基质瓦斯压力下降速率显著减缓，并且下降区域面积有明显缩减。在突出发生前 60 s 内，动力系统内基质瓦斯压力下降缓慢，降低区集中在巷道迎头前方以及断层下部，尤其是突出发生前 30 s，基质瓦斯压力下降不明显。在突出发生 60 s 之后，断层损伤区发生贯通，随着裂隙瓦斯压力的降低，更多的基质瓦斯发生解吸并运移到裂隙中，随后快速向巷道自由空间运移。对比图 6-19(e)、(f)，可以

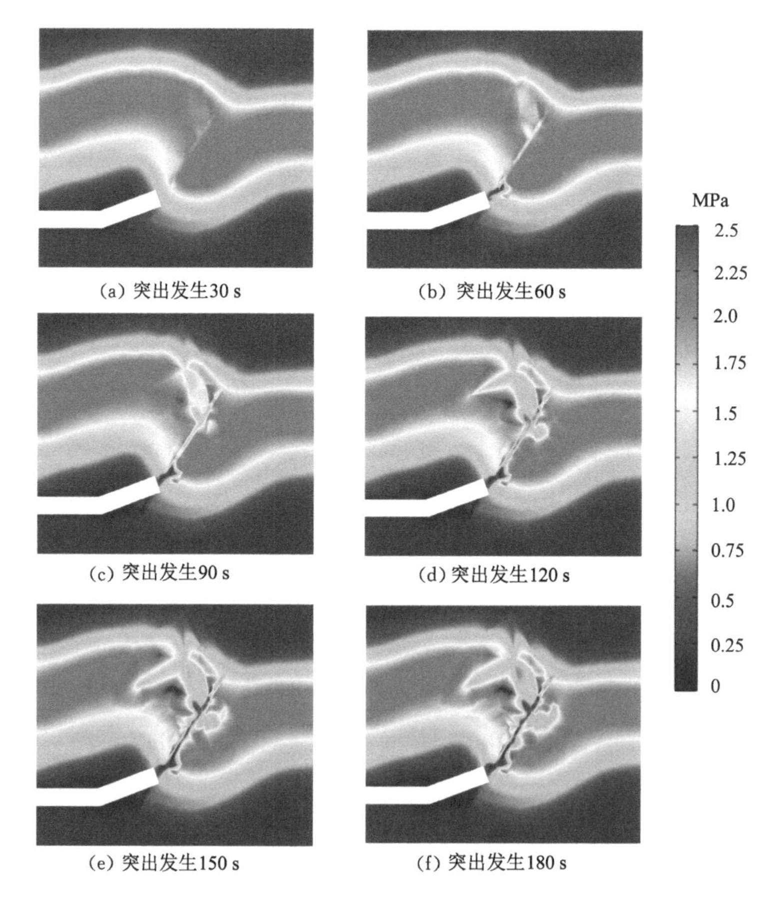

图 6-19 突出过程中煤岩体内基质瓦斯压力分布云图

发现突出发生 150 s 和 180 s 时，基质瓦斯压力变化不大，说明此时瓦斯解吸较慢，突出的瓦斯量急剧降低，突出强度降低明显。

提取参考曲线 A—B—C—D 和参考点 B、C、D 上基质瓦斯压力数据，得到不同突出时间的基质瓦斯压力分布曲线，如图 6-20 所示。

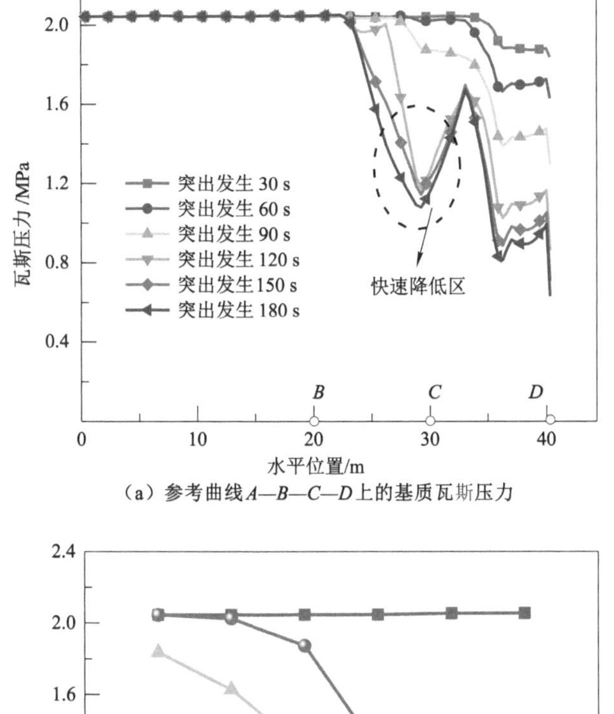

(a) 参考曲线 A—B—C—D 上的基质瓦斯压力

(b) 参考点位置的基质瓦斯压力

图 6-20 突出过程中参考曲线和参考点上的基质瓦斯压力分布

在图 6-20(a)中，随着突出发生时间的增加，突出动力系统内基质瓦斯压力降低，越靠近断层区域的基质瓦斯压力降低越明显，且突出时间越长，基质瓦斯压力降低的区域范围越大。例如，从突出 60 s时的范围(34 m,40 m)到突出90 s时的范围(28 m,40 m)，再到突出 180 s时的范围(23 m,40 m)，影响范围明显增大。在曲线上，水平位置小于 20 m时，裂隙瓦斯压力几乎没有变化，说明该区域受突出发生过程的影响较小。当突出 120～180 s时，基质瓦斯压力在范围(27 m,33 m)产生了快速降低区，这与突出 120 s时该区域的损伤程度升高有关。在图 6-20(b)中，参考点 C 和 D 处位于更靠近断层的煤层中，其瓦斯压力降低较快，而远离断层的参考点 D 处基质瓦斯压力基本不变。在突出发生180 s时，参考点 B、C、D 处的基质瓦斯压力分别为 2.04 MPa、1.17 MPa、0.63 MPa，与初始基质瓦斯压力 2.05 MPa 相比，分别降低了 0.5%、42.9%和 69.3%。

6.3.3 能量耗散规律

煤与瓦斯突出是一个能量积聚、释放和转化的过程。在突出孕育阶段，能量不断累积，采掘工作面前方以及构造区域煤岩体内产生损伤破坏，形成地质动力系统区域。当受到采掘扰动后，工作面前方含瓦斯煤岩体内积聚的能量足以发生失稳破坏并抛出，突出发动；在突出发展阶段，煤岩体喷涌而出，积聚的能量(弹性势能、瓦斯内能)持续释放，转化成煤岩体破碎功和高速运移的动能；随着积聚能量的降低，煤体的破碎速度和程度降低，瓦斯解吸速度放慢，直至地质动力系统内释放能量与需耗散能量达到新的平衡[221-222]。

突出煤岩的破碎(E_f)和抛出(E_k)过程需要耗散大量的能量，在不同突出时刻，损伤区域内煤岩体需耗散能量密度(E_d)见图 6-21。随着突出的发展，煤岩体内损伤区域扩大，内部损伤程度也随之增加，煤岩体的坚固性系数也急剧降低，根据公式(3-8)，破碎相同体积的煤岩所需耗散的能量降低。同时需耗散能量降低区域随突出发生时间的增加而增加，体现在图 6-21 中煤岩体破碎并抛出需耗散能量密度降低区域面积的不断增大。

图 6-22 给出了参考曲线上煤岩体需耗散能量密度的变化情况。在突出发生 30 s时，煤岩体需耗散能量密度较大，仅在靠近断层较小的区域(35 m,40 m)内需耗散能量密度较小，其余区域均大于 30 MJ/m^3。当突出持续发展，煤体内损伤破坏区域扩大，破坏后的煤体所需的破碎功降低，煤体内需耗散能量密度降低的范围扩大，在突出发生 180 s时，降低区扩展到(24 m,40 m)内，降低区范围从 5 m 扩展到了 16 m。

含瓦斯煤岩体释放的能量(E_s)包括重力势能(E_p)、固体弹性能(E_e)和瓦斯

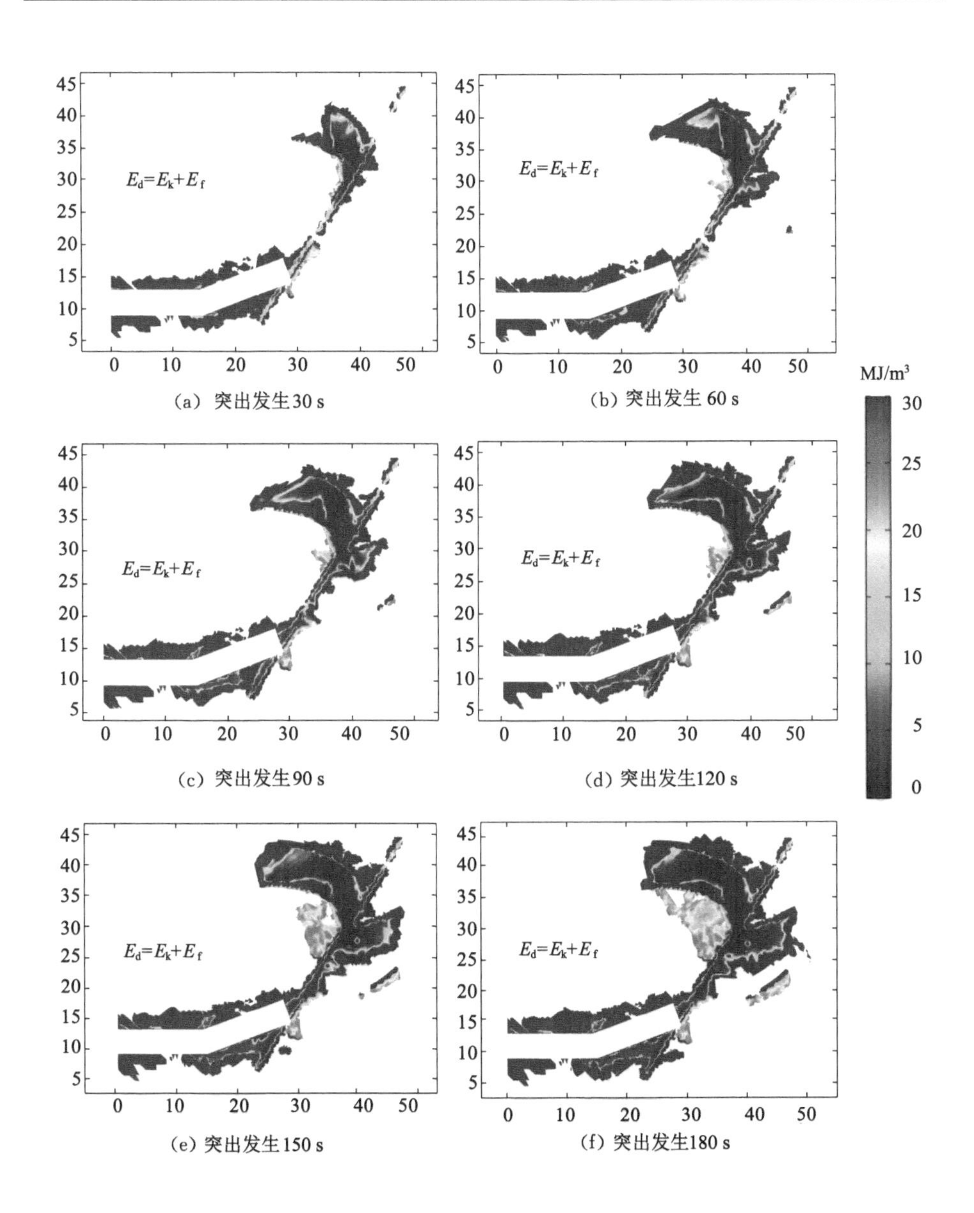

图 6-21　突出过程中损伤区域内煤岩体需耗散能量密度云图

注：图中横坐标、纵坐标的单位为 m，下同。

内能(E_g)，突出过程中损伤区域内含瓦斯煤岩体释放能量密度为动态变化过程，如图 6-23 所示。

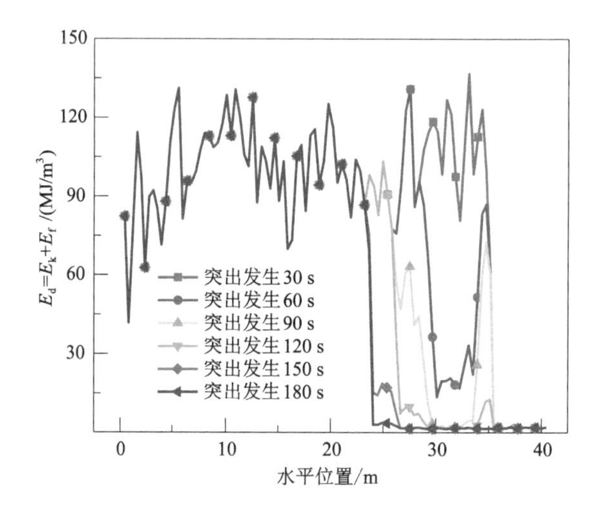

图 6-22 参考曲线上煤岩体需耗散能量密度变化

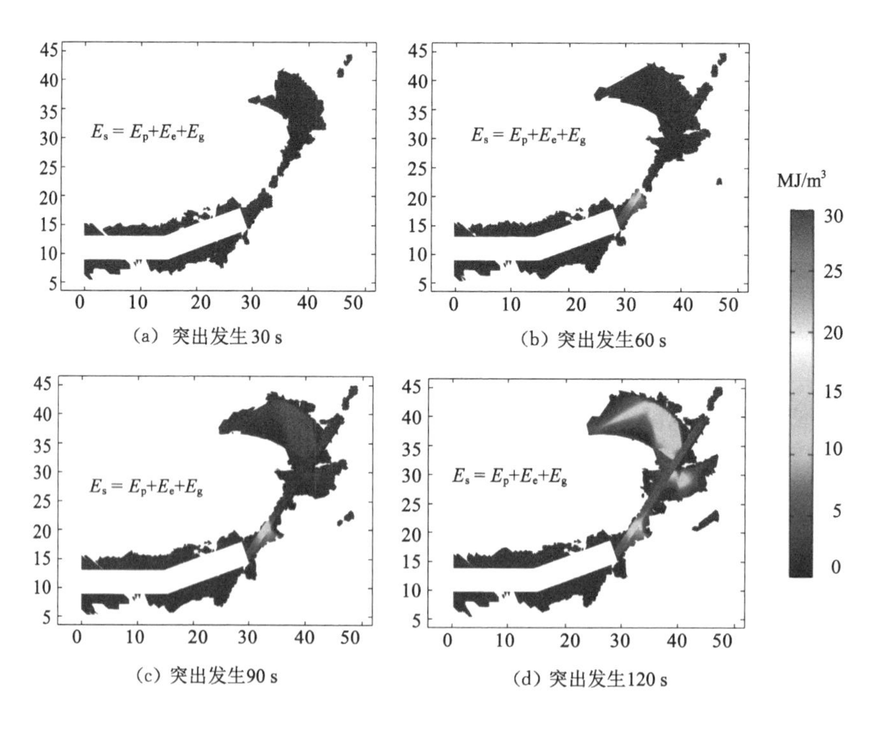

图 6-23 突出过程中损伤区域内含瓦斯煤岩体释放能量密度云图

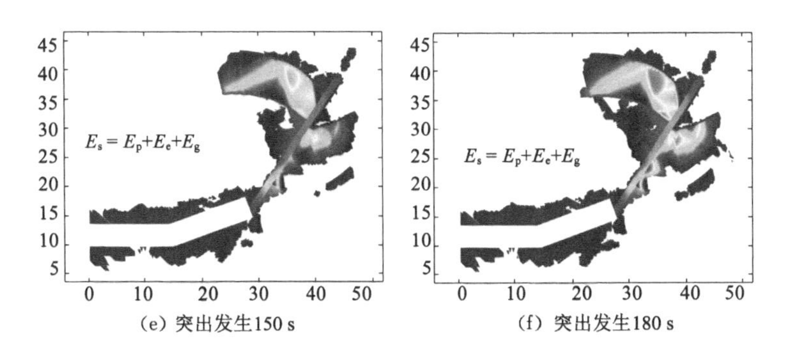

图 6-23(续)

在突出发生 30 s 时,煤岩体释放能量密度较小。随突出发生时间增加,煤体内损伤破坏区域扩大,破碎煤体解吸瓦斯加速,吸附态瓦斯能快速解吸成游离态瓦斯,并释放瓦斯内能,加快煤体损伤破坏的进程,高压瓦斯会裹挟煤岩体涌入巷道空间。随突出时间的增加,损伤区内释放能量密度增大,且增大区域也在扩展。从巷道迎头和下部断层处扩展到断层上盘煤层和下盘煤层,最大释放能量密度可达 25 MJ/m³ 左右。

不同突出发生时刻的参考线 $A—B—C—D$ 上含瓦斯煤岩体释放能量密度曲线见图 6-24。可以看出,随着突出发生时间的增加,在靠近断层区域的释放能量密度增大,在 0～60 s 内增大的速率缓慢,但在突出发生 60 s 之后,含瓦斯

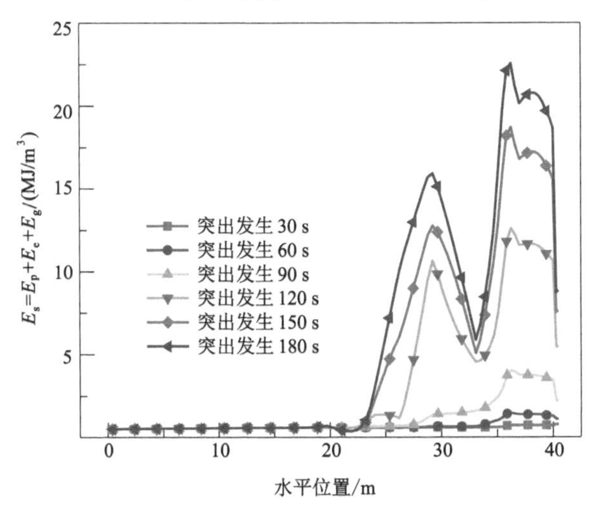

图 6-24 突出过程中参考线上含瓦斯煤岩体释放能量密度曲线

煤岩体释放的能量增加，释放能量密度快速增大，且能量密度增大范围从 60 s 时的 5 m（自右向左）增加到 180 s 时的 17 m。由于突出发展阶段瓦斯内能密度为煤岩体释放能量密度的主导，释放能量密度与基质瓦斯压力变化具有相反的变化趋势，因此，释放能量密度曲线也出现了两个峰值。

对比图 6-22 和图 6-24，提取图中 B、C、D 参考点上的含瓦斯煤岩体释放能量密度，绘制能量密度随突出时间的变化曲线，如图 6-25 所示。在参考点 B 处需耗散能量密度维持在 116 MJ/m^3，而该处煤体释放的能量仅为 0.58 MJ/m^3，释放的能量小于失稳所需的能量，根据能量失稳判据 C_3，该处的煤体不会发生突出。在参考点 C 处需耗散的能量在起初较高，但是随着煤体发生损伤破坏，煤体的坚固性系数降低，煤体破碎所需的能量减少，进而降低了失稳所需的能量，在突出发生 120 s 时，该处所需耗散能量为 1.77 MJ/m^3，此时含瓦斯煤体释放的能量为 8.85 MJ/m^3，显然煤体满足能量失稳判据 C_3。在参考点 D 处需耗散的能量在起初较低（1.96 MJ/m^3），且随着解吸瓦斯的快速释放，该处释放能量密度在 90 s 时达到 2.19 MJ/m^3，含瓦斯煤体的释放能量密度大于所需耗散能量密度，满足能量失稳判据 C_3。

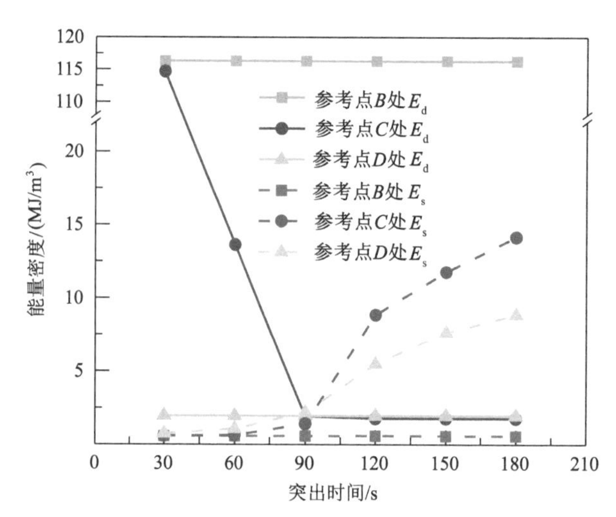

图 6-25　参考点上含瓦斯煤岩体释放能量密度随突出时间的变化曲线

6.4　地质动力系统与突出地质体尺度范围确定

6.4.1　地质动力系统与突出地质体尺度范围概念的提出

突出地质动力系统所在的尺度范围通常认为存在于地应力、瓦斯压力、煤岩力学性质及能量变化明显的煤岩地质体中，该区域是孕育和发生煤与瓦斯突出的主要场所。由于未受到损伤破坏的原始煤岩体的渗透率较低，在突出发生的短暂时间内，瓦斯很难运移出来并参与瓦斯突出的动力过程。同时，在未受到损伤破坏的煤岩体内，地应力变化较小。综合来说，未受损伤破坏的煤岩体内瓦斯压力、地应力和能量的变化较小，而损伤区煤岩体的瓦斯压力、地应力和能量相对有较大的变化。在此，我们定义煤岩体损伤破坏区为地质动力系统所在的尺度范围。

根据数值模拟结果，满足形成判据 C_1 的损伤区即为突出动力系统尺度范围，并构建不同突出时刻的地质动力系统三维立体图形，见表 6-3～表 6-6。可知，当突出发生 60 s、90 s、120 s 和 180 s 时，突出地质动力系统的煤岩总体积分别为 4 766 m^3、5 230 m^3、5 699 m^3 和 6 779 m^3；岩体体积分别为 2 850 m^3、3 121 m^3、3 372 m^3 和 4 163 m^3；煤体体积为 1 916 m^3、2 109 m^3、2 327 m^3 和 2 616 m^3。

煤岩体损伤破坏和煤岩体失稳是两个不同的概念。通常，当载荷达到煤岩破坏强度时，煤岩将发生损伤破坏。失稳指的是煤岩体承受足够的应力或发生足够的变形而破碎且失去承载能力的现象。两者的区别和联系为：第一，失稳是破坏的继续，若某一范围内的煤岩体失稳，则其中必定有一些部位的煤岩体同时发生了破坏，但不一定是该范围内所有的煤岩体都达到强度破坏条件。第二，失稳和破坏所关注问题的领域不同。破坏所关注的是某一个点位置的煤岩体是否达到强度条件，而失稳指的是某一范围内的煤岩体是否因破坏而失去了对周围煤岩体的支撑承载能力。第三，当局部位置的煤岩体发生损伤破坏时，并不表示就会有失稳的发生。因为煤岩体在损伤破坏后，仍能够通过其残余强度继续承载，并且即便是该破坏位置的煤岩体完全失去了承载能力，其所承受的载荷仍可能转移到周围煤岩体上，煤岩体仍能继续稳定地承载。随着煤岩体损伤破坏程度的继续加大，其承载的能力将越来越小，煤岩体就有可能发生突然失稳。

突出发动的一个主要特征就是一定范围内的含瓦斯煤岩体在短时间内突然失去承载能力。因此，失稳条件是突出发动的一个基本条件。根据煤与瓦斯突出地质动力系统机理，失稳判据包括力学失稳判据 C_2 和能量失稳判据 C_3，它们分别从力学和能量的角度出发建立了煤岩体稳定性判定准则。突出到巷道内的煤岩体一定是损伤破坏(C_1 判据)后并达到失稳条件(C_2、C_3 判据)的煤岩体。在此,我们定义同时满足地质动力系统的形成判据(C_1)、力学失稳判据(C_2)和能量失稳判据(C_3)的煤岩体所在的区域为突出地质体尺度范围。突出地质体位于地质动力系统的尺度范围内,也就是说,地质动力系统的尺度范围包含突出地质体的尺度范围。突出地质体尺度范围决定了突出煤岩量的大小、空间位置,是衡量突出强度的表征参数,同时也是预防突出发生的重点区域。

6.4.2 地质动力系统与突出地质体尺度范围的确定

在突出发生 60 s 时(表 6-3),地质动力系统(C_1)的煤岩总体积为 4 766 m^3,满足失稳判据 C_2 和 C_3 的煤岩总体积分别为 2 617 m^3 和 108 m^3,最后同时满足这三个判据条件的突出地质体的煤岩总体积仅为 96 m^3。突出体仅占地质动力系统总体积的 2.01%。分析原因,主要是满足能量失稳条件的煤岩体总体积较小,在突出发生 60 s 时,断层损伤区未得到有效连接沟通,煤层中大量瓦斯未能参与煤岩破碎和抛出做功过程,为突出初始激发阶段。

表 6-3 突出发生 60 s 时地质动力系统与突出地质体尺度范围

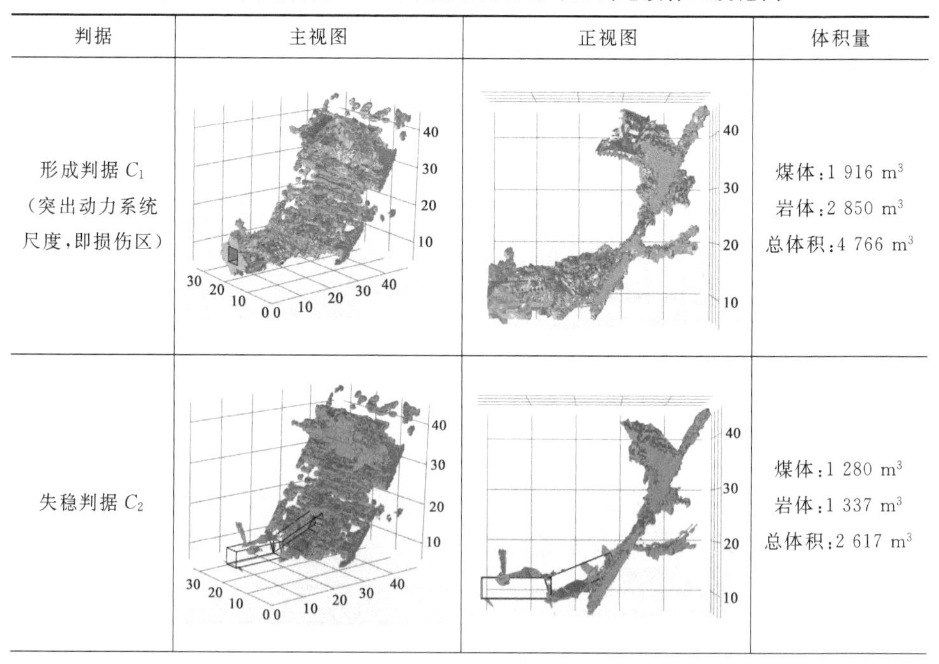

判据	主视图	正视图	体积量
形成判据 C_1 (突出动力系统尺度,即损伤区)			煤体:1 916 m^3 岩体:2 850 m^3 总体积:4 766 m^3
失稳判据 C_2			煤体:1 280 m^3 岩体:1 337 m^3 总体积:2 617 m^3

表 6-3(续)

判据	主视图	正视图	体积量
失稳判据 C_3	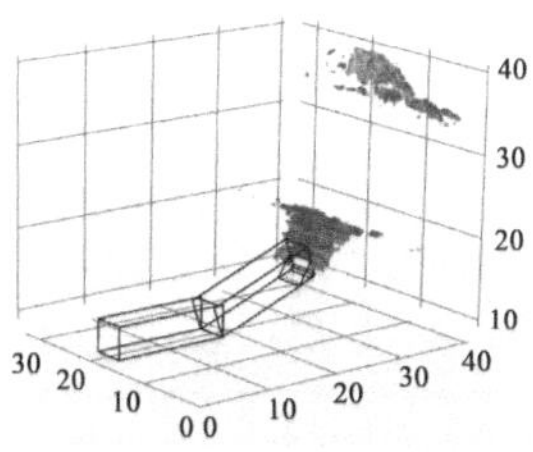	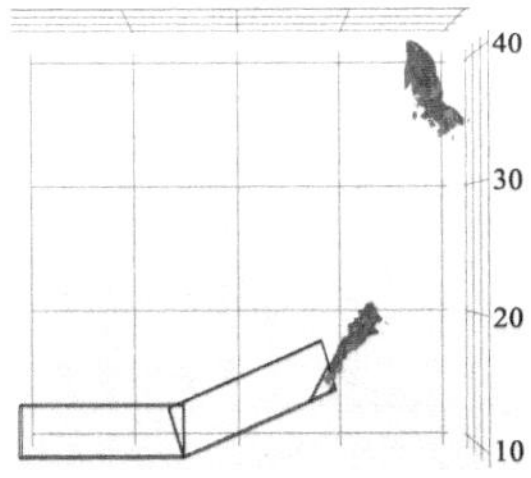	煤体:60 m^3 岩体:48 m^3 总体积:108 m^3
判据 C_1＋判据 C_2＋判据 C_3(突出地质体尺度范围)	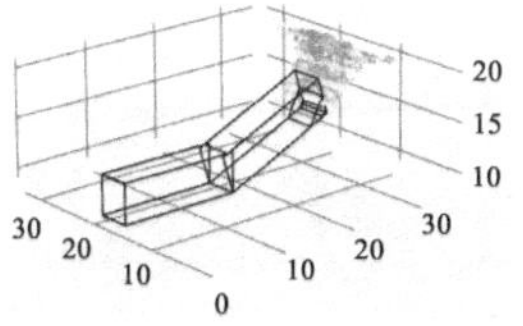	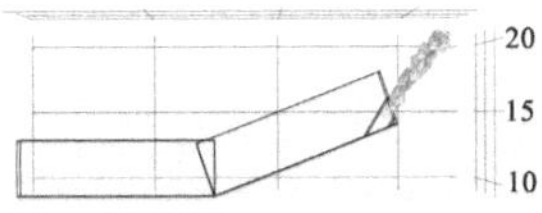	煤体:60 m^3 岩体:36 m^3 总体积:96 m^3

在突出发生 90 s 时(表 6-4),地质动力系统的煤岩总体积为 5 230 m^3,满足失稳判据 C_2 和 C_3 的煤岩总体积分别为 2 815 m^3 和 1 049 m^3,突出地质体的煤岩总体积为 926 m^3。此时,突出地质体仅占地质动力系统总体积的 17.7%。突出地质体在突出发生 60～90 s 内迅速扩大,主要是由于断层损伤区域在此过程中得到了贯通,大量的解吸瓦斯能够释放能量,促进突出地质体内煤岩失稳和进一步抛出,为突出发展阶段。

表 6-4　突出发生 90 s 时地质动力系统与突出地质体尺度范围

判据	主视图	正视图	体积量
形成判据 C_1(突出动力系统尺度,即损伤区)	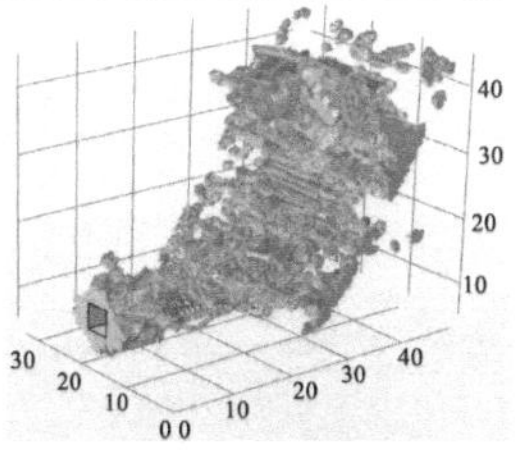	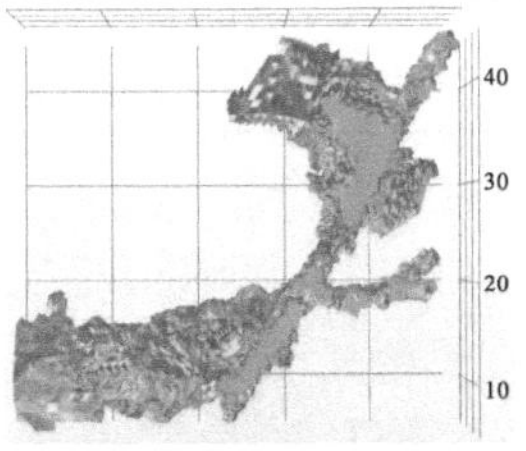	煤体:2 109 m^3 岩体:3 121 m^3 总体积:5 230 m^3
失稳判据 C_2	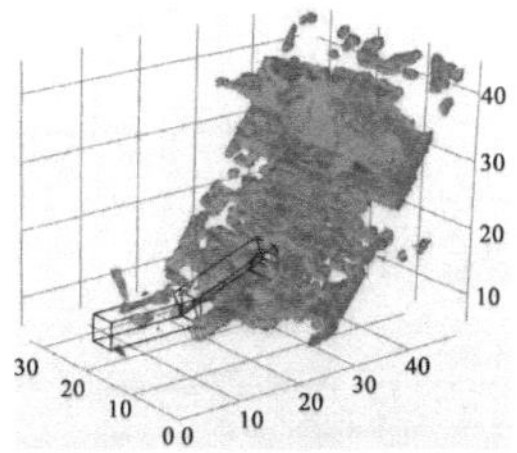	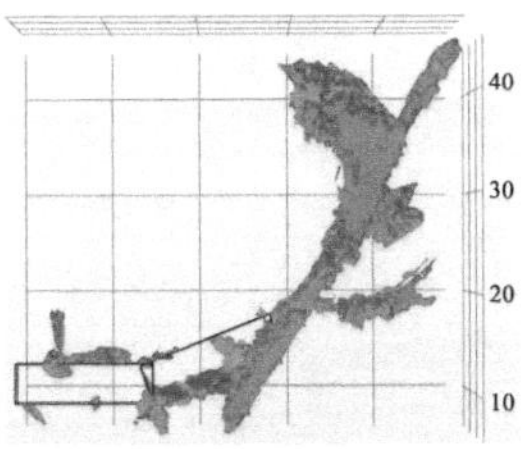	煤体:1 435 m^3 岩体:1 380 m^3 总体积:2 815 m^3

表 6-4(续)

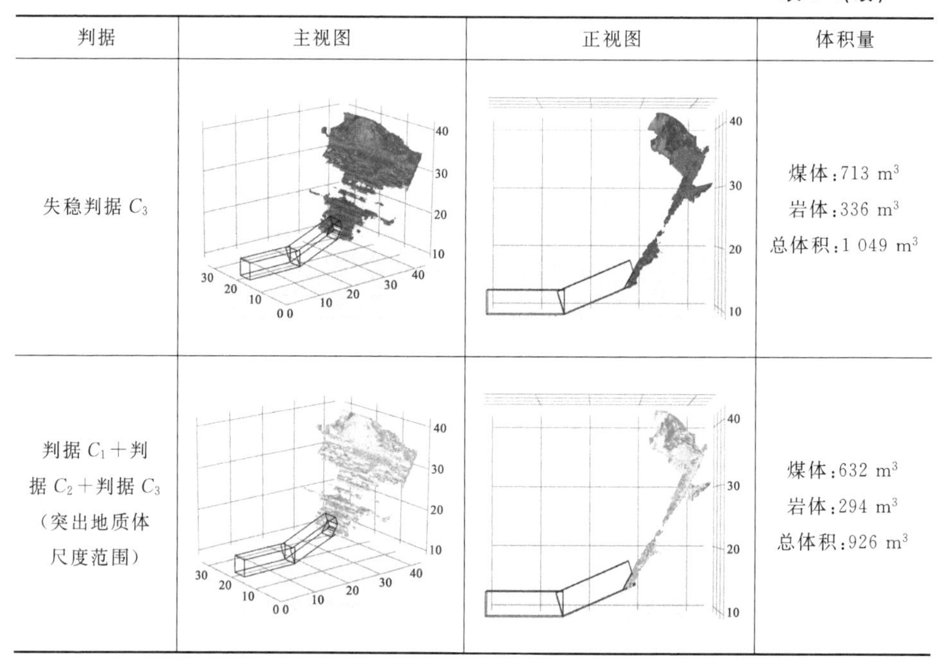

判据	主视图	正视图	体积量
失稳判据 C_3			煤体:713 m^3 岩体:336 m^3 总体积:1 049 m^3
判据 C_1+判据 C_2+判据 C_3(突出地质体尺度范围)			煤体:632 m^3 岩体:294 m^3 总体积:926 m^3

在突出发生 120 s 时(表 6-5),地质动力系统的煤岩总体积为 5 699 m^3,满足失稳判据 C_2 和 C_3 的煤岩总体积分别为 3 011 m^3 和 1 712 m^3,突出地质体总体积为 1 572 m^3。突出地质体仅占地质动力系统总体积的 27.6%。突出地质体在突出发生 90～120 s 内扩大了 646 m^3,说明该时间段内突出仍然剧烈,大量瓦斯释放能量,并参与突出过程,为突出发展阶段。

表 6-5　突出发生 120 s 时地质动力系统与突出地质体尺度范围

判据	主视图	正视图	体积量
形成判据 C_1(突出动力系统尺度,即损伤区)			煤体:2 327 m^3 岩体:3 373 m^3 总体积:5 699 m^3

表 6-5(续)

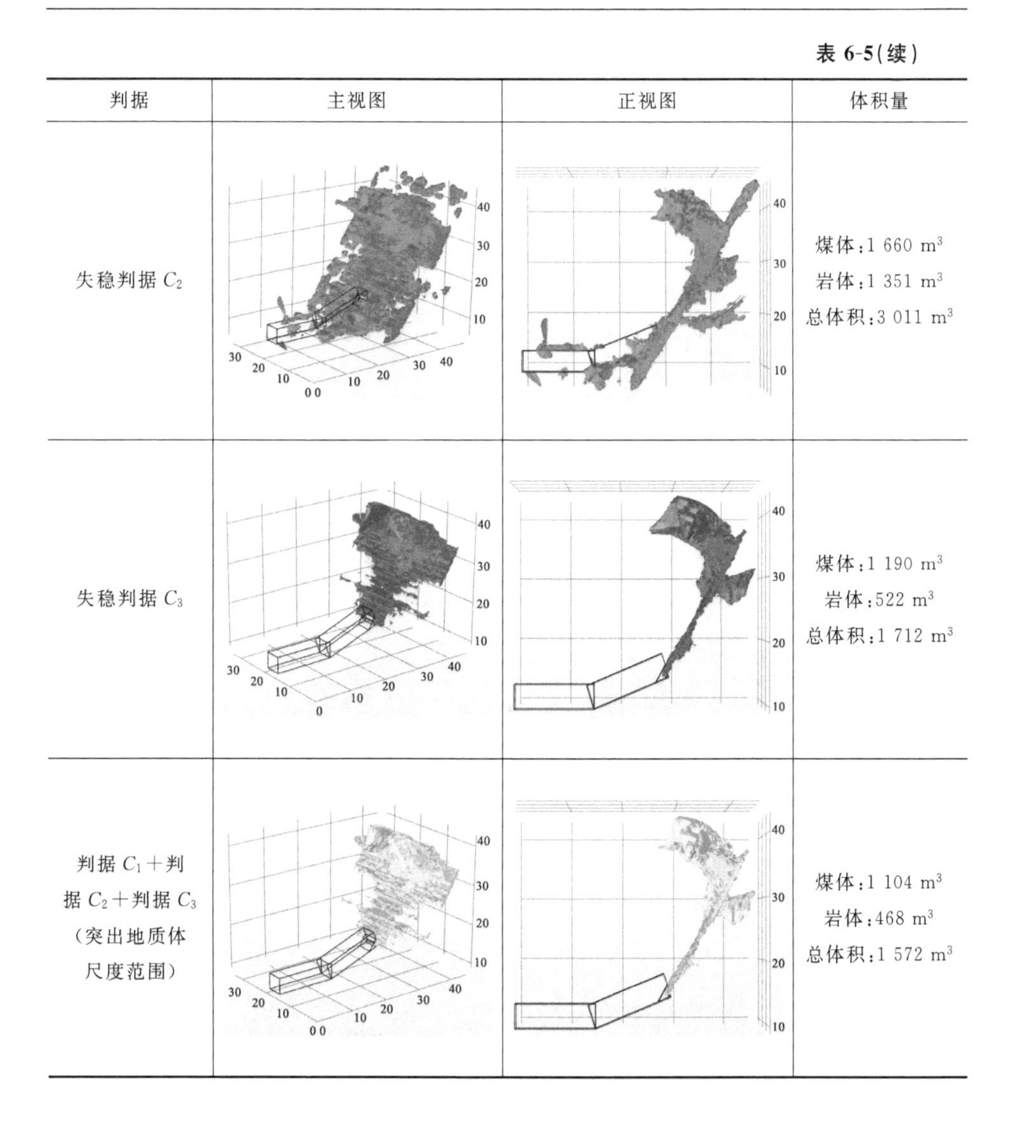

判据	主视图	正视图	体积量
失稳判据 C_2			煤体:1 660 m^3 岩体:1 351 m^3 总体积:3 011 m^3
失稳判据 C_3			煤体:1 190 m^3 岩体:522 m^3 总体积:1 712 m^3
判据 C_1+判据 C_2+判据 C_3(突出地质体尺度范围)			煤体:1 104 m^3 岩体:468 m^3 总体积:1 572 m^3

在突出发生 180 s 时(表 6-6),地质动力系统的煤岩总体积为 6 779 m^3,满足失稳判据 C_2 和 C_3 的煤岩总体积分别为 3 056 m^3 和 2 171 m^3,突出地质体总体积为 1 698 m^3。突出地质体仅占地质动力系统总体积的 25.1%。突出地质体在突出发生 120～180 s 内扩大了 126 m^3,说明该时间段内突出强度趋于缓和,突出进入终止阶段。

表 6-6　突出发生 180 s 时地质动力系统与突出地质体尺度范围

判据	主视图	正视图	体积量
形成判据 C_1 （突出动力系统尺度，即损伤区）	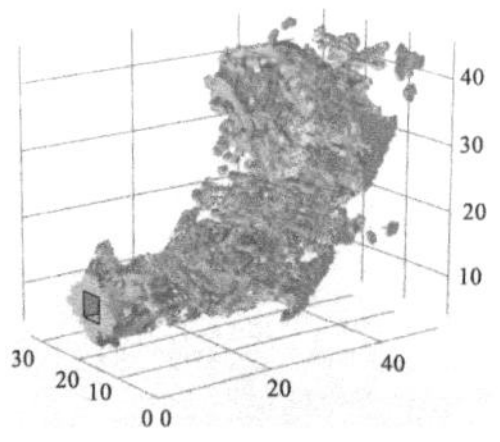	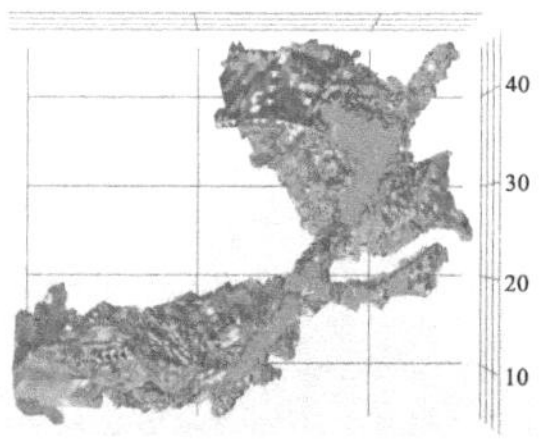	煤体：2 616 m^3 岩体：4 163 m^3 总体积：6 779 m^3
失稳判据 C_2	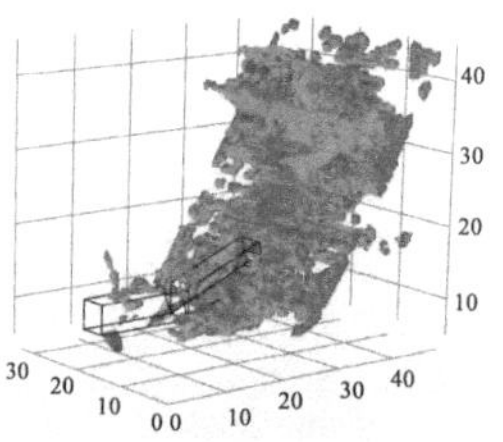	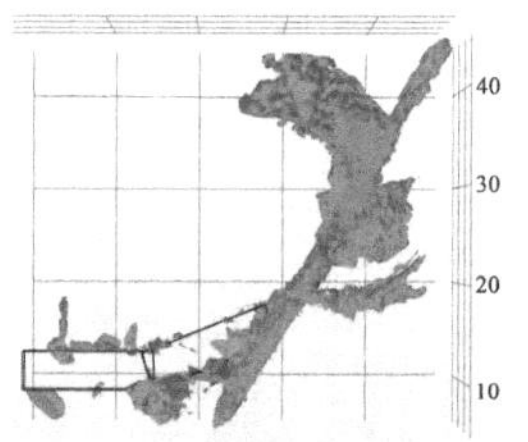	煤体：1 609 m^3 岩体：1 447 m^3 总体积：3 056 m^3
失稳判据 C_3	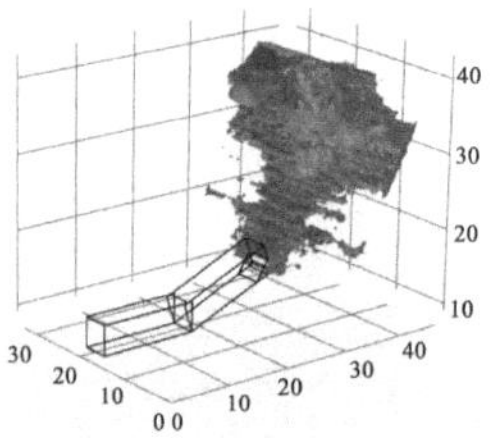	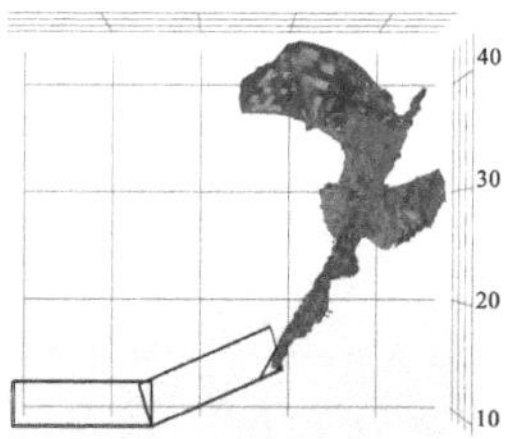	煤体：1 558 m^3 岩体：613 m^3 总体积：2 171 m^3
判据 C_1＋判据 C_2＋判据 C_3 （突出地质体尺度范围）	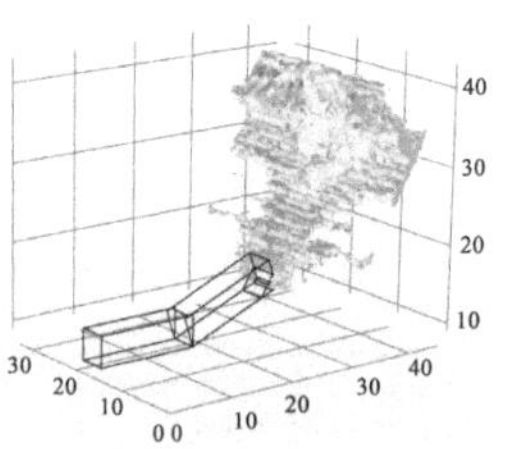	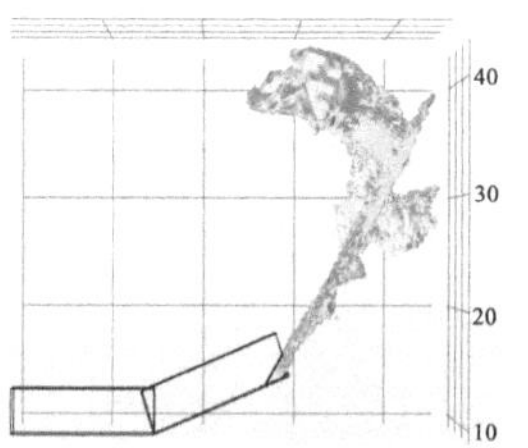	煤体：1 154 m^3 岩体：544 m^3 总体积：1 698 m^3

根据 4.3 节中地质动力系统的形成和失稳判据，在突出地质动力系统数值模拟结果的基础上，计算得出不同突出发生时刻地质动力系统和突出地质体尺度范围，如图 6-26 所示。在图 6-26(a)中，满足形成判据 C_1 的地质动力系统尺度范围内的煤岩体体积随突出发生时间增加而增加，从突出发生 30 s 时的 3 816 m^3 增加到 180 s 时的 6 779 m^3。由于地质动力系统包含了巷道围岩的损伤破坏区，导致动力系统内岩体体积大于煤体体积。在图 6-26(b)中，满足力学

失稳判据 C_2 的煤岩体体积先从 2 240 m^3（突出 30 s 时）的快速增大到 3 012 m^3（突出 120 s 时），当突出时间继续增大，煤岩体积增加缓慢，突出到 180 s 时为 3 056 m^3，并且该区域内煤体和岩体的体积相当。

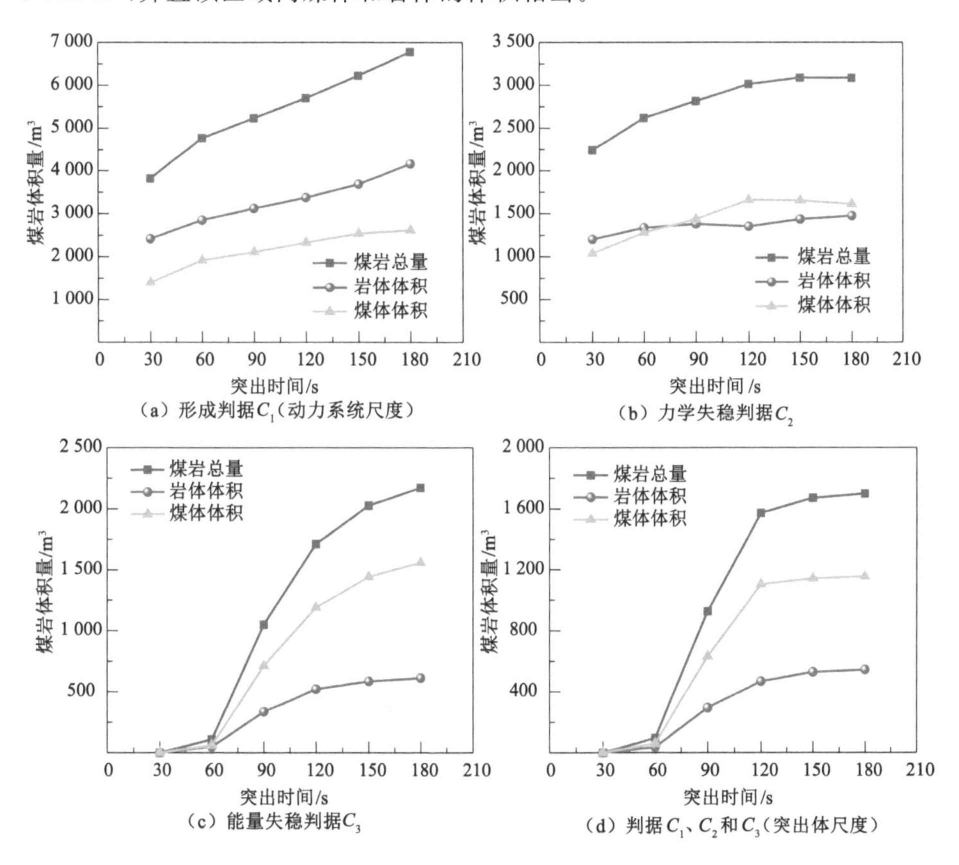

图 6-26　地质动力系统和突出地质体尺度范围随突出发生时刻的演化规律

在图 6-26(c)中，满足能量失稳判据 C_3 的煤岩体体积在突出开始前 60 s 内很小，之后，在突出 60～120 s 时间内，随时间的增加而急剧增大，最后在150～180 s 时间内，该区域内的煤岩体体积增加缓慢，整个过程呈现出慢—急—缓的特征。在图 6-26(d)中，同时满足形成判据 C_1、失稳判据 C_2、C_3 的突出地质体的煤岩体总体积随时间的变化也呈现出慢—急—缓的增加趋势，只是突出体的体积小于满足能量判据的煤岩体的总体积。突出发生 60～120 s 为突出体增大最为剧烈的时间，该时间内突出的煤量最多，突出强度最大，是突出致灾最严重的一个阶段。总的来说，突出地质体内的煤体要远大于岩体的体积。当突出发生 180 s 可认为突出已发展稳定，突出终止。此时，突出的总体积为 1 698 m^3，煤体体积为 1 154 m³,岩体体积为 544 m³。根据大平煤矿突出现场清理的结果,突出煤岩堆积体积为 1 461 m³,煤岩总量为 1 894 t,其中煤量 1 362 t,岩石量 532 t。对比来看,本书得出的突出地质体体积与突出煤岩堆积体积总量较为接近,误差约 16.2%。我们认为其中有两个因素产生误差,一是地层中煤岩力学性质非均质性较强,煤岩体的力学强度难以高度准确获得;二是突出空洞内有未清理出的煤岩体,该部分煤岩已经破碎、涌出,只是未运移至巷道内。

图 6-27 给出了突出地质体占整个地质动力系统体积的比例随突出时间变化的情况。当突出时间小于 120 s 时,突出体的煤岩总量、岩体和煤体体积的占比均随突出时间的增加而增加,之后该比例逐渐降低;在突出 120 s 时达到最大值,分别为 27.58%、14.35%和 47.44%。这说明,突出煤岩仅占到了整个突出动力系统内煤岩的 1/4 左右,动力系统内未突出的煤岩为突出的煤岩提供了力学和能量等条件,这也是突出发生不可或缺的重要组成部分。

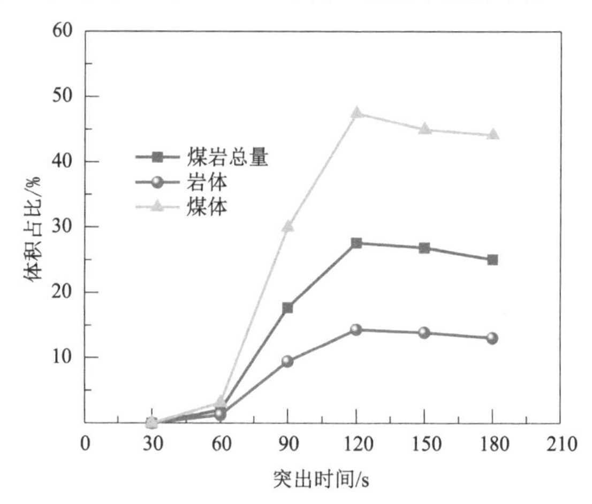

图 6-27　突出地质体占地质动力系统体积比例随突出时间的变化

6.5 本章小结

① 根据含瓦斯煤体应力-损伤-渗流耦合模型,进行了突出地质动力系统孕育及演化过程的数值模拟,获得了未受采掘扰动下煤岩层中瓦斯压力、瓦斯含量、地应力分布规律,以及受采掘扰动条件下巷道围岩和断层破碎带附近的损伤破坏区分布,得到了突出发生的地质动力环境。

② 本章研究了突出发生过程中,地质动力系统内应力传递、瓦斯运移、能量积聚和释放规律。结果表明,巷道掘进前方损伤区与地质构造损伤区叠加后,

形成了突出的地质动力系统，系统体积随时间的增加而增大，在突出结束时达到平衡。损伤区的最大主应力得到了一定程度的释放。瓦斯运移与损伤区的发育和贯通密切相关，在断层损伤区未贯通之前，瓦斯运移缓慢，在贯通之后，瓦斯快速运移，促进了突出的发生。

③ 本章提出了突出地质动力系统尺度范围和突出地质体尺度范围的概念，为突出防治措施的实施提供了空间依据。同时，获得了突出地质动力系统和突出地质体的三维空间可视图，通过计算确定了尺度范围随时间变化的煤岩体体积，模拟结果与现场突出煤岩量较为吻合。

7 基于地质动力系统的消突机制及工程应用

7.1 基于突出地质动力系统的消突机制

煤与瓦斯突出地质动力系统的孕育和演化过程，是煤岩体不断地损伤破坏、瓦斯运移以及能量释放的过程，而突出是否发生需满足动力系统的形成和失稳判据。通过6.4节中地质动力系统尺度范围与突出地质体尺度范围的对比发现，最终突出的煤岩体(突出地质体)与满足能量失稳判据 C_3 的煤岩体最为接近，说明动力系统的能量变化(积聚、释放)对突出的发动和发展过程起控制作用。能量变化贯穿了突出发生过程中的所有阶段，它综合体现了煤岩体的力学强度特性、煤岩体的地应力状态，以及瓦斯吸附、解吸量的变化。这与综合作用假说是相符的，均认为突出是煤体力学强度、瓦斯压力和地应力综合作用的结果。

突出的发生将煤体破碎剥离，使煤体破坏后裂隙弱面在瓦斯压力和外部载荷作用下扩展贯通，并进一步粉碎，此过程会消耗大量的系统能量，以达到增加表面能的结果。煤岩体强度的增加将增大含瓦斯煤岩体所需破碎功，进而提高发生突出所需的能量阈值；而瓦斯、地应力的增加将增大含瓦斯煤岩体内积聚的能量，进而提高突出能够释放的能量值。从模拟结果来看，煤体损伤区的形成是突出能量得以释放的前提条件，而突出动力系统内释放能量密度大于所需耗散能量密度是决定突出是否能持续进行的关键。

从图7-1可知，由地应力主导的有效应力作用在采掘工作面前方和地质构造附近的煤岩体上，当满足形成判据 C_1 时发生损伤破坏，形成突出地质动力系统。而地质动力系统内的低强度的煤岩体在地应力和瓦斯压力作用下，满足失稳判据 C_2 和 C_3 时，动力系统进一步失稳，发生突出。在失稳过程可以发现，满足能量失稳判据 C_3 的煤岩体总能满足力学失稳判据 C_2，这与胡千庭教授的研究结果一致[7]。因此，我们在此通过地质动力系统形成判据 C_1 和能量失稳判

据 C_3 的主控因素来消除突出危险。

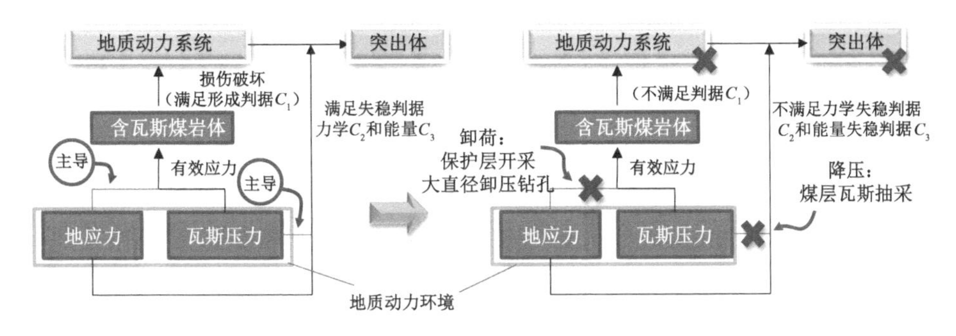

图 7-1 基于突出地质动力系统的消突机制

采动应力和构造应力的共同作用形成了煤层内的高地应力,是地质动力系统形成判据 C_1 的主控因素,主导着含瓦斯煤岩体力学损伤破坏过程,降低煤岩体强度,同时处于高地应状态的煤岩体中的裂隙和孔隙往往被压密、压实、闭合,对煤层瓦斯系统具有封闭作用。在工程实践中,通常采取开采保护层的区域性措施和水力冲孔、大直径卸荷钻孔的局部性措施来卸除高地应力(卸荷),使煤岩体不能满足地质动力系统的形成条件,进而防止煤与瓦斯突出发生。而针对地质动力系统的能量失稳判据 C_3,通常采取预抽煤层瓦斯的区域性措施和采掘工作面前方本煤层瓦斯抽采局部措施来降低煤层内部瓦斯压力和含量,使其不能满足能量失稳判据 C_3,达到防突的目的。因此,基于突出地质动力系统的防突机制包含两个方面:一是卸荷,通过采取降低地应力措施,改善煤层的应力条件,使其不能形成有效的突出地质动力系统范围,同时还能提高煤层渗透率,促进瓦斯抽采;二是降压,通过降低煤层内瓦斯压力和含量,使已处于地质动力系统内部的煤岩体不能满足能量失稳条件,保持稳定性,消除突出危险。

7.2 基于突出地质动力系统的消突工程应用

7.2.1 工作面概况

某矿井田南北长约 4 km,东西宽约 3 km,面积为 12.87 km^2,核定生产能力为 140 万 t/a。井田位于矿区东部、李口向斜南西翼东部仰起端的过渡地带,总体为走向北西西、倾向北北东的单斜构造,主要构造包括北西向发育的逆断层与郭庄背斜断褶带,以及牛庄逆断层、F_2 逆断层与十矿向斜断褶带。该矿共发生煤与瓦斯突出动力现象 28 次,瓦斯突出类型主要表现为压出、突出、倾出三种，最大突出瓦斯量为25 704 m³，最大突出煤量为293 t。随着矿井瓦斯抽采工艺的不断改善，煤与瓦斯突出等动力现象的发生次数呈逐年下降趋势。在2006—2016年间，未发生煤与瓦斯突出动力现象。随着该矿浅部煤炭资源的枯竭，煤炭开采逐渐向深部转移，煤层表现出赋存条件复杂、高地应力、高瓦斯和低渗透性等特征，煤层瓦斯抽采的难度加大，煤与瓦斯突出的危险性大大增加。2017年11月25日，在31020工作面进风巷427 m处，发生了煤与瓦斯突出动力现象，突出位置标高−662 m，埋深910 m，共突出瓦斯量2 458 m³，突出煤量83 t。

31020工作面位于该矿三水平西翼下山上部（图7-2），南邻17220采面（已回采完毕），北邻31040采面（尚未采掘），东邻己七二七轨道下山，西为该矿井田边界。31020工作面倾向长203 m，回风巷走向长911 m，进风巷走向长761

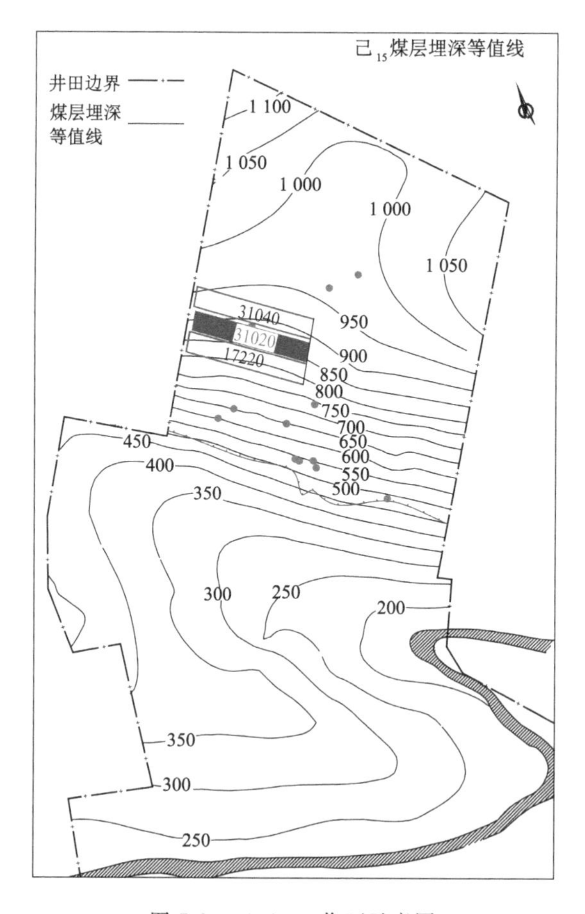

图7-2　31020工作面示意图

m。己$_{15}$煤层整体赋存较稳定，结构简单，煤层走向 105°～130°，倾向北东，煤层倾角为 8°～11°，平均为 10°。煤层厚度在 3.2～4.5 m，平均厚度为 3.3 m，原始瓦斯含量为 14.97 m^3/t，原始瓦斯压力为 1 MPa，原始地温为 29.4～32.2 ℃，煤的自然危险程度为Ⅱ级自然发火，煤尘具有爆炸性，爆炸火焰长度为 10 mm，煤层顶底板岩性如表 7-1 所示。

表 7-1　31020 工作面煤层顶底板岩性

名称	岩性	特征描述	厚度
基本顶	细砂岩	灰色细砂岩，顶部见少量斑块，夹砂质泥岩，含云母片，中下部为条带状	10.9 m
直接顶	砂质泥岩	灰黑色砂质泥岩，致密，含云母碎片	4.01 m
直接底	泥岩	灰色泥岩	0.3 m
基本底	砂质泥岩	灰色砂质泥岩，块状	1.5～12 m

31020 进风巷走向长 761 m，沿己$_{15}$煤层顶板掘进，与上覆己$_{14}$煤层间距为 11～14 m，与下覆己$_{16-17}$煤层间距为 1.5～12 m，在 31020 进风巷低位瓦斯治理巷外错 20 m 处进行施工，两巷层间距为 18 m；31020 进风巷标高为－630～－696 m，垂深为 880～976 m。巷道截面为 4.6 m×3.4 m，采用矩形锚网索梁支护，排距为 700 mm；工作面采用炮掘施工，掘进速度为 12 m/d，耙装机联合皮带出渣。采用 FBDN07.1-2X45 局部通风机供风，风量为 592 m^3/min，正常回风流中瓦斯浓度为 0.17%～0.44%。

7.2.2　基于地质动力系统的突出危险及消突效果模拟

(1) 突出危险模拟

根据 30120 进风巷位置，建立巷道掘进的三维地质模型，三维立体地质模型的尺寸为 52 m×70 m×40 m，如图 7-3 所示。根据前文建立的突出地质动力系统应力-损伤-渗流耦合模型，通过有限元软件编程计算，以实现模型的数值求解。

结合该矿地应力测试结果，模型施加的边界载荷条件为：在模型顶部施加 z 方向的上覆岩层重力 22 MPa(σ_v)，x 方向施加 25 MPa 水平应力(σ_H)，y 方向施加 20 MPa 水平应力(σ_h)，底部边界设置为无位移的固支边界，其余两个水平方向为限制水平位移的滑动边界。模型的四周为不渗透边界，即边界处无瓦斯和水等流体的流动。根据事故原因分析，31020 进风巷 427 m 处发生的"11.25"煤与瓦斯突出位于Ⅴ-13 区划断裂与 30120 进风巷的交汇点处，距离Ⅴ-13、Ⅴ-23 和Ⅴ-24 区划断裂的交汇点 172 m，受到Ⅴ-13、Ⅴ-23 和Ⅴ-24 断裂的影响和控制。

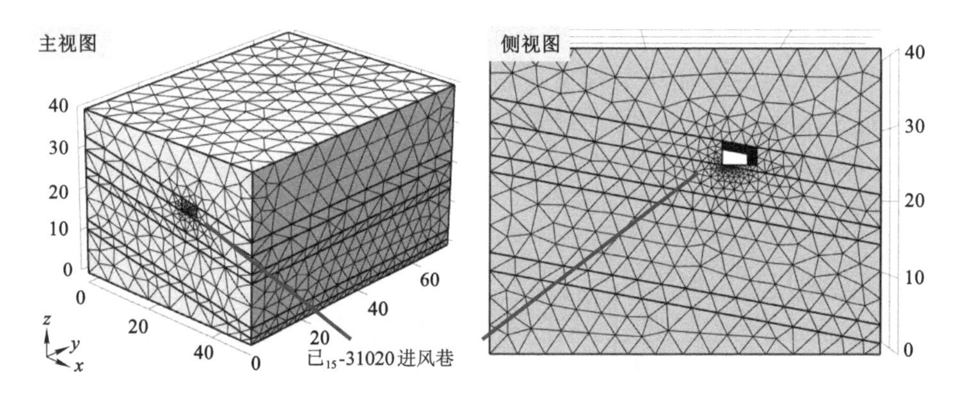

图 7-3　31020 工作面掘进过程突出危险模拟三维模型

注:模型的单位为 m,下同。

受断裂构造影响,进风巷所处煤层在模拟区域的应力集中系数在 1.25～1.5之间。因此,本次模拟将最大水平地应力和垂直地应力沿着巷道轴线方向设置为线性增加的函数,其中垂直地应力为(1～1.25)σ_v,最大水平地应力为(1～1.5)σ_H,研究构造区域应力集中对突出发生影响。模型的力学边界设置图 7-4。

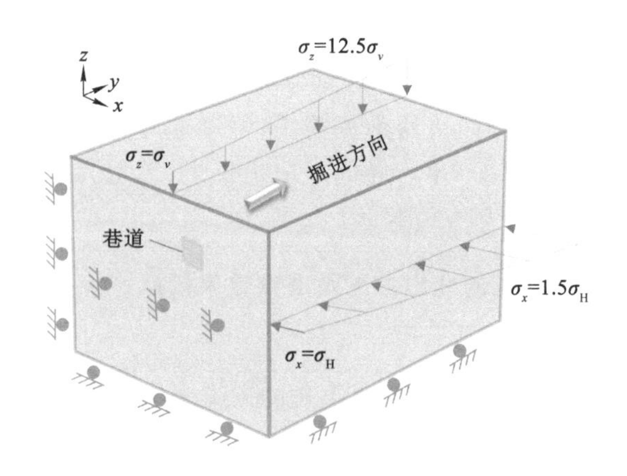

图 7-4　模型的力学边界设置

根据现场和实验室测试,并结合第 3 章试验获得的突出尺度效应和动力效应的公式,计算得到 31020 进风巷煤岩层物理力学性质。模拟用到的相关参数如表 7-2 和表 7-3 所示。煤岩体力学性质在空间上具有非均质性,采用 Monte-Carlo 随机生成针对细观单元煤岩体的初始力学参数。采用有限单元法进行数值模拟,网格共划分 19 491 个域单元,5 972 个边界单元,网格划分时在巷道附近作加密处理。

表 7-2 煤岩体力学参数

编号	煤岩名称	密度 /(kg/m³)	体积模量 /GPa	剪切模量 /GPa	内摩擦角 /(°)	黏聚力 /MPa	抗拉强度 /MPa	均质度
1	细砂岩	2 600	37.4	26.90	45	15.4	7.8	10
2	煤层	1 410	14.8	6.06	25	2.1	1.8	6
3	泥岩	2 400	23.3	10.80	28	3.7	2.8	8
4	煤层	1 410	14.8	6.06	25	2.1	1.8	6
5	砂质泥岩	2 400	24.2	12.50	46	6.8	4.1	10
6	灰岩	2 650	30.4	16.50	38	14.6	7.3	12
7	中粒砂岩	2 400	34.0	21.40	36	13.4	6.5	12

表 7-3 掘进过程突出危险模拟的相关参数

参数名称	参数值	参数名称	参数值
煤层初始瓦斯压力 p_0/MPa	1.0	地层温度 T_0/K	300
瓦斯吸附体积常数 V_L/(m³/kg)	0.026 6	煤吸附瓦斯极限应变 ε_{max}	0.012 8
瓦斯吸附压力常数 P_L/MPa	0.568	瓦斯摩尔质量 M_g/(g/mol)	16
瓦斯动力黏度 μ_g/Pa·s	1.84×10^{-5}	摩尔气体常数 R/[J/(mol·K)]	8.314
水动力黏度 μ_w/Pa·s	1.03×10^{-3}	标况温度 T_s/K	273.5
初始水饱和度 s_{wi}	0.35	标况大气压力 p_s/kPa	101
束缚水饱和度 s_{wr}	0.32	基质吸附瓦斯内膨胀系数 f_m	0.5
瓦斯解吸时间 τ/d	1.21	损伤对渗透率影响系数 α_D	10
损伤对解吸速度影响系数 α_{D1}	5	岩体孔隙度 φ_{f10}	0.05
煤体初始孔隙度 φ_{m0}	0.035	断层孔隙度 φ_{f20}	0.2
煤体初始裂隙度 φ_{f0}	0.012	岩体密度 ρ_r/(kg/m³)	2 500
过程系数 n	1.25	煤体密度 ρ_c/(kg/m³)	1 410
滑脱因子 b_k/MPa	0.76	煤体基质初始宽度 a_0/m	0.01
毛细管压力 p_{cgw}/MPa	0.05	煤体裂隙初始开度 b_0/m	0.000 1
初始渗透率 k_{f0}/m²	1.8×10^{-17}	煤体泊松比 ν	0.35

31020 进风巷掘进到不同位置时，巷道周围煤岩体内损伤区三维空间分布如图 7-5 所示。随着掘进工作面向前推进，巷道周围损伤区域增大。总体来说，损伤区在煤层中扩展的范围大于在顶底板中扩大的范围，在煤壁中扩展范围为 3～4 m，而在顶底板岩层中扩展范围为 1～2 m。当巷道掘进 20 m 和 40 m 时，

工作面附近损伤区域较小，并且损伤变量值较低，如图 7-5(a)和图 7-5(b)。当巷道掘进至 60 m时，掘进工作面前方出现较大的损伤区域，分析原因，一方面由于巷道掘进在前方煤岩体中产生的支承压力，另一方面，模拟考虑断裂构造产生的构造应力，随着巷道向前掘进，掘进工作面受到构造应力越大，工作面前方煤岩体在受到作用力大于本身强度时，发生损伤破坏。因此，我们认为这个较大区域的产生为突出的发生提供了条件，是突出动力系统尺度范围所在的区域。

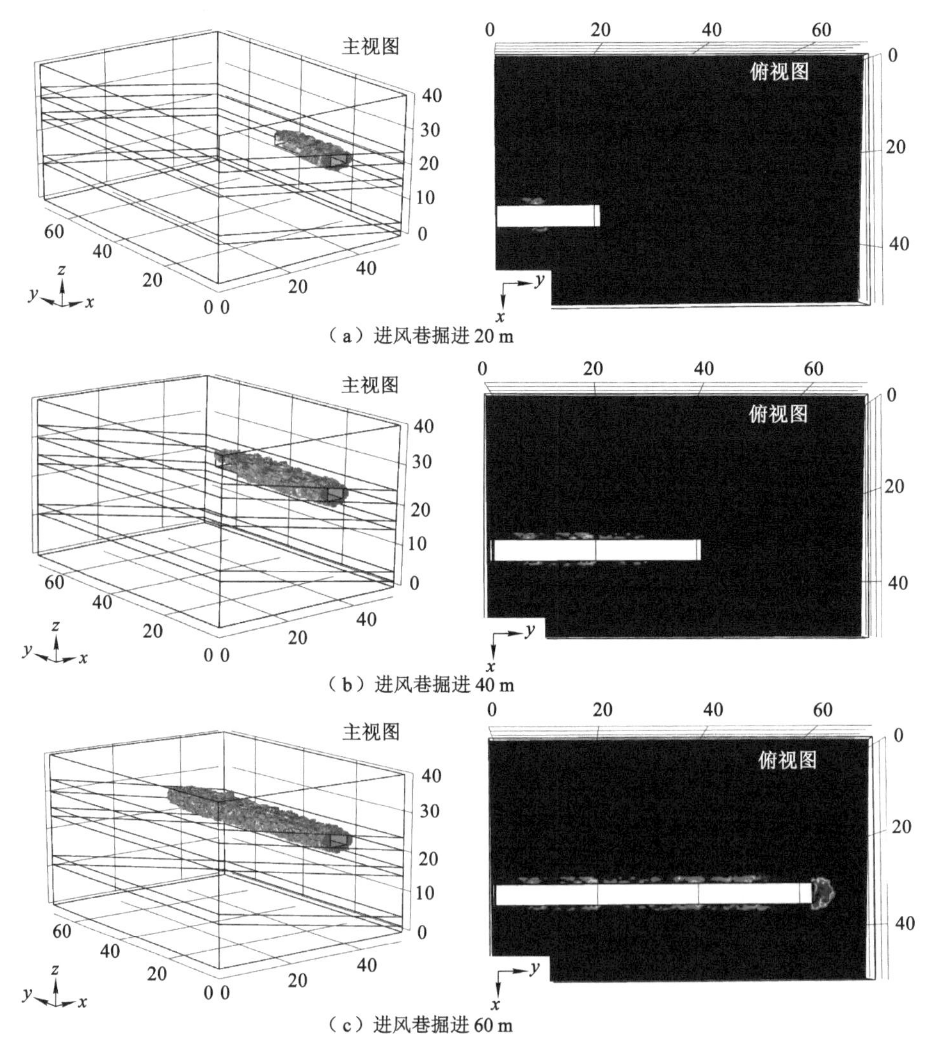

图 7-5　31020 进风巷周围煤岩体内损伤区三维空间分布

在31020进风巷掘进过程中，煤壁的瓦斯压力接近大气压力，而煤层中瓦斯压力较高，巷道煤壁可视为抽采钻孔壁，瓦斯在压力梯度作用下运移至巷道中。从图7-6可以看出，巷道两侧煤壁中瓦斯压力降低，且损伤程度越大的区域其瓦斯压力降低越快。巷道掘进20 m和40 m时，煤壁中瓦斯压力降低范围较小，特别是掘进工作面前方。当进风巷掘进60 m时，由于工作面前方突然出现较大面积损伤区，该区域内煤层中瓦斯压力快速降低，瓦斯快速地释放，并不进入巷道中。

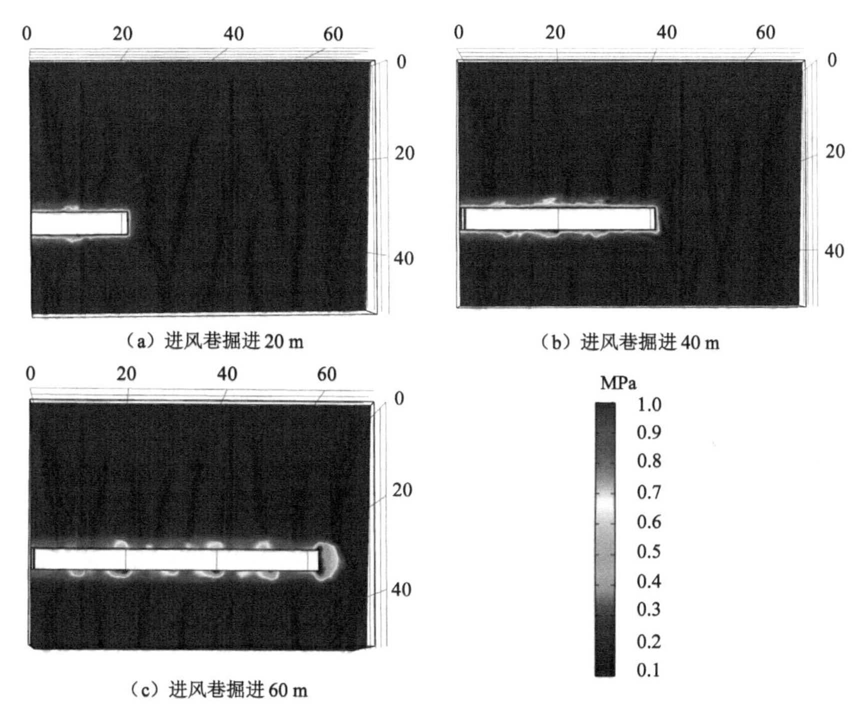

图7-6 31020进风巷掘进过程中煤层瓦斯压力分布

根据地质动力系统和突出地质体尺度范围的定义，进风巷围岩中地质动力系统和突出地质体在三维空间的分布如图7-7所示。巷道周围损伤煤岩体均可视为地质动力系统所在的范围。而具备将煤岩破碎和抛出突出能量条件的突出地质体的范围则较小，出现在掘进工作面前方0～3 m范围内。说明，损伤区域内仅有部分煤岩体被完全破碎并被抛出，这正是巷道前方高地应力引起的损伤区域内瓦斯快速释放伴随着大量的能量释放造成的。采用软件后处理功能，对突出地质体进行积分测量计算，得出该区域的煤岩体积量为48.5 m^3(74 t)，其中煤体45.9 m^3(67.5 t)，岩体2.6 m^3(6.5 t)。与现场突出煤岩量83 t相比，误差为10.8%。

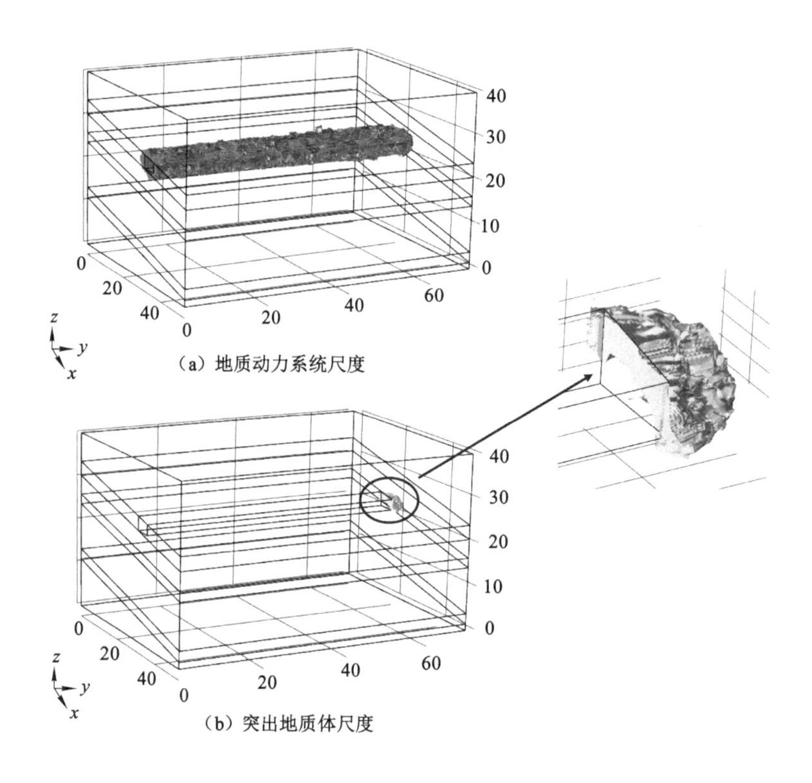

图 7-7 突出地质动力系统和突出地质体尺度范围

根据 7.1 节地质动力系统消突机制，突出地质动力系统(损伤区)的形成由煤体强度和地应力、瓦斯压力控制。通过分析，若动力系统内煤岩体不满足能量失稳条件，突出就难以发生。瓦斯快速释放主导着能量失稳过程。因此，降低煤层瓦斯压力，减缓工作面前方煤岩体内瓦斯释放的速率，是 31020 进风巷掘进工作面防突的关键。

(2) 底板巷穿层钻孔瓦斯抽采模拟

根据以上分析，31020 进风巷需采用有效的瓦斯抽采措施，降低煤层瓦斯压力，保证掘进工作面在掘进期间的安全作业。因此，对 31020 进风巷采用底板巷穿层钻孔瓦斯抽采的区域防突措施。

具体瓦斯抽采方案设计如下：从 31020 进风巷低位瓦斯治理巷开口向里 35 m(停采线向外 20 m)处开始，每 6 m 施工一组穿层钻孔，每组 9 个钻孔，包括 3 个水力冲孔和 6 个普通抽采孔，钻孔直径为 89 mm，瓦斯抽采负压为 20 kPa。此外，每隔 12 m 再布置一组水力冲孔，每组 6 个冲孔，瓦斯抽采钻孔布置方案见图 7-8。

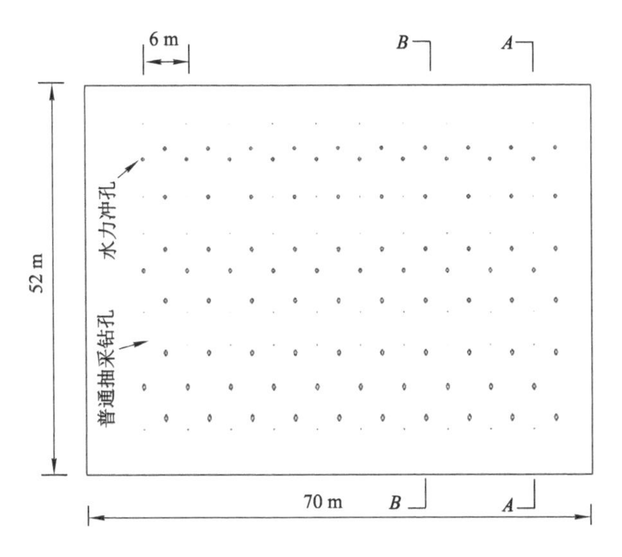

图 7-8 底板巷穿层瓦斯抽采钻孔布置方案平面图

根据 31020 进风巷瓦斯抽采方案，建立数值计算模型，如图 7-9 所示，研究进风巷掘进工作面的瓦斯抽采效果与瓦斯运移特征。模型外部应力边界与突出危险性模拟边界相同，模型外部渗流边界为瓦斯无渗透边界，抽采钻孔孔壁设定为狄氏边界条件，抽采负压为 20 kPa。图 7-9 中，设置两条参考线，用于观测煤层中瓦斯压力的变化，分别为位于煤层中部的参考线 C—D 以及位于 31020 进风巷轴线的参考线 E—F。

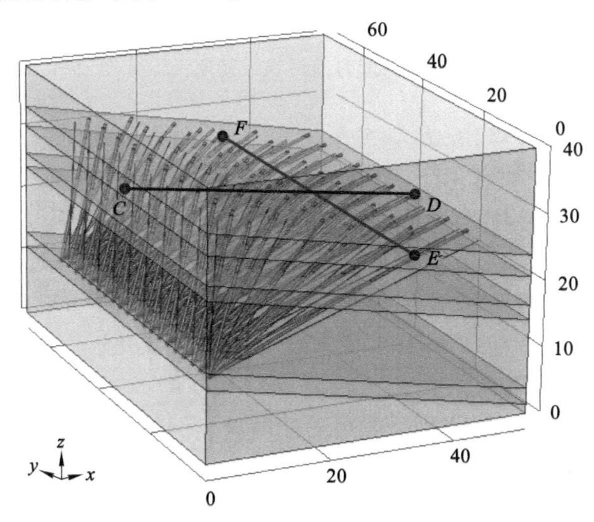

图 7-9 31020 进风巷瓦斯抽采几何模型

随着抽采时间的增加，煤层瓦斯压力逐渐降低，降低范围也逐渐扩大，直至扩展到整个煤层。抽采不同时间后煤层瓦斯压力分布如图 7-10 所示。当抽采 10 d 时，煤层中钻孔周围瓦斯压力降低范围较小；而抽采 120 d 时，瓦斯压力降低明显降低，煤层中大部分区域的瓦斯压力从初始瓦斯压力 1 MPa 降低到小于 0.4 MPa。可以看出，水力冲孔的抽采效果明显好于普通抽采钻孔，其主要原因有：第一，水力冲孔将煤层瓦斯冲出钻孔，扩大了钻孔的孔壁与煤层的接触面积；第二，煤体被冲出后，水力冲孔周围的煤体发生卸荷，提高了煤层渗透率，加快了瓦斯向水力冲孔运移的速度，从而促进了瓦斯抽采效率的提高。

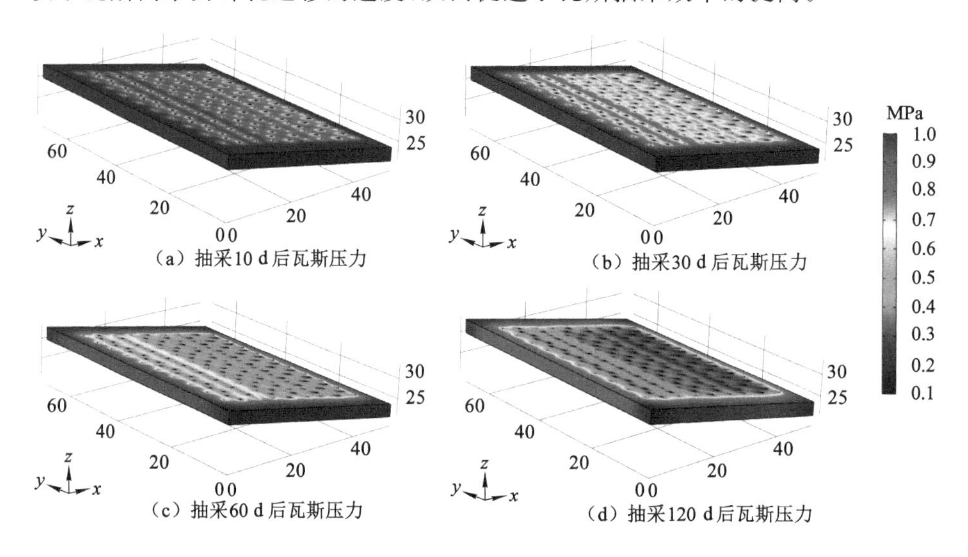

图 7-10　抽采不同时间后煤层瓦斯压力分布云图

提取煤层中参考线 $C—D$ 和参考线 $E—F$ 上的瓦斯压力，分别如图 7-11(a)和图 7-11(b)所示。随着瓦斯抽采的进行，参考线上的瓦斯压力逐渐降低。在抽采的初期瓦斯压力降低较快，而随着煤层与钻孔的瓦斯压力梯度降低，瓦斯运移速度减小，在抽采后期瓦斯压力较慢。参考线 $E—F$ 靠近钻孔，在钻孔周围的瓦斯压力变化幅度越大，因此参考线 $E—F$ 上瓦斯压力变化更加明显。参考线 $C—D$ 位于煤层倾斜方向上，受布孔方式的影响，钻孔穿过靠近巷道侧的煤层的倾角较小，在煤层内钻孔的长度和钻孔壁的面积越大，该区域(20～45 m)内瓦斯压力降低值越大，抽采效果更加明显。例如，当抽采 120 d 时，在距离 20～45 m 范围内的瓦斯压力最大值为 0.357 MPa，而在距离 10～20 m 范围内的瓦斯压力最大值为 0.475 MPa。

(3) 消突效果模拟

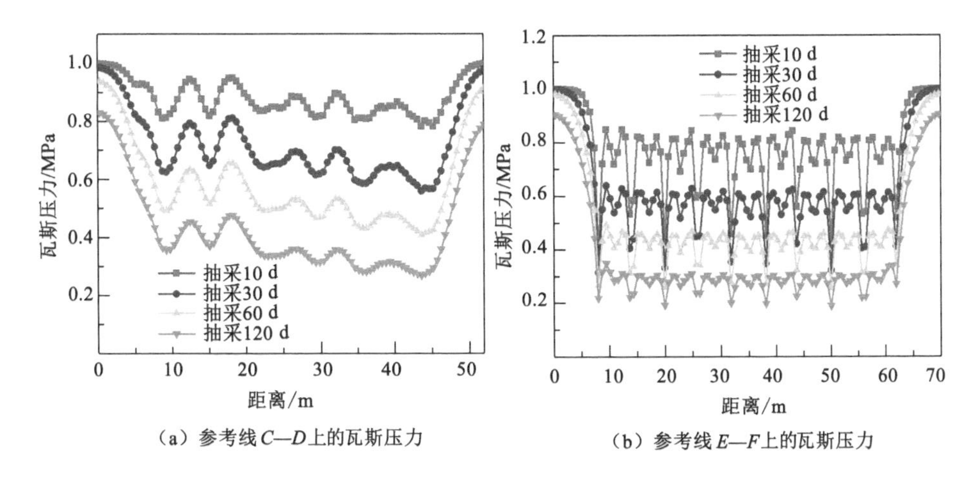

（a）参考线C—D上的瓦斯压力　（b）参考线E—F上的瓦斯压力

图 7-11　抽采不同时间后煤层中瓦斯压力分布曲线

将不同抽采时间后煤层瓦斯压力分布作为巷道掘进时煤层中瓦斯的初始压力，导入突出危险性模拟的模型中，再次评价不同抽采时间后发生煤与瓦斯突出的危险性。

图 7-12 为瓦斯抽采 10 d、30 d、60 d 和 120 d 后巷道掘进 60 m 时煤层中瓦

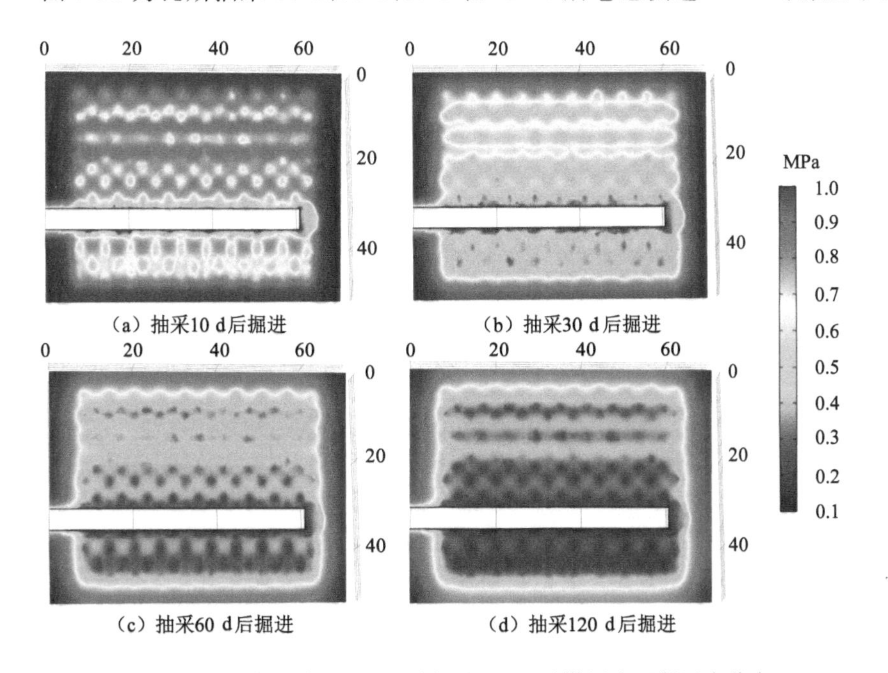

（a）抽采10 d后掘进　（b）抽采30 d后掘进

（c）抽采60 d后掘进　（d）抽采120 d后掘进

图 7-12　抽采不同时间后巷道掘进 60 m 时煤层中瓦斯压力分布

斯压力分布情况。抽采 10 d 后，煤层中瓦斯压力大于 0.8 MPa，掘进工作面前方煤层中瓦斯快速运移到巷道，瓦斯压力降低值较大。随着抽采时间增加，巷道壁与煤层的瓦斯压力梯度降低，掘进工作面前方煤体瓦斯运移速度降低，在短时间内运移出来的瓦斯量大大减少。当抽采 120 d，煤层中瓦斯压力降低到 0.3～0.4 MPa，煤层中瓦斯在煤壁短暂的暴露时间内变化不大。

根据以上模拟结果，计算不同抽采时间后巷道掘进工作面出现的突出地质体尺度范围，得到突出地质体三维空间演化规律，如图 7-13 所示。可知，随着抽采时间的增加，煤层中瓦斯压力降低，突出地质体的尺度也逐渐降低。当瓦斯抽采 10 d、30 d、60 d 和 120 d 后，巷道前方突出体的体积分别为 25 m^3、13 m^3、4 m^3 和 0 m^3，说明突出危险逐渐降低。在瓦斯抽采 120 d 时，煤层瓦斯压力降低到 0.4 MPa 以下，突出危险被消除，有效控制了突出的发生。

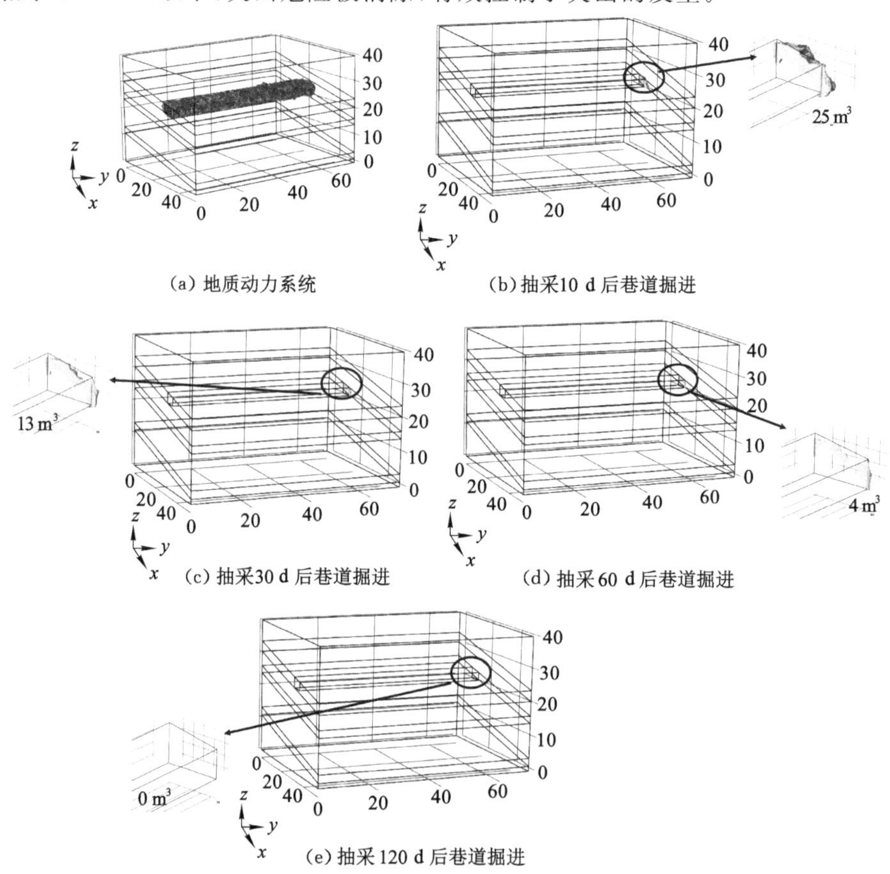

图 7-13　抽采不同时间后突出地质体三维空间演化规律

7.2.3 消突工程实施及效果检验

(1) 进风巷消突工程实施

31020 进风巷区域防突措施采用底板巷穿层钻孔瓦斯抽采方案。从 31020 进风巷低位瓦斯治理巷开口向里 35 m 处开始，每 6 m 设计一组钻孔，每组设计钻孔 9 个，其中水力冲孔 3 个，孔径 89 mm，钻孔控制范围为 31020 进风巷两帮轮廓线外 15 m，孔深以见已$_{15}$煤层顶板 0.5 m 为准。自 2016 年 7 月 8 日至 2017 年 5 月 10 日，在 31020 进风巷低位瓦斯治理巷施工穿层预抽钻孔 127 组，其中，普通抽采钻孔 1 143 个，水力冲孔 318 个，累计冲出煤量 1 558 t。施工过程中，31020 进风巷开口处及 69 m、195 m、315 m、417 m、466 m 处有 6 个钻孔在冲孔期间出现喷孔现象，针对喷孔钻孔采取补孔措施，在喷孔钻孔 1 m 处补一个同角度水力冲孔，补孔钻孔均为未出现喷孔、顶钻或其他动力现象。

此外，从 31020 进风巷低位瓦斯治理巷 76 组(即巷道开口往里 462 m 处)钻孔处开始施工水力冲孔(超前 31020 进风巷 15 m)，在 31020 进风巷低位瓦斯治理巷向 31020 进风巷方向施工 54 组水力冲孔，每组间隔 6 m，每组水力冲孔 6 个，平均孔深 28 m，总孔深 9 072 m，孔径 89 mm。

根据底板巷穿层瓦斯抽采钻孔布置方案及平面布置图(图 7-8)，截面 $A—A$ 和截面 $B—B$ 分别包括 9 个钻孔(3 个水力冲孔+6 个普通抽采孔)和 6 个水力冲孔，如图 7-14 所示。钻孔布置参数如表 7-4 所示。

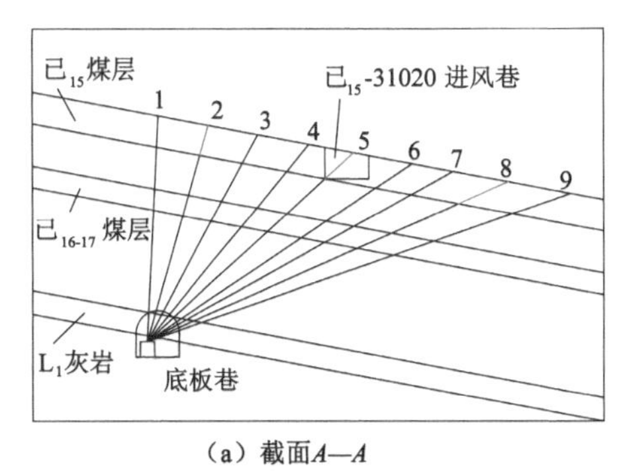

(a) 截面$A—A$

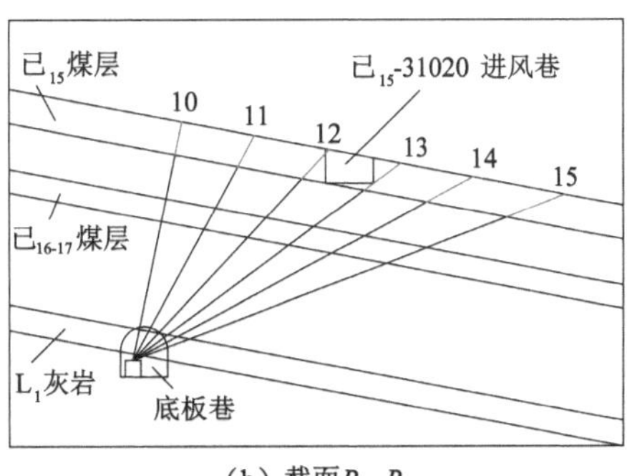

(b) 截面$B—B$

图 7-14 底板巷预抽煤层瓦斯钻孔布置图

表 7-4 底板巷穿层钻孔布置参数

孔号	钻孔类型	倾角/(°)	水平角/(°)	孔深/m
1	普通抽采孔	87	0	22.6
2	水力冲孔	74	0	22.9

表 7-4(续)

孔号	钻孔类型	倾角/(°)	水平角/(°)	孔深/m
3	普通抽采孔	61	0	23.9
4	普通抽采孔	50	0	25.9
5	水力冲孔	41	0	28.4
6	普通抽采孔	33	0	32.5
7	普通抽采孔	28	0	36.2
8	水力冲孔	23	0	40.7
9	普通抽采孔	19	0	45.3
10	水力冲孔	78	0	22.8
11	水力冲孔	61	0	24.2
12	水力冲孔	46	0	27.5
13	水力冲孔	35	0	31.9
14	水力冲孔	27	0	37.4
15	水力冲孔	20	0	45.1

执行区域防突措施预抽后，采用残余瓦斯含量和残余瓦斯压力评价方法，即在31020进风巷低位瓦斯治理巷施工穿层钻孔进行残余瓦斯含量和残余瓦斯压力测定，只有残余瓦斯含量小于6 m^3/t，残余瓦斯压力小于0.6 MPa时，判断区域防突措施有效。如果残余瓦斯含量大于等于6 m^3/t或残余瓦斯压力大于等于0.6 MPa时，继续执行区域防突措施，直至达标为止。

(2) 消突效果检验

根据《防治煤与瓦斯突出细则》，在煤巷掘进工作面首次进入该区域时，立即连续进行至少2次区域验证；工作面每推进10～50 m(在地质构造复杂区域或者采取非定向钻机施工的预抽煤层瓦斯区域防突措施的每推进30 m)至少进行2次区域验证；在煤巷掘进工作面还应当至少施工1个超前距不小于10 m的超前钻孔或者采取超前物探措施，探测地质构造和观察突出预兆。施工超前钻孔过程中如出现喷孔、中度及以上煤炮、顶钻等突出预兆现象则视该工作面有突出危险性，直接停止施工，执行区域防突措施。当超前钻孔施工完毕，且施工过程无异常现象时，方可开始施工验证孔。

针对31020进风巷的实际情况，布置1个超前钻孔观察突出预兆。在距巷道中间煤层顶板下部1.5 m处布置1个直径为89 mm的超前钻孔，孔深17.2 m，水平角2°，倾角−1°(水平角沿巷道中心方向为0°，顺时针为正；倾角以水平面为 0°,上仰为正)。超前钻孔布置的正视图和俯视图见图 7-15。

工作面进行验证的指标采用瓦斯放散初速度(q)和煤体钻屑量(S)复合指标,其临界值分别为 4 L/min 和 4.8 kg/m。采用复合指标法预测煤巷掘进工作面突出危险性时,在煤层工作面向前方煤体施工 3 个直径 42 mm、孔深 8～10 m 的钻孔,测定钻孔瓦斯放散初速度和钻屑量指标。

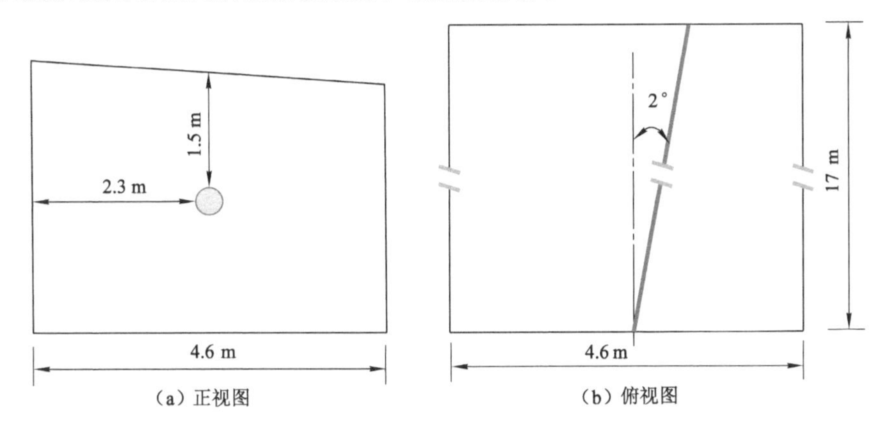

图 7-15　31020 进风巷超前钻孔布置图

钻孔尽量布置在软分层中,一个钻孔位于掘进巷道断面中部,并平行于掘进方向,其他钻孔开孔口靠近巷道两帮 0.5 m 处,终孔点位于巷道断面两侧轮廓线外 2～4 m 处。钻孔每钻进 1 m 测定该 1 m 段的全部钻屑量 S,并在暂停钻进后 2 min 内测定钻孔瓦斯放散初速度 q。测定钻孔瓦斯放散初速度时,测量室的长度为 1.0 m。3 个验证钻孔布置图和相关参数见图 7-16 和表 7-5。

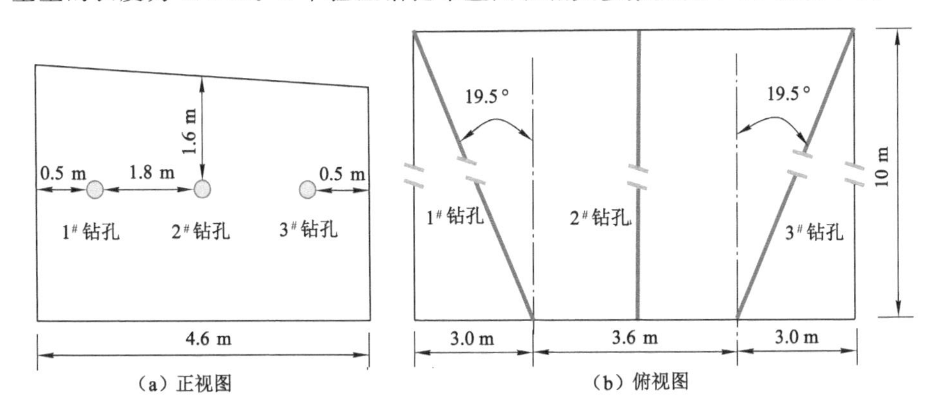

图 7-16　31020 进风巷验证钻孔布置图

表 7-5　31020 进风巷验证钻孔参数

孔号	孔径/mm	水平角/(°)	倾角/(°)	孔深/m
1#	42	−19.5	2	11.0
2#	42	0	0	10.1
3#	42	19.5	−2	11.0

注:水平角沿巷道中心方向为 0°,顺时针为正;倾角以水平面为 0°,上仰为正。

用风煤钻带动麻花钻杆,钻头直径为 42 mm,钻进速度控制在 1 m/min,从钻孔钻进到预定深度 2 m 时开始,每钻进 1 m 后,取出钻杆,用封孔器封住孔底 1 m 测量室,然后测定钻孔每分钟的瓦斯涌出量。将第 1 min 内的读数(流量值)作为钻孔瓦斯放散初速度。q 值的测定要求停止打钻到测完 q 值的时间不超过 2 min。从开孔第 1 m 时开始,每钻进 1 m,用弹簧称测钻屑量。复合验证指标均为每 1 m 测定一次。其中,q 值为 2 m、3 m、4 m、5 m、6 m、7 m、8 m、9 m、10 m、11 m 时测定。S 值为 1 m、2 m、3 m、4 m、5 m、6 m、7 m、8 m、9 m、10 m、11 m 时测定,所测数据必须在暂停钻进后 2 min 内完成,超过 2 min 应重新测定。测完后,用最大的瓦斯放散初速度 q_{max} 和最大的钻屑量 S_{max} 分析工作面突出危险性。

只有复合指标均小于其临界值且在钻孔施工期间未出现喷孔、中度及以上煤炮、顶钻等突出预兆时,工作面可判定为无突出危险工作面。否则,判定为有突出危险工作面。该工作面执行连续区域验证,每次验证合格,允许进尺 7 m,保留 3 m 超前距。在验证过程中,只要有一次区域验证有突出危险或超前钻孔施工期间有喷孔、中度及以上煤炮、顶钻等时,立即停止施工,补充强化执行区域防突措施,之后进行区域效果检验,效果检验合格后再进行区域验证,验证合格后方可进行掘进作业。验证合格后,必须在工作面吊挂验证进尺牌,进尺牌必须上锁,进尺距离由当班评估员监督,严禁超掘。在 31020 进风巷低位瓦斯治理巷开口向里 50～500 m 处每 50 m 施工一组测试钻孔,共布置 10 组,每组 2 个孔,孔径为 75 mm,每个孔均测试残余瓦斯含量和残余瓦斯压力。表 7-6 为 31020 进风巷瓦斯压力与瓦斯含量测定分析结果。

表 7-6　31020 进风巷瓦斯压力与瓦斯含量测定分析结果

钻孔位置	钻孔编号	测点垂深/m	测点标高/m	最大压力/MPa	瓦斯含量/(m^3/t)
低位治理巷开口向里 50 m 处	B1-1 号	904	−654	0.30	5.066 7
	B1-2 号	904	−654	0.35	4.703 2

表 7-6(续)

钻孔位置	钻孔编号	测点垂深/m	测点标高/m	最大压力/MPa	瓦斯含量/(m^3/t)
低位治理巷开口向里 100 m 处	B2-1 号	906	−656	0.25	4.833 8
	B2-2 号	906	−656	0.30	4.186 9
低位治理巷开口向里 150 m 处	B3-1 号	909	−659	0.40	5.485 3
	B3-2 号	909	−659	0.50	4.733 0
低位治理巷开口向里 200 m 处	B4-1 号	910	−660	0.35	4.871 6
	B4-2 号	910	−660	0.30	5.229 0
低位治理巷开口向里 250 m 处	B5-1 号	911	−661	0.30	5.021 9
	B5-2 号	911	−661	0.40	5.685 9
低位治理巷开口向里 300 m 处	B6-1 号	913	−663	0.45	4.596 5
	B6-2 号	913	−663	0.40	4.345 4
低位治理巷开口向里 350 m 处	B7-1 号	915	−665	0.30	5.100 5
	B7-2 号	915	−665	0.30	4.830 1
低位治理巷开口向里 400 m 处	B8-1 号	918	−668	0.40	5.003 8
	B8-2 号	918	−668	0.50	4.915 6
低位治理巷开口向里 450 m 处	B9-1 号	918	−668	0.30	5.262 2
	B9-2 号	918	−668	0.40	5.040 8
低位治理巷开口向里 500 m 处	B10-1 号	920	−670	0.30	5.256 9
	B10-2 号	920	−670	0.35	5.117 7

分析可知，31020 进风巷在底板巷穿层钻孔瓦斯抽采方案下，煤层瓦斯压力降低了 23%～75%，瓦斯含量降低了 69.13%～70.27%，最大瓦斯压力降低到 0.5 MPa 以下，最大瓦斯含量降低到 5.68 m^3/t。31020 进风巷掘进过程中，未出现瓦斯动力现象。采取预抽煤层瓦斯的区域性措施来降低煤层内瓦斯压力和含量，使地质动力系统内煤岩体不能满足能量失稳判据 C_3，消除突出危险，保证了巷道掘进过程的安全施工，煤与瓦斯突出灾害得到有效控制。

7.3 本章小结

① 本章确定了基于地质动力系统的“卸荷＋降压”消突机制。一方面，通过降低地应力措施，改善煤层的应力条件，使其不能满足动力系统的形成判据 C_1，

进而不能形成有效的突出地质动力系统范围；另一方面，通过降低煤层内瓦斯压力和含量，使已处于地质动力系统内部的煤岩体不能满足能量失稳判据 C_3，保持煤岩体的稳定性，从而消除突出危险。

② 本章首先采用模拟手段评价了未采取防突措施巷道掘进过程的突出危险性，之后模拟了水力冲孔与普通抽采孔相结合的底板巷穿层钻孔抽采瓦斯过程，并利用抽采结果再次评价巷道掘进的突出危险性。结果表明，瓦斯抽采能降低煤层瓦斯压力，减缓瓦斯释放速率，进而降低能量释放量，减小突出地质体的范围，达到防治突出的目的。

③ 工程实践表明：在底板巷穿层钻孔瓦斯抽采方案下，煤层瓦斯压力降低了 23%～75%，降低到了 0.5 MPa 以下，瓦斯含量降低了 69.13%～70.27%，降低到了 5.68 m^3/t 以下。在采取该防突措施之后，巷道掘进未出现瓦斯动力现象。

8 结论与展望

8.1 结　　论

本书旨在从多物理场耦合作用的角度揭示煤与瓦斯突出地质动力系统灾变机理，先后开展了突出煤的动力破坏特征与尺度效应研究，测定了突出煤吸附、解吸瓦斯以及破坏过程中渗流特性，提出了煤与瓦斯突出地质动力系统概念，建立了含瓦斯煤岩多场耦合模型。根据该模型和物理力学参数，模拟了突出地质动力系统的孕育及演化过程，圈定了动力系统和突出体的尺度范围，提出了消突机制并进行了现场应用。主要研究结论如下：

① 我国煤与瓦斯突出事故的时间分布特征可划分为 3 个时期：大幅上升时期(1950—1980 年)、持续好转时期(1981—2000 年)、稳定下降时期(2001—2022 年)。突出事故在地域分布上具有分布范围广、分布较为集中、南多北少、南重北轻等特点。

② 突出煤的原生结构破坏严重，孔喉数量较多，瓦斯解吸速率快，突出危险性更强；突出煤的动态增强因子大，应变率硬化效应明显；随着尺度的增大，煤样抗压强度呈指数降低，降低速率逐渐减缓；煤样卸载达到强度极限时，其内部微观裂隙贯穿成宏观裂纹，渗透率急剧上升，可增大到初始值的 3 个数量级以上。

③ 突出地质动力系统由含瓦斯煤体、地质动力环境和采掘扰动构成。含瓦斯煤体是突出的物质基础，地质动力环境营造了利于突出发生的高构造应力、低强度煤岩体和高瓦斯赋存环境，决定了突出发生位置，而采掘扰动为突出提供了激发动力和空间条件。

④ 突出的发生需经历地质动力系统的孕育、形成、发展和终止等演化过程。采掘工作面前方煤岩体出现一定范围的动力系统区域是突出发生的前提，通过研究分析确定了突出发生的尺度范围，为防治突出提供了空间依据。地质动力

系统的形成判据 C_1、力学失稳判据 C_2 和能量失稳判据 C_3；判据中包含区域应力、煤岩体强度、瓦斯压力含量等参数，体现了地应力和煤体、瓦斯的相互作用关系。

⑤ 构建了煤岩体弹性变形阶段和损伤破坏阶段的渗透率模型，综合煤体变形破坏、瓦斯吸附、瓦斯渗流、水渗流的相互作用；建立了含瓦斯煤体应力-损伤-渗流耦合模型，可用于模拟含瓦斯煤体从细观损伤至宏观破裂全过程，以及破裂过程中瓦斯、水运移规律；实现了模型的数值求解，并通过煤样卸压破裂的瓦斯渗流规律模拟对其进行了验证。

⑥ 模拟了突出地质动力系统孕育及演化过程，获得了未受采动和受采动下煤岩体中瓦斯、地应力等地质动力环境演化规律。研究了突出发生过程中地质动力系统内应力传递、瓦斯运移、能量积聚和释放规律，指出巷道前方损伤区与地质构造损伤区叠加形成了地质动力系统；获得了动力系统和突出体三维空间模型，模拟的突出体体积与现场突出煤岩量较为吻合。

⑦ 根据地质动力系统机理指出的突出防治目标区域，建立了煤与瓦斯突出的“卸荷＋降压”消突机制，给出了底板巷穿层钻孔抽采瓦斯消突技术方案，并进行了现场工程应用。地质动力系统机理为煤与瓦斯突出的预测与防治提供了理论依据。

8.2 创 新 点

① 试验测试了突出煤的冲击动力破坏特征，构建了动力破坏煤与准静态煤强度的关系；测定了不同尺度下突出煤的抗压强度，建立了试验尺度煤样强度与工程尺度煤体间的数学关系。

② 提出了突出地质动力系统致灾机理，确定了地质动力系统的形成判据和失稳判据，建立了含瓦斯煤体应力-损伤-渗流耦合模型，模拟了突出地质动力系统孕育及演化过程，揭示了突出地质动力系统内应力传递和能量释放规律。

③ 获得了地质动力系统和突出地质体三维空间模型，确定了地质动力系统尺度范围为防突目标区域，提出了“卸荷＋降压”消突机制。

8.3 展 望

① 本书改进了霍普金森压杆测试系统，考虑瓦斯、水和温度等因素的作用，进行不同尺度大小突出煤样的动力冲击破坏规律研究，融合目前动力破坏、力学尺度效应和破坏渗流特征测试实验，更加准确地测定突出煤的物性参数，测

试过程中采用声发射、红外探测等先进手段。

② 在煤与瓦斯突出发生后期，大量破碎煤岩体挟带瓦斯涌入巷道或采场空间，是一个高度离散的动力学问题，目前耦合模型采用有限元方法求解难以模拟离散的煤岩体在巷道中的运移和致灾过程。今后将进一步考虑使用有限元与离散元相结合的模拟方法，再现突出地质动力系统的孕育、演化以及突出体涌入采掘空间致灾的全过程，以期对突出发生机理有更加深入的认识。

参考文献

[1] 中国工程院项目组. 中国能源中长期(2030、2050)发展战略研究:节能·煤炭卷[M]. 北京:科学出版社,2011.

[2] 张超林,王恩元,王奕博,等. 近 20 年我国煤与瓦斯突出事故时空分布及防控建议[J]. 煤田地质与勘探,2021,49(4)134-141.

[3] 何满潮,谢和平,彭苏萍,等. 深部开采岩体力学研究[J]. 岩石力学与工程学报,2005,24(16):2803-2813.

[4] 于不凡. 煤和瓦斯突出机理[M]. 北京:煤炭工业出版社,1985.

[5] LAMA R,SAGHAFI A. Overview of gas outbursts and unusual emissions [C]//Coal Operators' Conference. Wollongong:[s. n.],2002.

[6] 付建华,程远平. 中国煤矿煤与瓦斯突出现状及防治对策[J]. 采矿与安全工程学报,2007,24(3):253-259.

[7] 胡千庭,文光才. 煤与瓦斯突出的力学作用机理[M]. 北京:科学出版社,2013.

[8] 韩军. 地质构造及其演化对煤与瓦斯突出的控制[M]. 北京:科学出版社,2019.

[9] 程远平,刘洪永,赵伟. 我国煤与瓦斯突出事故现状及防治对策[J]. 煤炭科学技术,2014,42(6):15-18.

[10] 胡千庭,赵旭生. 中国煤与瓦斯突出事故现状及其预防的对策建议[J]. 矿业安全与环保,2012,39(5):1-6.

[11] 李波,王凯,魏建平,等. 2001—2012 年我国煤与瓦斯突出事故基本特征及发生规律研究[J]. 安全与环境学报,2013,13(3):274-278.

[12] 张子敏,张玉贵. 大平煤矿特大型煤与瓦斯突出瓦斯地质分析[J]. 煤炭学报,2005,30(2):137-140.

[13] 李希建,林柏泉. 煤与瓦斯突出机理研究现状及分析[J]. 煤田地质与勘探,2010,38(1):7-13.

[14] SATO K,FUJII Y. Source mechanism of a large scale gas outburst at Sunagawa Coal Mine in Japan[J]. Pure and applied geophysics,1989,129(3):325-343.

[15] AGUADO M B D,NICIEZA C G. Control and prevention of gas outbursts in coal mines, Riosa-Olloniego coalfield, Spain[J]. International journal of coal geology,2007,69(4):253-266.

[16] FISNE A, ESEN O. Coal and gas outburst hazard in Zonguldak Coal Basin of Turkey,and association with geological parameters[J]. Natural hazards,2014,74(3):1363-1390.

[17] BLACK D J. Investigations into the identification and control of outburst risk in Australian underground coal mines[J]. International journal of mining science and technology,2017,27(5):749-753.

[18] ODINTSEV V N. Sudden outburst of coal and gas-failure of natural coal as a solution of methane in a solid substance[J]. Journal of mining science,1997,33(6):508-516.

[19] 张志伟.平禹四矿瓦斯赋存规律与突出危险性影响因素研究[D].焦作:河南理工大学,2014.

[20] 李祥春,聂百胜,王龙康,等.多场耦合作用下煤与瓦斯突出机理分析[J].煤炭科学技术,2011,39(5):64-66.

[21] FARMER I W,POOLEY F D. A hypothesis to explain the occurrence of outbursts in coal, based on a study of west Wales outburst coal[J]. International journal of rock mechanics and mining sciences & geomechanics abstracts,1967,4(2):189-193.

[22] LITWINISZYN J. A model for the initiation of coal-gas outbursts[J]. International journal of rock mechanics and mining sciences & geomechanics abstracts,1985,22(1):39-46.

[23] PATERSON L. A model for outbursts in coal[J]. International journal of rock mechanics and mining sciences & geomechanics abstracts,1986,23(4):327-332.

[24] BARRON K, KULLMANN D. Modelling of outbursts at #26 Colliery, Glace Bay,Nova Scotia. Part 2:proposed outburst mechanism and model [J]. Mining science and technology,1990,11(3):261-268.

[25] SINGH J G. A mechanism of outbursts of coal and gas[J]. Mining science and technology,1984,1(4):269-273.

[26] LAMA R D,BODZIONY J. Management of outburst in underground coal mines[J]. International journal of coal geology,1998,35(1):83-115.
[27] 霍多特. 煤与瓦斯突出[M]. 宋士钊,王佑安,译. 北京:中国工业出版社,1966.
[28] VALLIAPPAN S,ZHANG W H. Role of gas energy during coal outbursts [J]. International journal for numerical methods in engineering,1999,44(7):875-895.
[29] 王刚,武猛猛,程卫民,等. 煤与瓦斯突出能量条件及突出强度影响因素分析[J]. 岩土力学,2015,36(10):2974-2982.
[30] 李成武,解北京,曹家琳,等. 煤与瓦斯突出强度能量评价模型[J]. 煤炭学报,2012,37(9):1547-1552.
[31] 熊阳涛,黄滚,罗甲渊,等. 煤与瓦斯突出能量耗散理论分析与试验研究[J]. 岩石力学与工程学报,2015,34(增刊2):3694-3702.
[32] 姜永东,郑权,刘浩,等. 煤与瓦斯突出过程的能量分析[J]. 重庆大学学报(自然科学版),2013,36(7):98-101.
[33] YU B,SU C,WANG D. Study of the features of outburst caused by rock cross-cut coal uncovering and the law of gas dilatation energy release[J]. International journal of mining science and technology, 2015, 25(3):453-458.
[34] 周世宁,何学秋. 煤和瓦斯突出机理的流变假说[J]. 中国矿业大学学报,1990,19(2):1-8.
[35] 蒋承林,俞启香. 煤与瓦斯突出机理的球壳失稳假说[J]. 煤矿安全,1995,26(2):17-25.
[36] 刘义. 煤与瓦斯突出过程煤体层裂演化与煤粉运移模拟实验研究[D]. 淮南:安徽理工大学,2022.
[37] 郭品坤. 煤与瓦斯突出层裂发展机制研究[D]. 徐州:中国矿业大学,2014.
[38] 章梦涛,徐曾和,潘一山,等. 冲击地压和突出的统一失稳理论[J]. 煤炭学报,1991,16(4):48-53.
[39] 潘一山. 煤与瓦斯突出、冲击地压复合动力灾害一体化研究[J]. 煤炭学报,2016,41(1):105-112.
[40] 梁冰,章梦涛,潘一山,等. 煤和瓦斯突出的固流耦合失稳理论[J]. 煤炭学报,1995(5):492-496.
[41] 梁冰. 煤和瓦斯突出固流耦合失稳理论[M]. 北京:地质出版社,2000.
[42] XU T,TANG C A,YANG T H,et al. Numerical investigation of coal and

gas outbursts in underground collieries[J]. International journal of rock mechanics and mining sciences,2006,43(6):905-919.

[43] 马玉林.煤与瓦斯突出逾渗机理与演化规律研究[D].阜新:辽宁工程技术大学,2012.

[44] 胡千庭,周世宁,周心权.煤与瓦斯突出过程的力学作用机理[J].煤炭学报,2008,33(12):1368-1372.

[45] 董国伟,金洪伟,胡千庭.煤与瓦斯突出地质作用机理及应用[M].徐州:中国矿业大学出版社,2017.

[46] 鲜学福,辜敏,李晓红,等.煤与瓦斯突出的激发和发生条件[J].岩土力学,2009,30(3):577-581.

[47] 郭德勇,韩德馨.煤与瓦斯突出粘滑机理研究[J].煤炭学报,2003,28(6):598-602.

[48] 李晓泉.含瓦斯煤力学特性及煤与瓦斯延期突出机理研究[D].重庆:重庆大学,2010.

[49] 舒龙勇,王凯,齐庆新,等.煤与瓦斯突出关键结构体致灾机制[J].岩石力学与工程学报,2017,36(2):347-356.

[50] 黄维新,刘敦文,夏明.煤与瓦斯突出过程的细观机制研究[J].岩石力学与工程学报,2017,36(2):429-436.

[51] 聂百胜,马延崑,何学秋,等.煤与瓦斯突出微观机理探索研究[J].中国矿业大学学报,2022,51(2):207-220.

[52] 张春华.石门揭突出煤层围岩力学特性模拟试验研究[D].淮南:安徽理工大学,2010.

[53] 高魁,刘泽功,刘健.瓦斯在石门揭构造软煤诱发煤与瓦斯突出中的作用[J].中国安全科学学报,2015,25(3):102-107.

[54] 高魁,刘泽功,刘健.地应力在石门揭构造软煤诱发煤与瓦斯突出中的作用[J].岩石力学与工程学报,2015,34(2):305-312.

[55] 何俊,陈新生.地质构造对煤与瓦斯突出控制作用的研究现状与发展趋势[J].河南理工大学学报(自然科学版),2009,28(1):1-7.

[56] SHEPHERD J,RIXON L K,GRIFFITHS L. Outbursts and geological structures in coal mines: a review[J]. International journal of rock mechanics and mining sciences & geomechanics abstracts,1981,18(4):267-283.

[57] LI H Y. Major and minor structural features of a bedding shear zone along a coal seam and related gas outburst, Pingdingshan coalfield,

Northern China[J]. International journal of coal geology,2001,47(2):101-113.
[58] CAO Y X,HE D,GLICK D C. Coal and gas outbursts in footwalls of reverse faults[J]. International journal of coal geology,2001,48(1):47-63.
[59] 韩军,张宏伟,霍丙杰. 向斜构造煤与瓦斯突出机理探讨[J]. 煤炭学报,2008,33(8):908-913.
[60] 韩军,张宏伟. 构造演化对煤与瓦斯突出的控制作用[J]. 煤炭学报,2010,35(7):1125-1130.
[61] 韩军,张宏伟,宋卫华,等. 构造凹地煤与瓦斯突出发生机制及其危险性评估[J]. 煤炭学报,2011,36(增刊 1):108-113.
[62] 韩军,张宏伟,张普田. 推覆构造的动力学特征及其对瓦斯突出的作用机制[J]. 煤炭学报,2012,37(2):247-252.
[63] 闫江伟,张小兵,张子敏. 煤与瓦斯突出地质控制机理探讨[J]. 煤炭学报,2013,38(7):1174-1178.
[64] 马瑞帅,田世祥,林华颖,等. 突出孔洞构造煤与原生结构煤瓦斯吸附特性对比研究[J]. 煤矿安全,2021,52(9):16-21.
[65] 董国伟,胡千庭,王麒翔,等. 隔档式褶皱演化及其对煤与瓦斯突出灾害的影响[J]. 中国矿业大学学报,2012,41(6):912-916.
[66] 张浪,刘永茜. 断层应力状态对煤与瓦斯突出的控制[J]. 岩土工程学报,2016,38(4):712-717.
[67] 秦恒洁,魏建平,李栋浩,等. 煤与瓦斯突出过程中地应力作用机理研究[J]. 中国矿业大学学报,2021,50(5):933-942.
[68] 郝富昌,刘明举,魏建平,等. 重力滑动构造对煤与瓦斯突出的控制作用[J]. 煤炭学报,2012,37(5):825-829.
[69] BEAMISH B B,CROSDALE P J. Instantaneous outbursts in underground coal mines:an overview and association with coal type[J]. International journal of coal geology,1998,35(1):27-55.
[70] 邵强,王恩营,王红卫,等. 构造煤分布规律对煤与瓦斯突出的控制[J]. 煤炭学报,2010,35(2):250-254.
[71] CHEN S B,ZHU Y M,LI W,et al. Influence of magma intrusion on gas outburst in a low rank coal mine[J]. International journal of mining science and technology,2012,22(2):259-266.
[72] 许江,刘东,彭守建,等. 煤样粒径对煤与瓦斯突出影响的试验研究[J]. 岩

石力学与工程学报,2010,29(6):1231-1237.
[73] 赵文峰,熊建龙,张军,等.构造煤分布规律及对煤与瓦斯突出的影响[J].煤炭科学技术,2013,41(2):52-55.
[74] 常未斌,樊少武,张浪,等.基于爆炸应力波和构造煤带孕育煤与瓦斯突出危险状态的模型[J].煤炭学报,2014,39(11):2226-2231.
[75] 李铁,梅婷婷,李国旗,等."三软"煤层冲击地压诱导煤与瓦斯突出力学机制研究[J].岩石力学与工程学报,2011,30(6):1283-1288.
[76] 孙东玲,胡千庭,苗法田.煤与瓦斯突出过程中煤-瓦斯两相流的运动状态[J].煤炭学报,2012,37(3):452-458.
[77] LITWINISZYN J. Rarefaction shock waves,outbursts and consequential coal damage[J]. International journal of rock mechanics and mining sciences & geomechanics abstracts,1990,27(6):535-540.
[78] 苗法田,孙东玲,胡千庭.煤与瓦斯突出冲击波的形成机理[J].煤炭学报,2013,38(3):367-372.
[79] ZHOU A,WANG K,WU Z. Propagation law of shock waves and gas flow in cross roadway caused by coal and gas outburst[J]. International journal of mining science and technology,2014,24(1):23-29.
[80] 李成武,杨威,韦善阳,等.煤与瓦斯突出后灾害气体影响范围试验研究[J].煤炭学报,2014,39(3):478-485.
[81] 彭守建,杨海林,程亮,等.真三轴应力状态下煤与瓦斯突出两相流L型巷道运移特性试验研究[J/OL].煤炭学报. https://kns.cnki.net/kcms/detail//11.2190.TD.20221116.1806.017.html.
[82] 张超林,王奕博,王恩元,等.煤与瓦斯突出煤粉在巷道内运移分布规律试验研究[J].煤田地质与勘探,2022,50(6):11-19.
[83] 许江,程亮,彭守建,等.煤与瓦斯突出冲击气流形成及传播规律[J].煤炭学报,2022,47(1):333-347.
[84] 许江,魏仁忠,程亮,等.煤与瓦斯突出流体多物理参数动态响应试验研究[J].煤炭科学技术,2022,50(1):159-168.
[85] 周斌.气-固耦合作用下煤与瓦斯突出多物理场参数演化及其两相流动态响应[D].重庆:重庆大学,2021.
[86] 刘洪永.远程采动煤岩体变形与卸压瓦斯流动气固耦合动力学模型及其应用研究[D].徐州:中国矿业大学,2010.
[87] 李伟,程远平,王君得,等.特厚突出煤层上保护层开采及卸压瓦斯抽采[J].煤矿安全,2011,42(3):37-39.

[88] 刘海波,程远平,宋建成,等.极薄保护层钻采上覆煤层透气性变化及分布规律[J].煤炭学报,2010,35(3):411-416.

[89] WANG H F,CHENG Y P,YUAN L. Gas outburst disasters and the mining technology of key protective seam in coal seam group in the Huainan Coalfield[J]. Natural hazards,2013,67(2):763-782.

[90] 齐庆新,程志恒,张浪,等.近距离突出危险煤层群上保护层开采可行性分析[J].煤炭科学技术,2015,43(4):43-47.

[91] 朱怡然,李淑敏,胡国忠,等.突出煤层群保护层开采区域防突技术方案优化[J].煤矿安全,2016,47(11):69-72.

[92] 王志强,冯锐敏,高运,等.突出煤层实现连续卸压的倾斜近距下保护层开采技术研究[J].岩石力学与工程学报,2013,32(增刊2):3795-3803.

[93] SUN Q,ZHANG J X,ZHANG Q,et al. A protective seam with nearly whole rock mining technology for controlling coal and gas outburst hazards:a case study[J]. Natural hazards,2016,84(3):1793-1806.

[94] LI D Q. Mining thin sub-layer as self-protective coal seam to reduce the danger of coal and gas outburst[J]. Natural hazards,2014,71(1):41-52.

[95] 杨宏民,王兆丰,王松,等.预抽煤层瓦斯区域防突效果检验指标临界值研究[J].中国安全科学学报,2011,21(5):114-118.

[96] 许满贵,林海飞,李树刚,等.钻孔预抽煤层瓦斯影响规律研究[J].矿业安全与环保,2010,37(5):1-3.

[97] XIA T Q,ZHOU F B,LIU J S,et al. A fully coupled coal deformation and compositional flow model for the control of the pre-mining coal seam gas extraction[J]. International journal of rock mechanics and mining sciences,2014,72:138-148.

[98] XIA T Q,ZHOU F B,LIU J S,et al. Evaluation of the pre-drained coal seam gas quality[J]. Fuel,2014,130:296-305.

[99] ZHOU H,YANG Q,CHENG Y,et al. Methane drainage and utilization in coal mines with strong coal and gas outburst dangers:a case study in Luling Mine,China[J]. Journal of natural gas science and engineering,2014,20:357-365.

[100] YUAN L. Theory and practice of integrated coal production and gas extraction[J]. International journal of coal science and technology,2015,2(1):3-11.

[101] WANG L,CHENG Y P,XU C,et al. The controlling effect of thick-

hard igneous rock on pressure relief gas drainage and dynamic disasters in outburst coal seams[J]. Natural hazards,2013,66(2):1221-1241.

[102] 肖知国,王兆丰. 煤层注水防治煤与瓦斯突出机理的研究现状与进展[J]. 中国安全科学学报,2009,19(10):150-158.

[103] 石必明,穆朝民. 突出煤层注水湿润防突试验研究[J]. 煤炭科学技术,2013,41(9):147-150.

[104] CHEN X J,CHENG Y P. Influence of the injected water on gas outburst disasters in coal mine[J]. Natural hazards,2015,76(2):1093-1109.

[105] LU T K,ZHAO Z J,HU H F. Improving the gate road development rate and reducing outburst occurrences using the waterjet technique in high gas content outburst-prone soft coal seam[J]. International journal of rock mechanics and mining sciences,2011,48(8):1271-1282.

[106] 方昌才. 突出煤层深孔预裂控制松动爆破防突技术研究[J]. 矿业安全与环保,2004,31(2):21-23.

[107] 刘明举,孔留安,郝富昌,等. 水力冲孔技术在严重突出煤层中的应用[J]. 煤炭学报,2005,30(4):451- 454.

[108] 王兆丰,范迎春,李世生. 水力冲孔技术在松软低透突出煤层中的应用[J]. 煤炭科学技术,2012,40(2):52-55.

[109] 徐佑林,康红普. 高预应力锚杆支护对煤与瓦斯突出控制作用研究[J]. 煤炭学报,2013,38(7):1168-1173.

[110] ZHOU A T,WANG K,LI L,et al. A roadway driving technique for preventing coal and gas outbursts in deep coal mines[J]. Environmental earth sciences,2017,76(6):236.

[111] 宋大钊,王恩元,刘晓斐,等. 深部矿井煤体蠕变机制[J]. 煤矿安全,2009,40(6):43-45.

[112] 姜耀东,祝捷,赵毅鑫,等. 基于混合物理论的含瓦斯煤本构方程[J]. 煤炭学报,2007,32(11):1132-1137.

[113] 王维忠,尹光志,王登科,等. 三轴压缩下突出煤粘弹塑性蠕变模型[J]. 重庆大学学报(自然科学版),2010,33(1):99-103.

[114] 尹光志,王登科. 含瓦斯煤岩耦合弹塑性损伤本构模型研究[J]. 岩石力学与工程学报,2009,28(5):993-999.

[115] 王登科,尹光志,张东明. 含瓦斯煤岩三维蠕变模型与稳定性分析[J]. 重庆大学学报(自然科学版),2009,32(11):1316-1320.

[116] 王登科,刘建,尹光志,等. 三轴压缩下含瓦斯煤样蠕变特性试验研究[J].

岩石力学与工程学报,2010,29(2):349-357.

[117] 李小双,尹光志,赵洪宝,等.含瓦斯突出煤三轴压缩下力学性质试验研究[J].岩石力学与工程学报,2010,29(增刊1):3350-3358.

[118] PENG S J, XU J, YANG H W, et al. Experimental study on the influence mechanism of gas seepage on coal and gas outburst disaster [J]. Safety science,2012,50(4):816-821.

[119] BIENIAWSKI Z T. The effect of specimen size on compressive strength of coal[J]. International journal of rock mechanics and mining sciences & geomechanics abstracts,1968,5(4):325-335.

[120] MEDHURST T P,BROWN E T. A study of the mechanical behaviour of coal for pillar design[J]. International journal of rock mechanics and mining sciences,1998,35(8):1087-1105.

[121] VAN DER MERWE J N. A laboratory investigation into the effect of specimen size on the strength of coal samples from different areas[J]. Journal of the Southern African institute of mining and metallurgy, 2003,103(5):273-279.

[122] POULSEN B A,ADHIKARY D P. A numerical study of the scale effect in coal strength[J]. International journal of rock mechanics and mining sciences,2013,63:62-71.

[123] 陈学华,吕鹏飞,宋卫华,等.基于 Weibull 分布的煤体强度计算研究[J].中国安全生产科学技术,2017,13(9):96-100.

[124] 宋良,刘卫群,靳翠军,等.含瓦斯煤单轴压缩的尺度效应实验研究[J].实验力学,2009,24(2):127-132.

[125] 彭永伟,齐庆新,邓志刚,等.考虑尺度效应的煤样渗透率对围压敏感性试验研究[J].煤炭学报,2008,33(5):509-513.

[126] 梁冰.温度对煤的瓦斯吸附性能影响的试验研究[J].黑龙江矿业学院学报,2000(1):20-22.

[127] SOBCZYK J. The influence of sorption processes on gas stresses leading to the coal and gas outburst in the laboratory conditions[J]. Fuel,2011, 90(3):1018-1023.

[128] KARACAN C. Swelling-induced volumetric strains internal to a stressed coal associated with CO_2 sorption [J]. International journal of coal geology,2007,72(3):209-220.

[129] XU L H,JIANG C L. Initial desorption characterization of methane and

carbon dioxide in coal and its influence on coal and gas outburst risk [J]. Fuel,2017,203:700-706.

[130] BARKER-READ G R, RADCHENKO S A. The relationship between the pore structure of coal and gas-dynamic behaviour of coal seams[J]. Mining science and technology,1989,8(2):109-131.

[131] QI L L,TANG X,WANG Z F,et al. Pore characterization of different types of coal from coal and gas outburst disaster sites using low temperature nitrogen adsorption approach[J]. International journal of mining science and technology,2017,27(2):371-377.

[132] 罗维. 双重孔隙结构煤体瓦斯解吸流动规律研究[D]. 北京:中国矿业大学(北京),2013.

[133] 周世宁. 瓦斯在煤层中流动的机理[J]. 煤炭学报,1990,15(1):15-24.

[134] 孙培德,鲜学福. 煤层瓦斯渗流力学的研究进展[J]. 焦作工学院学报(自然科学版),2001,20(03):161-167.

[135] 唐巨鹏,潘一山,李成全,等. 有效应力对煤层气解吸渗流影响试验研究[J]. 岩石力学与工程学报,2006,25(8):1563-1569.

[136] 李祥春,郭勇义,吴世跃,等. 考虑吸附膨胀应力影响的煤层瓦斯流-固耦合渗流数学模型及数值模拟[J]. 岩石力学与工程学报,2007,26(增刊1):2743-2748.

[137] 张凤婕,吴宇,茅献彪,等. 煤层气注热开采的热-流-固耦合作用分析[J]. 采矿与安全工程学报,2012,29(4):505-510.

[138] 张丽萍. 低渗透煤层气开采的热-流-固耦合作用机理及应用研究[D]. 徐州:中国矿业大学,2011.

[139] 郝建峰. 基于解吸热效应的煤与瓦斯热流固耦合模型及其应用研究[D]. 阜新:辽宁工程技术大学,2021.

[140] 曹偈,赵旭生,刘延保. 煤与瓦斯突出多物理场分布特征的数值模拟研究[J]. 矿业安全与环保,2021,48(2):7-11.

[141] 程远平,刘洪永,郭品坤,等. 深部含瓦斯煤体渗透率演化及卸荷增透理论模型[J]. 煤炭学报,2014,39(8):1650-1658.

[142] 张东明,齐消寒,宋润权,等. 采动裂隙煤岩体应力与瓦斯流动的耦合机理[J]. 煤炭学报,2015,40(4):774-780.

[143] 刘黎,李树刚,徐刚. 采动煤岩体瓦斯渗流-应力-损伤耦合模型[J]. 煤矿安全,2016,47(4):15-19.

[144] 胡少斌. 多尺度裂隙煤体气固耦合行为及机制研究[D]. 徐州:中国矿业

大学,2015.

[145] 唐春安,芮勇勤,刘红元,等.含瓦斯"试样"突出现象的 RFPA2D 数值模拟[J].煤炭学报,2000,25(5):501-505.

[146] VALLIAPPAN S, WOHUA Z. Numerical modelling of methane gas migration in dry coal seams[J]. International journal for numerical and analytical methods in geomechanics,1996,20(8):571-593.

[147] 安丰华.煤与瓦斯突出失稳蕴育过程及数值模拟研究[D].徐州:中国矿业大学,2014.

[148] AN F H,CHENG Y P,Wang L,et al. A numerical model for outburst including the effect of adsorbed gas on coal deformation and mechanical properties[J]. Computers and geotechnics,2013,54:222-231.

[149] XUE S,YUAN L,WANG Y C,et al. Numerical analyses of the major parameters affecting the initiation of outbursts of coal and gas[J]. Rock mechanics and rock engineering,2014,47(4):1505-1510.

[150] XUE S,YUAN L,WANG J F,et al. A coupled DEM and LBM model for simulation of outbursts of coal and gas[J]. International journal of coal science and technology,2015,2(1):22-29.

[151] 王恩元,张国锐,张超林,等.我国煤与瓦斯突出防治理论技术研究进展与展望[J].煤炭学报,2022,47(1):297-322.

[152] 杨涛,刘锦伟.2010—2015 年我国煤与瓦斯突出事故发生时空分布规律研究[J].华北科技学院学报,2016,13(6):96-100.

[153] 张超林,王奕博,王恩元,等.煤与瓦斯突出过程中煤层及巷道温度时空演化规律[J].煤矿安全,2022,53(10):57-63.

[154] 范超军,李胜,罗明坤,等.基于流-固-热耦合的深部煤层气抽采数值模拟[J].煤炭学报,2016,41(12):3076-3085.

[155] 宋昱,姜波,李凤丽,等.低-中煤级构造煤纳米孔分形模型适用性及分形特征[J].地球科学,2018,43(5):1611-1622.

[156] 汤政,姜波,宋昱,等.宿县矿区构造煤压缩特性及孔隙结构分形特征研究[J].煤炭科学技术,2017,45(12):174-181.

[157] 张士岭,和树栋.瓦斯压力对煤体应力及失稳破坏特性影响分析[J].采矿与安全工程学报,2022,39(4):847-856.

[158] 张宏伟,韩军,宋卫华.地质动力区划[M].北京:煤炭工业出版社,2009.

[159] 陈红东.构造煤地质-地球物理综合响应及其判识模型:以宿县矿区为例[D].徐州:中国矿业大学,2017.

[160] 李希建.贵州突出煤理化特性及其对甲烷吸附的分子模拟研究[D].徐州:中国矿业大学,2013.

[161] 周丽君.高变质煤对 CO_2/CH_4 吸附的影响因素及其微观机理研究[D].阜新:辽宁工程技术大学,2018.

[162] 任青山,杨付领,艾德春,等.正高煤矿构造煤瓦斯解吸特征实验研究[J].煤炭技术,2018,37(8):142-143.

[163] LI M,MAO X B,CAO L L,et al. Effects of thermal treatment on the dynamic mechanical properties of coal measures sandstone[J]. Rock mechanics and rock engineering,2016,49(9):3525-3539.

[164] CHAKRABORTY T,MISHRA S,LOUKUS J,et al. Characterization of three Himalayan rocks using a split Hopkinson pressure bar[J]. International journal of rock mechanics and mining sciences,2016,85:112-118.

[165] ZHAO Y X,LIU S M,JIANG Y D,et al. Dynamic tensile strength of coal under dry and saturated conditions[J]. Rock mechanics and rock engineering,2016,49(5):1709-1720.

[166] XU Y,DAI F,XU N W,et al. Numerical investigation of dynamic rock fracture toughness determination using a semi-circular bend specimen in split Hopkinson pressure bar testing[J]. Rock mechanics and rock engineering,2016,49(3):731-745.

[167] 曹丽丽,浦海,李明,等.煤系砂岩动态拉伸破坏及能量耗散特征的试验研究[J].煤炭学报,2017,42(2):492-499.

[168] INTERNATIONAL SOCIETY FOR ROCK MECHANICS. Commission on standardization of laboratory and field tests. Suggested methods for determining tensile strength of rock materials[J]. International journal of rock mechanics and mining sciences & geomechanics abstracts,1978,15:99-103.

[169] INTERNATIONAL SOCIETY FOR ROCK MECHANICS. The complete ISRM suggested methods for rock characterization,testing and monitoring:1974-2006[M]. Ankara:ISRM Turkish National Group,2007.

[170] FENG J,WANG E,CHEN L,et al. Experimental study of the stress effect on attenuation of normally incident P-wave through coal[J]. Journal of applied geophysics,2016,132:25-32.

[171] LI M,MAO X B,CAO L L,et al. Influence of heating rate on the

dynamic mechanical performance of coal measure rocks [J]. International journal of geomechanics,2017,17(8):04017020.

[172] 赵毅鑫,龚爽,黄亚琼.冲击载荷下煤样动态拉伸劈裂能量耗散特征实验[J].煤炭学报,2015,40(10):2320-2326.

[173] YAO Y B,LIU D M,CAI Y D,et al. Advanced characterization of pores and fractures in coals by nuclear magnetic resonance and X-ray computed tomography[J]. Science China earth sciences,2010,53(6):854-862.

[174] SONG H H,JIANG Y D,ELSWORTH D,et al. Scale effects and strength anisotropy in coal[J]. International journal of coal geology,2018,195:37-46.

[175] 刘宝琛,张家生,杜奇中,等.岩石抗压强度的尺寸效应[J].岩石力学与工程学报,1998,17(6):611-614.

[176] GAO F Q,STEAD D,KANG H P. Numerical investigation of the scale effect and anisotropy in the strength and deformability of coal[J]. International journal of coal geology,2014,136:25-37.

[177] 许江,彭守建,尹光志,等.含瓦斯煤热流固耦合三轴伺服渗流装置的研制及应用[J].岩石力学与工程学报,2010,29(5):907-914.

[178] 林柏泉,周世宁.煤样瓦斯渗透率的实验研究[J].中国矿业学院学报,1987,16(1):21-28.

[179] 薛熠.采动影响下损伤破裂煤岩体渗透性演化规律研究[D].徐州:中国矿业大学,2017.

[180] FAN C J,LI S,LUO M K,et al. Coal and gas outburst dynamic system [J]. International journal of mining science and technology,2017,27(1):49-55.

[181] 赵希栋.掘进巷道蝶型煤与瓦斯突出启动的力学机理研究[D].北京:中国矿业大学(北京),2017.

[182] SONG Y,JIANG B,LI F L,et al. Structure and fractal characteristic of micro- and meso-pores in low,middle-rank tectonic deformed coals by CO_2 and N_2 adsorption [J]. Microporous and mesoporous materials,2017,253:191-202.

[183] SHAO Q,WANG E Y,WANG H W,et al. Control to coal and gas outburst of tectonic coal distribution[J]. Journal of China coal society,2010,35(2):250-254.

[184] 蔡成功,王佑安.煤与瓦斯突出一般规律定性定量分析研究[J].中国安全科学学报,2004,14(6),109-112.

[185] ZHANG X B,YAN J W. Physical conditions and process of gas outburst coal forming[J]. Journal of safety science and technology,2014,10(11):48-53.

[186] 高魁,刘泽功,刘健.复合构造带煤与瓦斯突出发生的数值模拟及案例分析[J].安徽理工大学学报(自然科学版),2016,36(5):5-10.

[187] 闫江伟.地质构造对平顶山矿区煤与瓦斯突出的主控作用研究[D].焦作:河南理工大学,2016.

[188] 潘超.采动影响下断层活化诱导煤与瓦斯突出机理研究[D].贵阳:贵州大学,2015.

[189] 马念杰,赵希栋,赵志强,等.深部采动巷道顶板稳定性分析与控制[J].煤炭学报,2015,40(10):2287-2295.

[190] 郭晓菲,马念杰,赵希栋,等.圆形巷道围岩塑性区的一般形态及其判定准则[J].煤炭学报,2016,41(8):1871-1877.

[191] 刘清泉.多重应力路径下双重孔隙煤体损伤扩容及渗透性演化机制与应用[D].徐州:中国矿业大学,2015.

[192] LI S, FAN C J, HAN J, et al. A fully coupled thermal-hydraulic-mechanical model with two-phase flow for coalbed methane extraction [J]. Journal of natural gas science and engineering,2016,33:324-336.

[193] CHEN M,CHEN Z D. Effective stress laws for multi-porosity media [J]. Applied mathematics and mechanics,1999,20(11):1207-1213.

[194] 郭海军.煤的双重孔隙结构等效特征及对其力学和渗透特性的影响机制[D].徐州:中国矿业大学,2017.

[195] BIOT M A. General theory of three-dimensional consolidation[J]. Journal of applied physics,1941,12(2):155-164.

[196] CHEN S K,WEI C H,YANG T H,et al. Three-dimensional numerical investigation of coupled flow-stress-damage failure process in heterogeneous poroelastic rocks[J]. Energies,2018,11(8):1923.

[197] YANG T H,XU T,LIU H Y, et al. Stress-damage-flow coupling model and its application to pressure relief coal bed methane in deep coal seam [J]. International journal of coal geology,2011,86(4):357-366.

[198] FAN C J,LI S,LUO M K,et al. Numerical simulation of hydraulic fracturing in coal seam for enhancing underground gas drainage[J].

Energy exploration and exploitation,2019,37(1):166-193.

[199] FAN C J, ELSWORTH D, LI S, et al. Thermo-hydro-mechanical-chemical couplings controlling CH_4 production and CO_2 sequestration in enhanced coalbed methane recovery[J]. Energy,2019,173:1054-1077.

[200] FAN C J,LUO M K,LI S,et al. A thermo-hydro-mechanical-chemical coupling model and its application in acid fracturing enhanced coalbed methane recovery simulation[J]. Energy,2019,12(4):626.

[201] PAN Z J,CONNELL L D. Modelling permeability for coal reservoirs: a review of analytical models and testing data[J]. International journal of coal geology,2012,92:1-44.

[202] WU Y, LIU J S, ELSWORTH D, et al. Development of anisotropic permeability during coalbed methane production[J]. Journal of natural gas science and engineering,2010,2(4):197-210.

[203] COREY A T. The interrelation between gas and oil relative permeability [J]. Producers monthly,1954,19:38-41.

[204] XU H,TANG D Z,TANG S H,et al. A dynamic prediction model for gas-water effective permeability based on coalbed methane production data[J]. International journal of coal geology,2014,121(1):44-52.

[205] GRAY I. Reservoir engineering in coal seams: part 1-the physical process of gas storage and movement in coal seams[J]. SPE reservoir engineering,1987,2(1):28-34.

[206] PALMER I,MANSOORI J. How permeability depends on stress and pore pressure in coalbeds: a new model[C]//SPE annual technical conference and exhibition. Denver:[s. n.],1996.

[207] PALMER I. Permeability changes in coal: analytical modeling[J]. International journal of coal geology,2009,77(1-2):119-126.

[208] SHI J Q,DURUCAN S. Drawdown induced changes in permeability of coalbeds: a new interpretation of the reservoir response to primary recovery[J]. Transport in porous media,2004,56(1):1-16.

[209] CUI X J,BUSTIN R M. Volumetric strain associated with methane desorption and its impact on coalbed gas production from deep coal seams[J]. Aapg bulletin,2005,89(9):1181-1202.

[210] ZHANG H B,LIU J S,ELSWORTH D. How sorption-induced matrix deformation affects gas flow in coal seams: a new FE model[J].

International journal of rock mechanics and mining sciences, 2008, 45(8): 1226-1236.

[211] WARREN J E, ROOT P J. The behavior of naturally fractured reservoirs[J]. Society of petroleum engineers journal, 1963, 3(3): 245-255.

[212] ROBERTSON E P, CHRISTIANSEN R L. A permeability model for coal and other fractured, sorptive-elastic media[J]. SPE journal, 2008, 13(3): 314-324.

[213] CONNELL L D, LU M, PAN Z J. An analytical coal permeability model for tri-axial strain and stress conditions[J]. International journal of coal geology, 2010, 84(2): 103-114.

[214] WANG S G, ELSWORTH D, LIU J S. Permeability evolution in fractured coal: the roles of fracture geometry and water-content[J]. International journal of coal geology, 2011, 87(1): 13-25.

[215] ZHENG C S, KIZIL M, CHEN Z W, et al. Effects of coal damage on permeability and gas drainage performance[J]. International journal of mining science and technology, 2017, 27(5): 783-786.

[216] XUE Y, GAO F, LIU X G. Effect of damage evolution of coal on permeability variation and analysis of gas outburst hazard with coal mining[J]. Natural hazards, 2015, 79(2): 999-1013.

[217] 罗明坤，范超军，李胜，等. 煤与瓦斯突出的地质动力系统失稳判据研究[J]. 中国矿业大学学报，2018，47(1): 137-144.

[218] 张子敏. 瓦斯地质学[M]. 徐州：中国矿业大学出版社，2009.

[219] ZHAO W, CHENG Y P, JIANG H N, et al. Role of the rapid gas desorption of coal powders in the development stage of outbursts[J]. Journal of natural gas science and engineering, 2016, 28: 491-501.

[220] GUO H J, CHENG Y P, REN T, et al. Pulverization characteristics of coal from a strong outburst-prone coal seam and their impact on gas desorption and diffusion properties[J]. Journal of natural gas science and engineering, 2016, 33: 867-878.

[221] WANG S G, ELSWORTH D, LIU J S. Permeability evolution during progressive deformation of intact coal and implications for instability in underground coal seams[J]. International journal of rock mechanics and mining sciences, 2013, 58: 34-45.

[222] WANG S G, ELSWORTH D, LIU J S. Rapid decompression and desorption induced energetic failure in coal [J]. Journal of rock mechanics and geotechnical engineering, 2015, 7(3): 345-350.